특허출원 10-0843763
커트가 쉬워요
곡면분할에 의한 커트방법

CUT
CREATIVE
CLIPPER

Premium
SALON CUT

국제헤어디자인연구회

부록 동영상 CD 포함

청구문화사

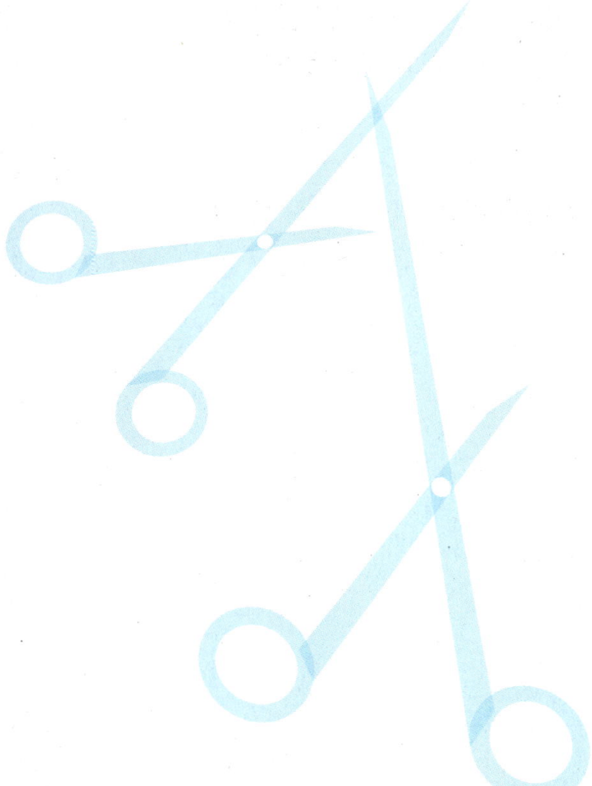

머리말

이 책은 프로헤어디자이너가 되기 위한 필수과정인 응용커트와 남성커트과정을 마스터한 헤어디자이너들이 독창적인 헤어커트방법으로 고객이 원하는 헤어스타일을 창의적으로 응용할 수 있게 편집한 살롱커트의 지침서입니다.

이 책에서는 쉽게 헤어스타일을 만들 수 있는 두상의 조건을 알게 해줄 뿐만 아니라 형태선을 만드는 방법과 시술각을 계산하는 방법, 그리고 전체적인 헤어스타일을 연결하는 방법과 드라이한 것처럼 표현되는 질감커트를 자유자재로 구사하는 헤어커트방법 등을 제시하여 경험이 많지 않는 초보헤어디자이너라도 자신감 있게 살롱커트를 구사할 수 있도록 구성하였습니다.

특히 처음부터 헤어커트에 흥미와 자신감을 가질 수 있도록 똑같은 도해도로 길이를 다르게 하여 커트가 어렵지 않고 쉽게 할 수 있다는 것을 먼저 기술하였고, 그 다음 장에는 길이는 동일하게 한 후 시술각에 의해 달라진 헤어스타일을 표현하여 시술각을 쉽게 이해하고 습득하도록 함으로써 중도에 좌절하지 않도록 최선을 다해 편집하였습니다. 아울러 사진으로는 표현하기 어렵거나 부족한 부분은 상세한 동영상으로 제작하여 이해를 돕도록 하였습니다.

교재의 완성을 위해 여러 차례 원고를 수정하고 최선의 노력을 기울이지만 정리를 끝내고 나면 항상 미흡한 마음을 감출 수 없습니다. 앞으로 더욱 관심을 갖고 지속적으로 다듬고 수정, 보완해 나갈 것을 다짐하며 여러분들의 따뜻한 애정과 관심을 부탁드립니다.

아울러 그간 변함없이 씨쓰리교재 발간에 보여주신 많은 성원과 후의에 다시 한 번 깊은 감사를 드리면서 이 한 권의 책이 프로헤어디자이너로 성장할 수 있고, 미용실의 품격을 올림으로써 운영에 많은 도움이 되었으면 하는 바램을 가져봅니다.

끝으로 이 한권의 책이 완성될 수 있도록 방대한 분량의 사진작업을 완성해주신 문 기종 선생님과 물심양면으로 심혈을 기울여 주신 청구문화사 이 상태 사장님과 임직원 여러분들께 진심으로 감사를 드립니다.

2015년 신춘
대표저자 김영미

목 차

CHAPTER 01 두상곡면 분할에 의한 헤어스타일 만들기

CHAPTER 02 길이의 변화(솔리드)

CHAPTER 03 시술각, 앞머리 표정 만들기(인크리스 레이어)

CHAPTER 04 오버다이렉션과 슬라이스 활용(그래쥬에이션)

CHAPTER 05 쳐내기 방법(그래쥬에이션)

CHAPTER 06 골격 보정과 샤기 표현방법(유니폼 레이어 변형)

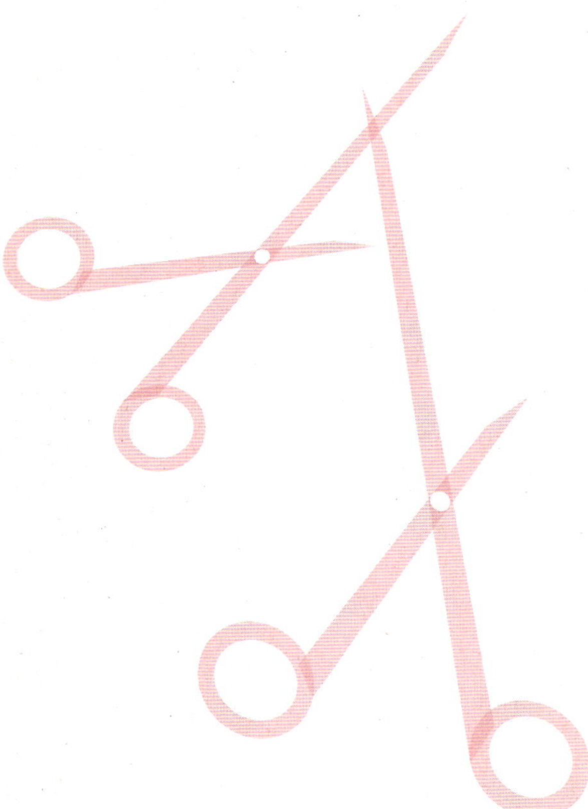

CHAPTER

01

두상곡면 분할에 의한 헤어스타일 만들기

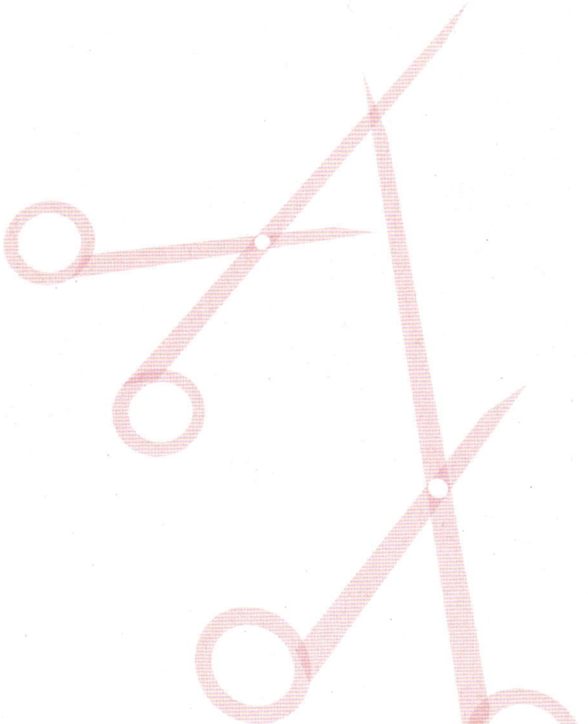

01 두상곡면 분할에 의한 헤어스타일 만들기

1. 두상의 주소

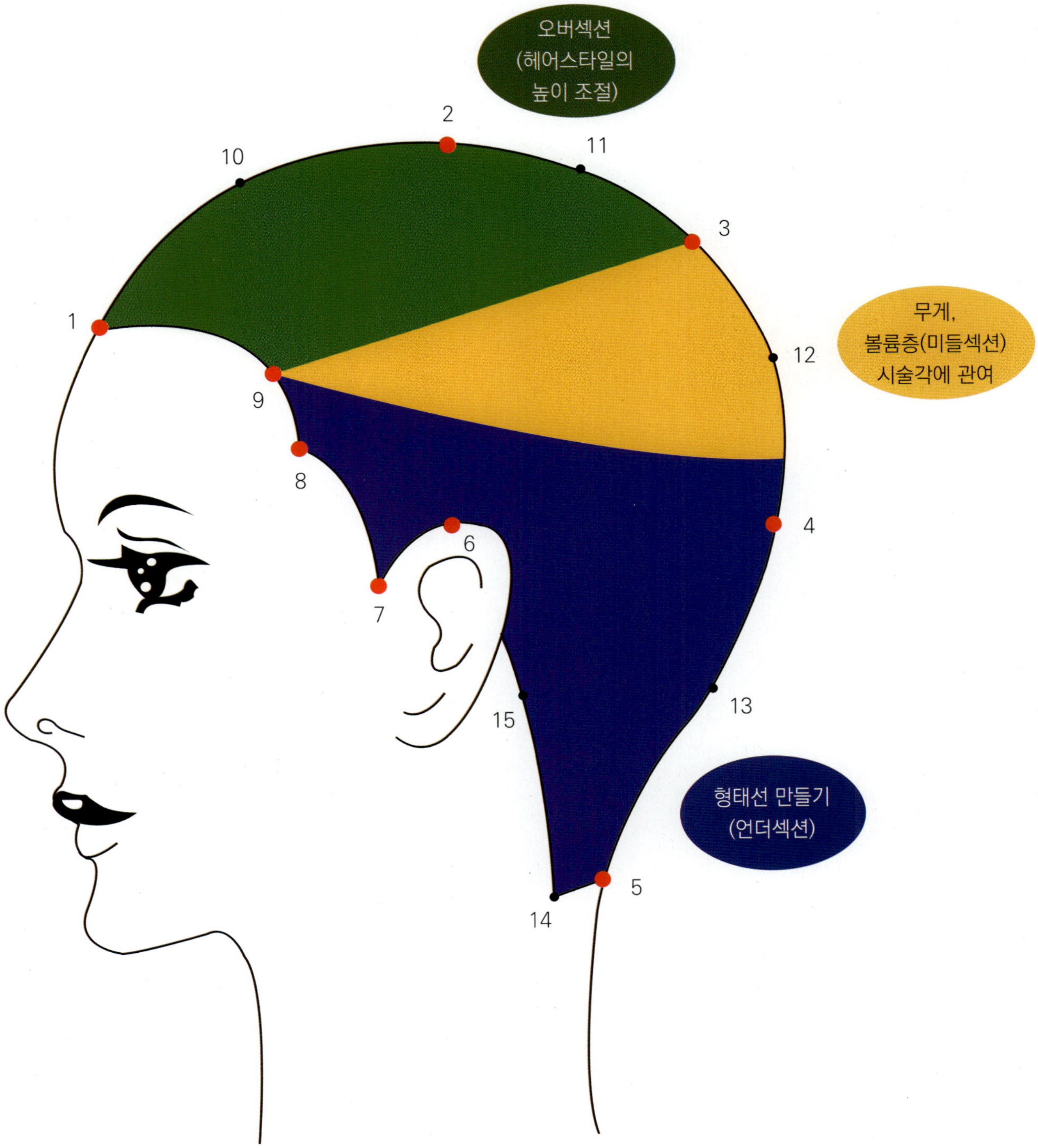

고객이 원하는 헤어스타일을 만들려면 두상의 주소를 알아야 쉽고 빠르고 정확하게 헤어 커트를 시술할 수 있다.

No.	포인트 점	영역설명
1	C.P : 센터 포인트 (Center Point)	이마 중앙의 모발 경계선 지점
2	T.P : 탑 포인트 (Top Point)	두상의 상부 중앙의 가장 높은 부분에 위치한 지점
3	G.P : 골든 포인트 (Golden Point)	턱에서 S.C.P를 지나는 직선이 연장되어 두상의 곡면과 만나는 지점
4	B.P : 백 포인트 (Back Point)	귀의 상부에서 수평으로 연장되는 직선이 두상의 곡면과 만나는 지점
5	N.P : 네이프 포인트 (Nape Point)	목덜미에서 모발의 형성이 끝나는 지점
6	E.P : 이어 포인트 (Ear Point)	귀의 상부에 위치하는 모발 경계선 지점
7	S.C.P : 사이드 코너 포인트 (Side Coner Point)	안면의 측면부에서 가장 하부에 위치하는 모발 경계선 지점
8	S.P : 사이드 포인트 (Side Point)	F.S.P 와 S.C.P 의 중간 지점
9	F.S.P : 프론트 사이드 포인트 (Front Side Point)	센터 포인트에서 우측으로 수평하게 연장하여 모발 경계선과 만나는 지점
10	C.T.M.P : 센터 탑 미디움 포인트 (Center Top Medium Point)	C.P 와 T.P 의 중간 지점
11	T.G.M.P : 탑 골든 미디움 포인트 (Top Golden Medium Point)	T.P 와 G.P 의 중간 지점
12	G.B.M.P : 골든 백 미디움 포인트 (Golden Back Medium Point)	F.S.P 에서 수평으로 연장하는 직선이 두상의 곡면과 만나는 지점
13	B.N.M.P : 백 네이프 미디움 포인트 (Back Nape Medium Point)	B.P 와 N.P 의 중간 지점
14	N.S.P : 네이프 사이드 포인트 (Nape Side Point)	목덜미에서 모발이 형성되는 양쪽 끝 지점
15	E.B.P : 이어 백 포인트 (Ear Back Point)	뒤에서 본 귀의 중간 지점

2. 두상의 다섯 개 영역 나누기(두상 곡면을 분할하여 각 영역의 특징 알기)

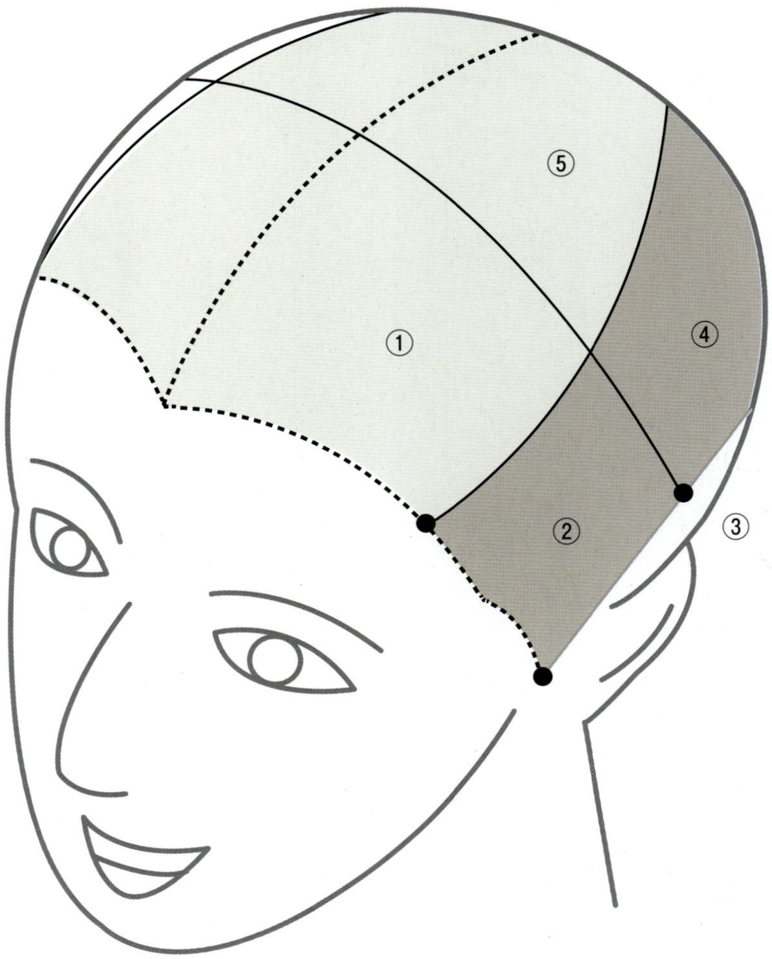

No.	영역	영역설명
1	전두부	선과 길이에 따라 이미지가 결정된다. 앞머리 표정 만들기
2	측두부	선과 길이에 따라 이미지가 결정된다. 옆선 만드는 영역
3	후하부	선과 길이에 따라 이미지가 결정된다. 형태선 결정
4	후중부	시술각과 슬라이스에 따라 무게가 결정된다. 무게감 결정, 층결정
5	후상부	시술각과 길이에 따라 층과 볼륨이 결정된다. 두상에서 가장 높은 위치

3. 세로존(모발이 떨어지는 영역 나누기)

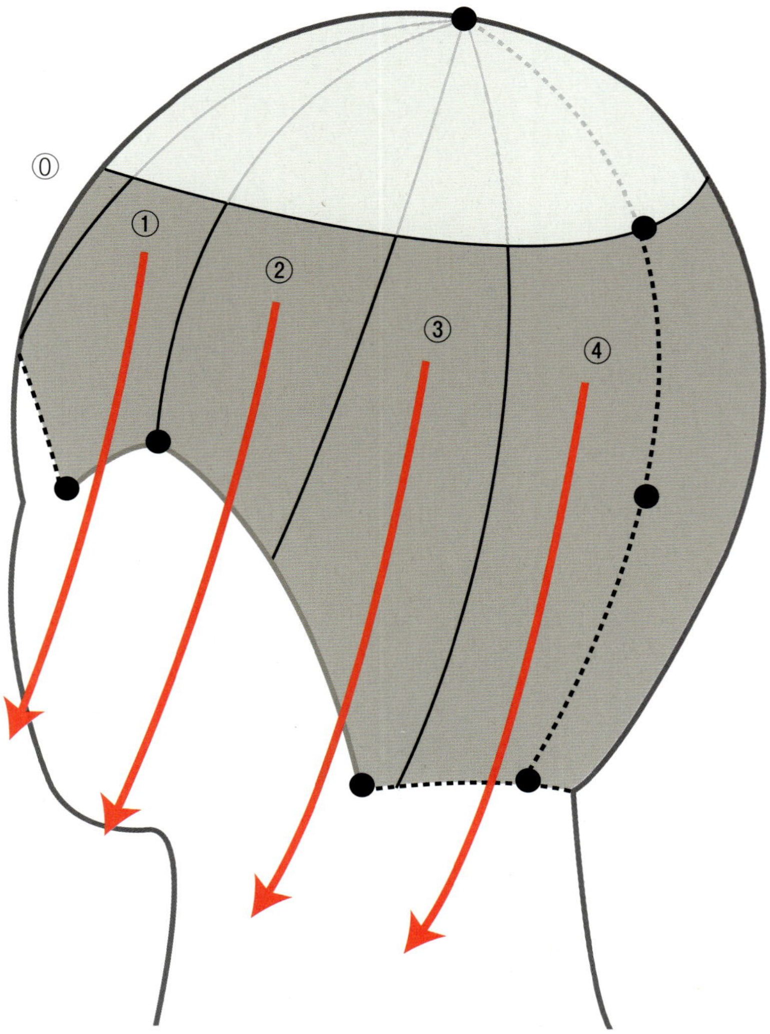

No.	영역	영역설명
0	앞머리	앞머리 표정 만들기(별도영역)
1	옆머리	옆선 만들기. 모발이 앞으로 떨어지는 영역. 얼굴형 수정 가능
2	폼이 결정	커트에서 크레임이 제일 잘 일어나는 영역.
3	형태선 결정	모발의 겹침을 이용 볼륨감 율동감을 낼 수 있는 영역.
4	중심축	중심축을 잡아내는 영역. 모발의 겹침을 이용하여 볼륨감 율동감을 낼 수 있는 영역.

4. 두상 곡면을 분할하여 각 영역의 특징 알기

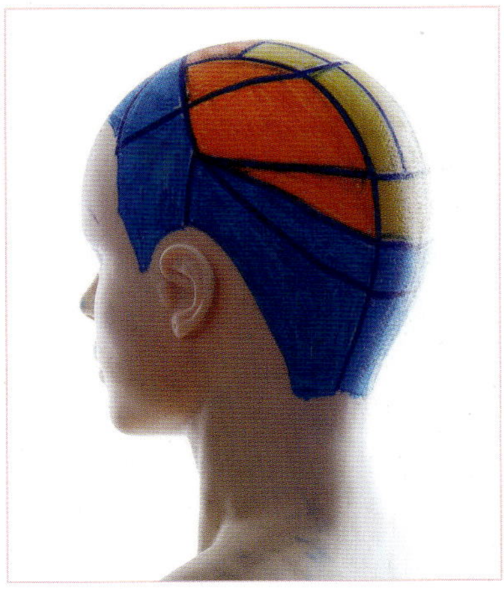

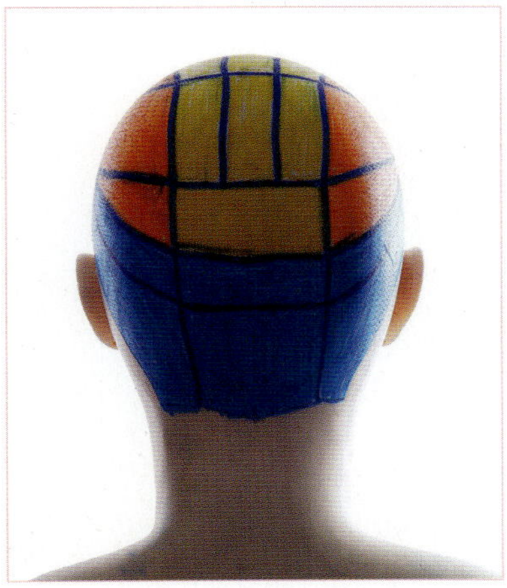

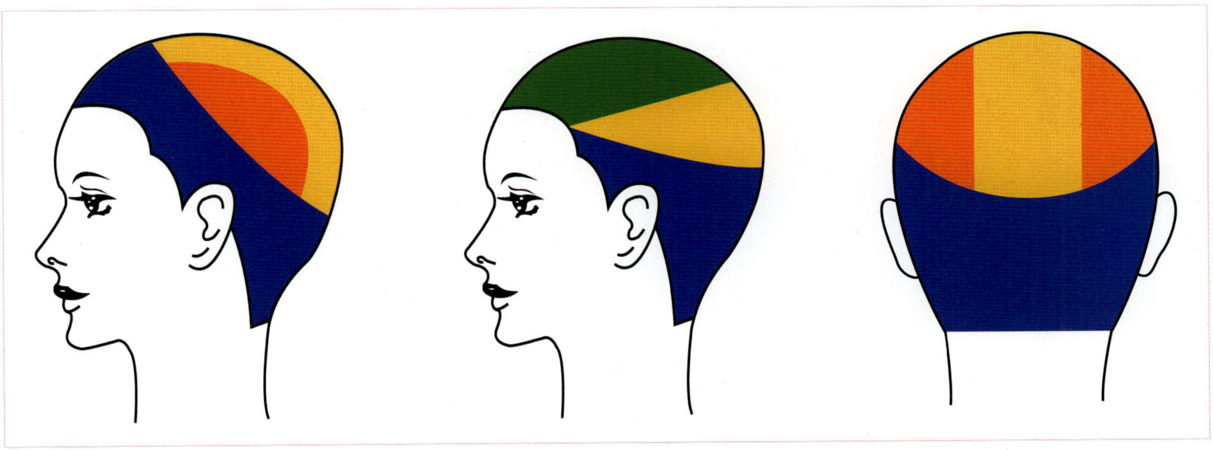

색깔로 두상의 영역을 나누어서 헤어스타일을 쉽게 만들기를 한다.

- ● → 형태선을 결정한다 - 길이 변화에 따라 헤어스타일이 달라진다.
- ● → 시술각을 결정한다 - 모발이 겹치는 부분이므로 무게, 층을 결정한다.
- ● → 형태선과 시술각을 연결

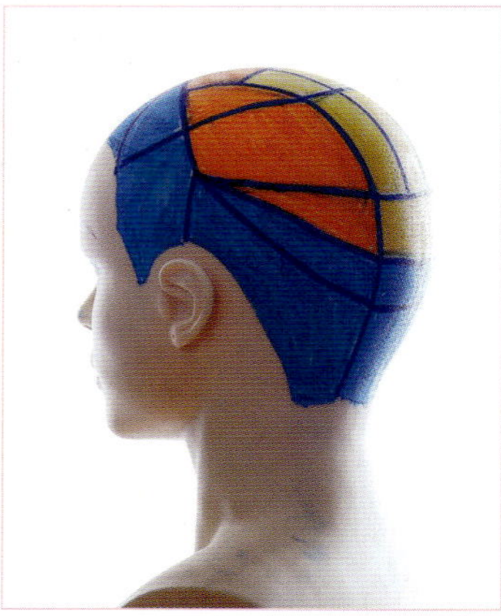

(형태선 만들기) 청색

두상이 아래로 떨어지는 내리막길로 헤어스타일의 형태선을 결정한다.

헤어스타일을 복제할 때 길이를 알고 직선, 곡선, 사선의 이미지로 스타일을 만들면 헤어커트가 쉽고 빠르게 진행된다.

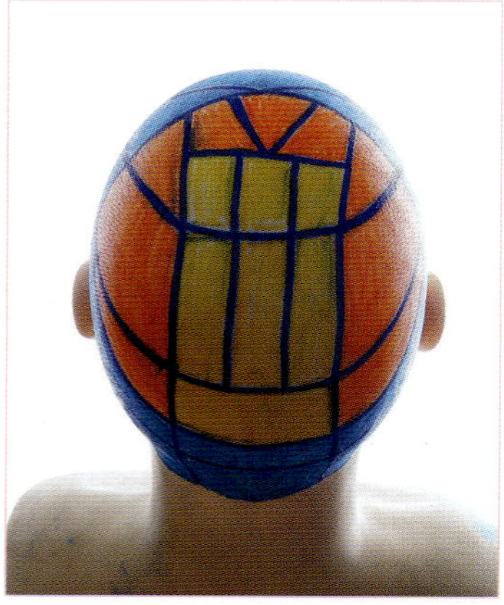

(시술각) 노란색

중심축을 이루면서 모발이 밑에서부터 겹쳐지므로 이곳에서는 헤어커트를 할 때 모발을 들어서 시술할지 내려서 시술할지를 시술각을 결정하여 고객이 원하는 볼륨과 층을 결정하여 멋있는 헤어스타일을 구사할 줄 알아야 한다.

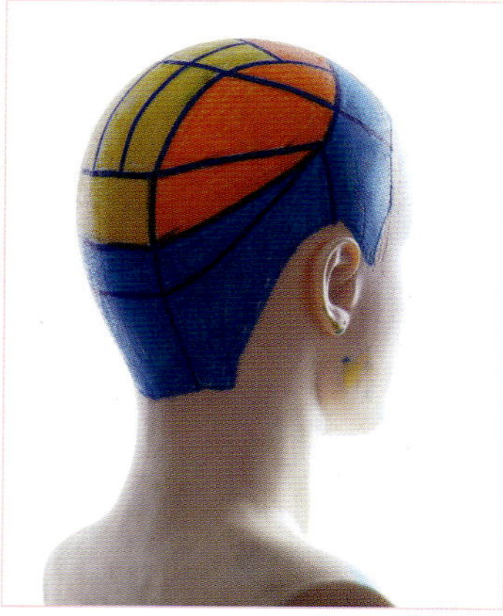

(형태선과 시술각 연결) 주황색

두상이 곡면체이기 때문에 전체적인 시술을 할 때 시술각을 결정하기 힘들고 형태선 만으로도 시술하기가 어렵다.

형태선과 시술각을 시술하고 주황에 해당하는 부분은 연결하여야 헤어스타일을 쉽게 만들 수 있다.

앞머리형태선과 뒷부분 시술각 연결(주황)

앞머리가 결정된 곳은 청색에 해당하는 두상이 함몰된 부분이지만 앞모발과 뒷모발 사이에 연결하는 주황색의 연결부위를 어떻게 처리하느냐에 따라 헤어스타일을 원하는 방향으로 헤어커트를 시술할 수 있다.

CHAPTER

02

길이의 변화(솔리드)

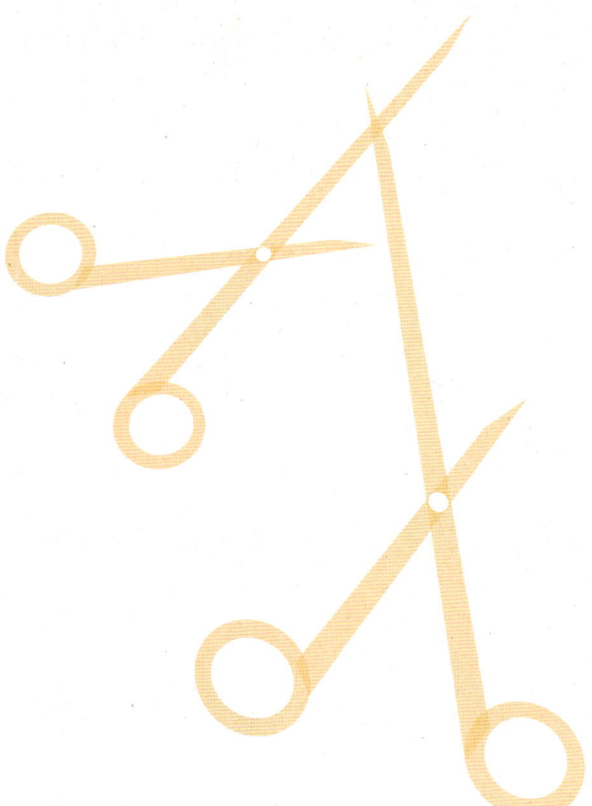

02 길이의 변화(솔리드)

1. 두상에서 떨어지는 모발의 길이(모발의 힘)

고객이 원하는 헤어스타일을 쉽고 빠르고 정확하게 헤어커트할 수 있다.

모발의 길이	모발의 모양	모발의 성질
1cm	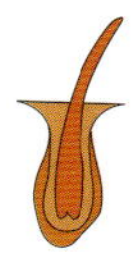	중력에 의한 영향은 받지 않고 모발의 무게가 없어 서려고 하는 성질이 강하고 모류의 영향을 적게 받는다.
2~5cm	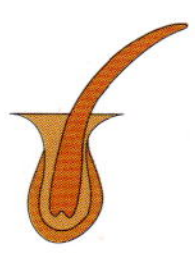	모발에 무게가 생기기 시작하여 모류의 방향으로 기울어지려는 성질이 생기고 모발이 일어서려고 한다.
7,8,9cm	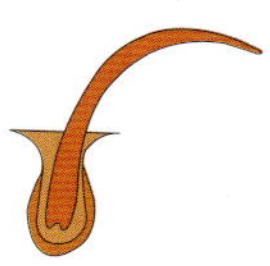	중력의 영향을 받아 모발의 끝부분에서 곡선을 그리기 시작하여 C커브를 그리기 때문에 질감의 볼륨을 최대로 표현할 수 있는 모발의 길이이다. 인컬과 아웃컬에 많이 활용한다.
10cm	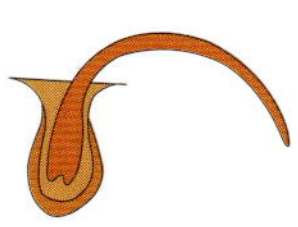	모류의 방향으로 흐르는 힘과 모발에 무게가 생겨 모발이 아래로 떨어지면서 C커브를 이루게 된다. 유니폼레이어를 시술할 때 동일한 두상모양이 표현되는 길이이다.
12cm	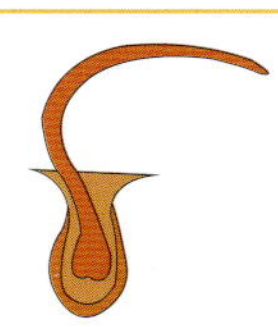	모발의 무게가 생겨 휘면서 곡선을 그리기 시작한다. 모류의 역행에서 C컬을 만들 수 있고 볼륨을 표현할 수 있어 줌마스타일을 활용할 때 많이 사용하는 길이이다.
15cm	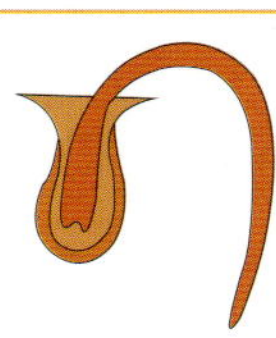	모류에 역행해서도 C커브가 크게 생기고 두상 어디에서 떨어지느냐에 따라 원하는 스타일이 달라진다.
20cm	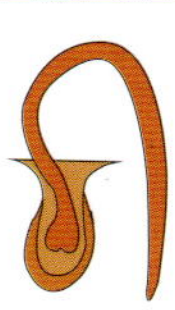	모발의 볼륨은 없어지고 모발이 무거워서 떨어지므로 선을 만들어서 원하는 헤어스타일을 얻어내는 경우가 많다.

2. 두상에서 떨어지는 모발의 길이

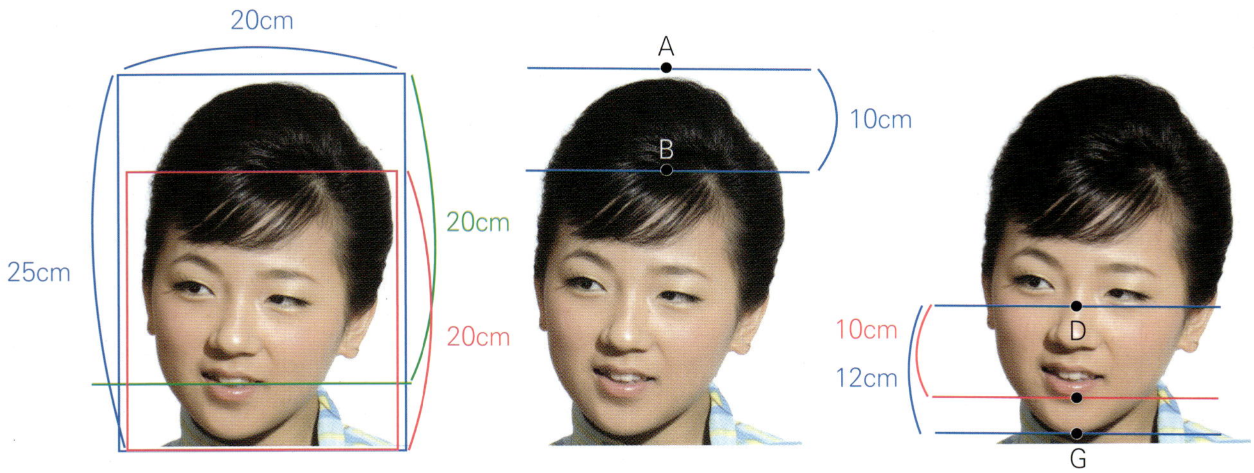

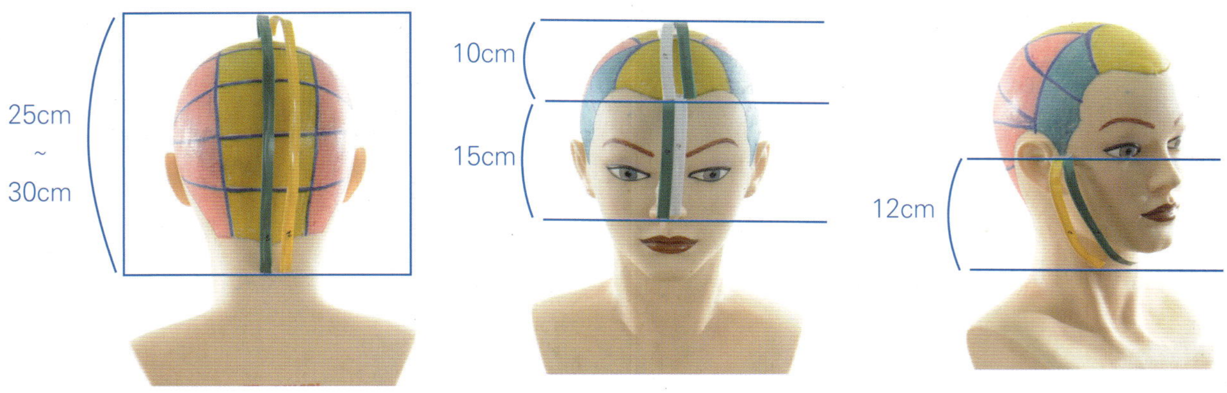

두상에서 모발에 떨어진 길이를 알고 헤어스타일을 복제하면 고객이 원하는 헤어스타일을 쉽고 빠르고 정확하게 헤어 커트 할 수 있다.

커트 빗이 보통 20cm에서 만들어진 이유는 대부분의 가로 세로 얼굴의 길이가 20cm에 가깝기 때문이다.

3. 네이프의 길이

U라인의 형태선이 모발의 길이에 따라 기울기가 다르다.

① 25cm 이상

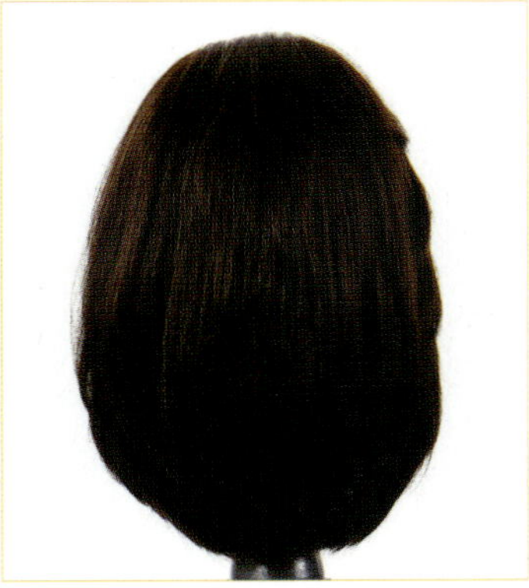
② 15cm

③ 10cm

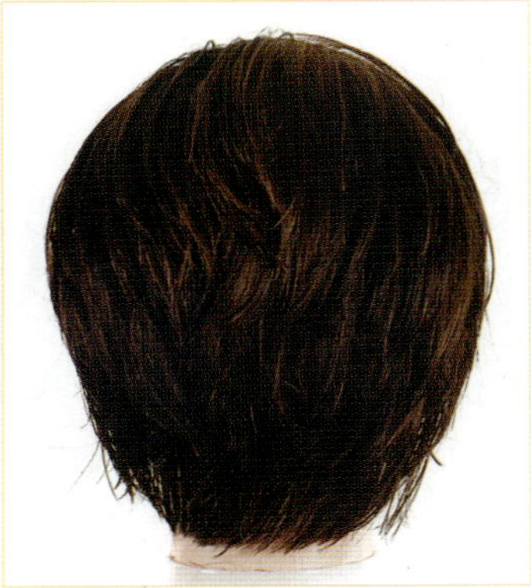
④ 3cm

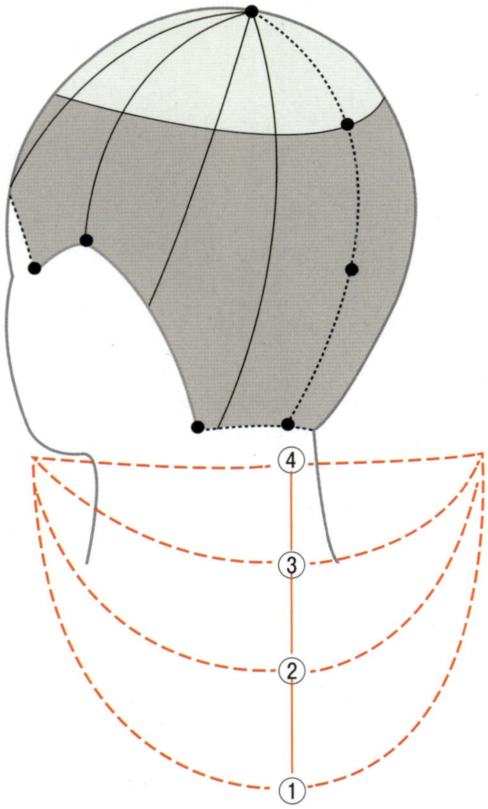

모발이 길면 기울기가 있고 길이가 짧아지면 기울기가 완만하다. 두상이 함몰된 영역에서 형태선이 표현되어야 하고 길이와 형태선에 따라 헤어스타일의 형태가 달라진다.

4. 앞머리의 길이

① 25cm 이상

② 20cm

③ 20cm 이하

④ 10cm 이하

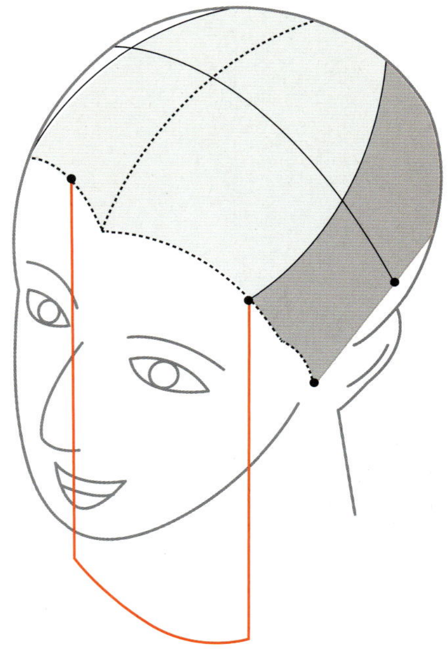

①,②,③처럼 모발의 길이가 눈보다 길어지면 눈이 사물을 보아야 하는 눈의 기능성 때문에 가르마를 중심으로 모발의 길이가 점점 증가하게 표현된다.

④는 눈보다 모발의 길이가 짧아져야 다양한 앞머리의 표현이 가능하다.

10cm 이하의 길이는 모발의 무게가 없기 때문에 모류방향을 파악하는 것이 먼저이다.

5. 옆선의 길이

① 앞올림 사선
25cm 이상

② 앞내림 사선
15cm 이상

③ 앞올림 사선
12cm 이상

④ 10cm 이하
(앞내림사선 or 앞올림사선)

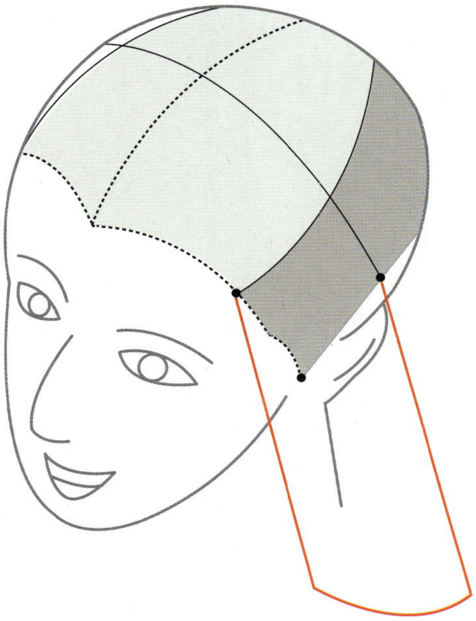

이곳은 모발의 겹침이 없기 때문에 시술각보다 먼저 길이와 선의 이미지를 설정하면 헤어스타일을 복제하기 쉽다.

모발이 무거우면 슬라이싱이나 쳐내기로 가능하다.

6. 동일한 도해도로 길이를 다르게 하여 시술한 헤어스타일

N.P 3cm N.P 6cm N.P 10cm

N.P의 길이가 다르게 시술하고, 시술각은 동일한 방법으로 시술하여 다른 형태가 표현되었다.

솔리드 1

차분하고 여성스러움이 표현된 멋진 헤어스타일

N.P길이 10cm를 설정하여 일직선을 시술하고, U라인 영역을 일반시술각 90°로 시술한다.

주의사항

N.P 길이가 10cm 이하이기 때문에 후하부의 모질, 모량을 파악하여 모량을 조절한다.

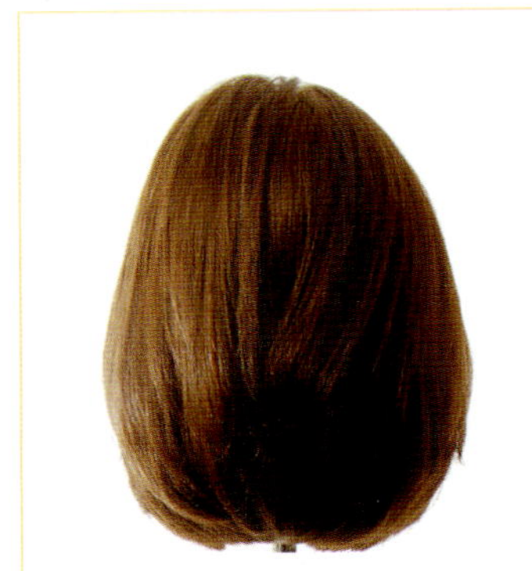

시술방법

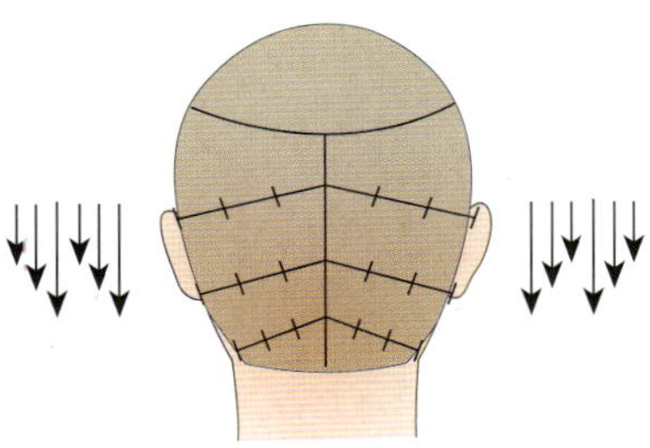

시술 전 모류보정

모발을 앞쪽으로 당겨서 모발의 길이가 앞쪽은 짧고 뒷쪽은 길게 하여 모발의 길이가 똑바르게 떨어지게 한다.

모발이 안쪽으로 흐르는 내리막길은 모질이 두껍고 모류도 강하며 모량이 많아 모량을 조절하고 일직선의 형태선을 시술해야 한다.

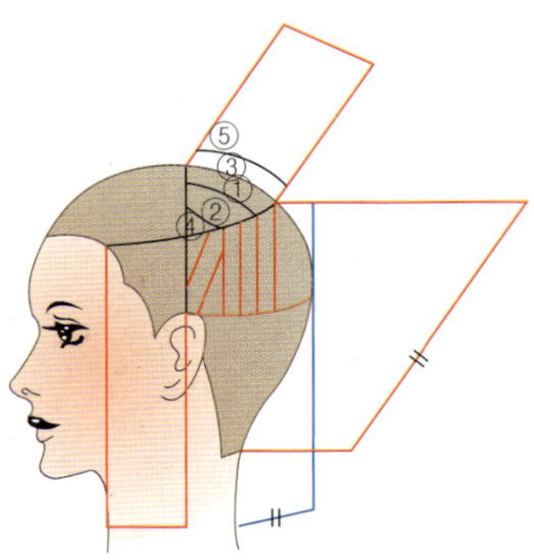

1. U라인 브록킹

상담-스타일구성방법(길이, 형태선, 슬라이스, 베이스)을 파악하여 디자이너가 스타일을 결정한 후 고객에게 디자인을 제안하여 OK하면 시술한다.

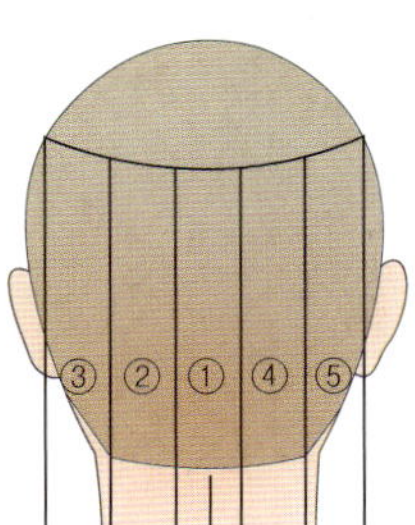

2. U라인 아래에 해당하는 부분은 일직선의 형태선을 시술한다.

빗으로 조절 - 3번에, 손가락 판넬 - 5번에 나누어서 일직선 만들기.

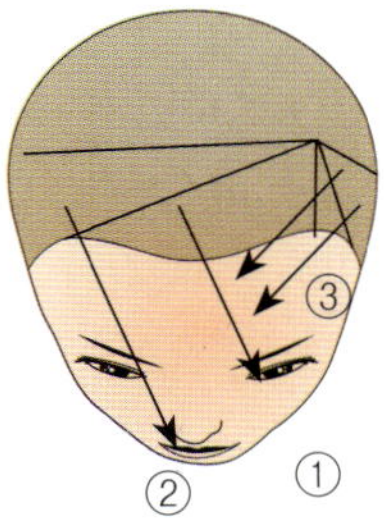

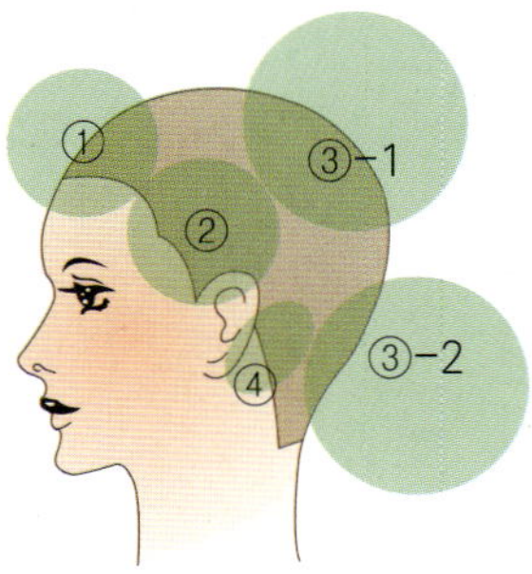

3. 후상부

- 길이가이드: G.P에서 설정
- 슬라이스: ①②③ 세로, ④⑤ 연결
- 베이스: 온더베이스
- 시술각: 일반시술각 90˚

4. 측두부

일직선의 형태선 만들기

5. 전두부

길이가이드를 F.S.P에 설정하여 오른쪽은 왼쪽으로 오버다이렉션하여 시술한다.

6. 쳐내기

① 앞머리 표정만들기
② 옆선만들기
③-1 중심축잡기(볼륨)
③-2 형태선확인
④ 방향성 제시(모량제거)

모류보정, 모량조절

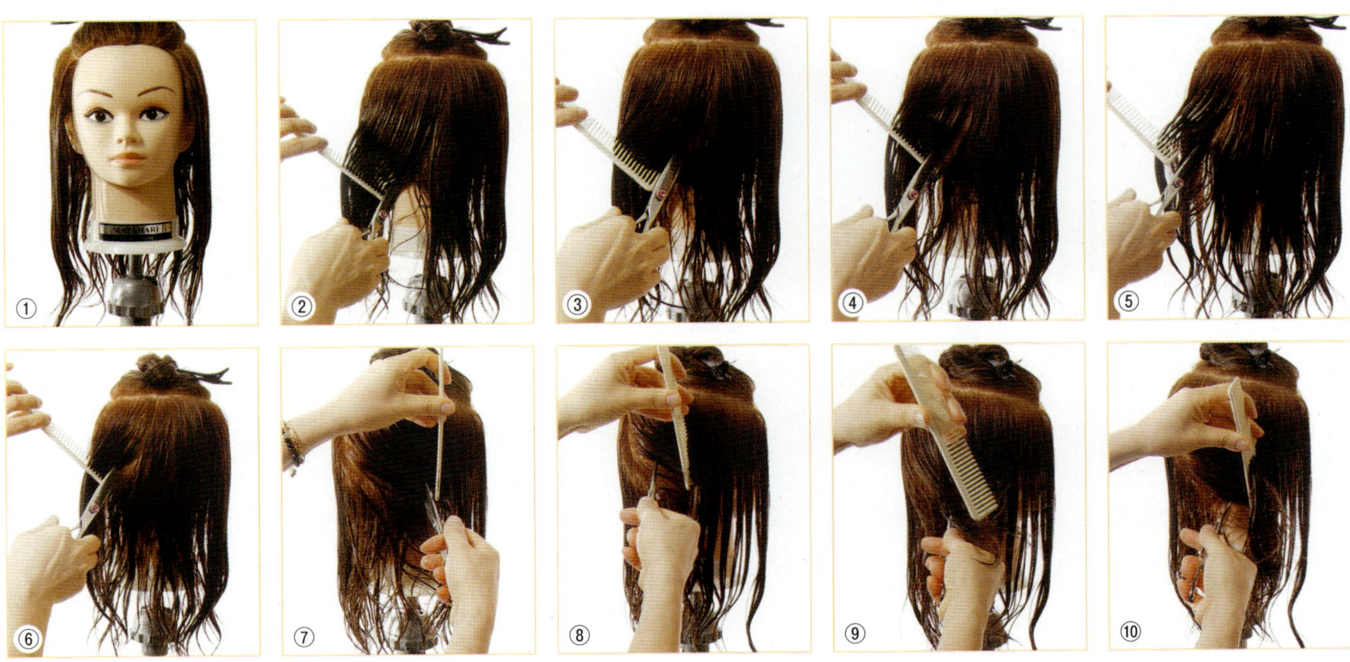

②③④⑤⑥ 모발을 앞쪽으로 끌어당겨 모류를 잡기 위해, 모발이 나는 첫 부분에서 시작하여 3번에 나누어서 틴닝으로 시술한다.

⑦⑧⑨⑩ 반대쪽도 모발을 앞쪽으로 빗질하여 앞쪽에서 시작하여 3번에 나누어서 시술한다.

뒷선 일직선 만들기

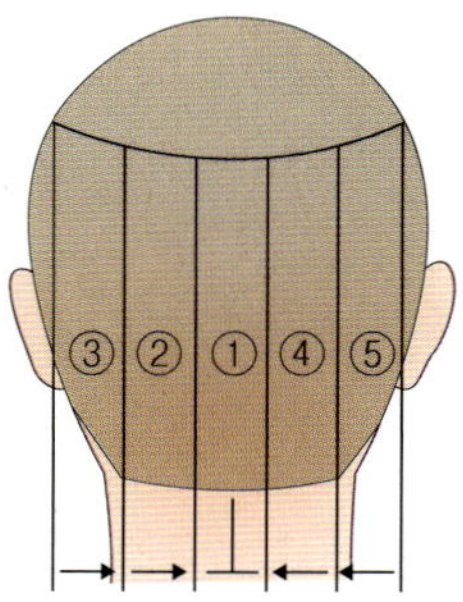

주의사항

안으로 들어가는 내리막길 끝에 모발이 가이드가 되므로 빗질되어야 하기 때문에 엄지로 빗등을 누르면서 빗살이 보이게 빗질을 하고, 일직선의 형태선을 만들어야 한다.
두상이 곡면체이므로 슬라이스가 가로로 수평을 이루고 시술할 때 일직선의 형태선이 완성된다.

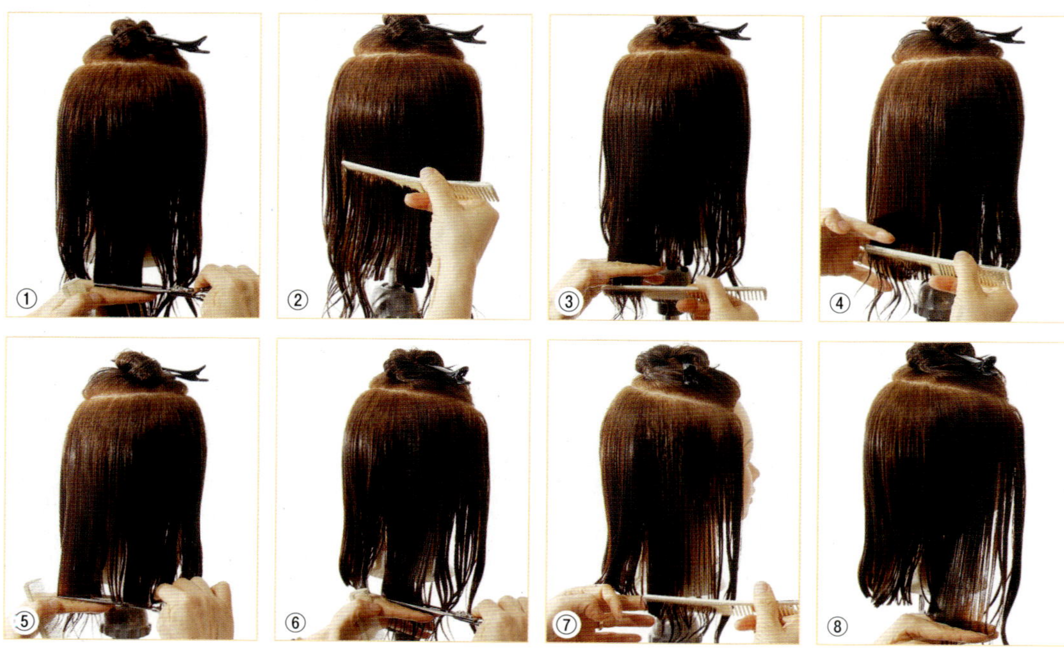

① 중심축에서 윗모발이 길어지게 손가락을 1층, 2층으로 잡고 손가락 위에서 일직선으로 시술한다.
②③ 손가락을 수평으로 잡고 ①과 동일한 방법으로 시술한다.
④⑤ 손가락을 수평으로 잡고 ③과 동일한 방법으로 시술한다.
⑥⑦ 반대편도 동일한 방법으로 손가락을 1층, 2층으로 하여 수평으로 잡고 일직선으로 시술한다.
⑧ 손가락의 위에 가위를 수평으로 대고 일직선을 시술한다.

옆선, 시술각 만들기

①② E.P쪽으로 베이스를 당겨서 일직선으로 시술한다.
③ 반대쪽에서 길이가이드를 먼저 설정한다.
④⑤⑥ 베이스를 틀어서 일직선을 시술한다.

① U라인 영역을 일반시술각 90°로 온더베이스로 판넬을 끌어올린다.
② 일반시술각 90°로 시술한다.
③ 다음 판넬도 세로 슬라이스 온더베이스로 판넬을 끌어올린다.
④⑤⑥ 일반시술각 90°로 시술한다.

시술방법

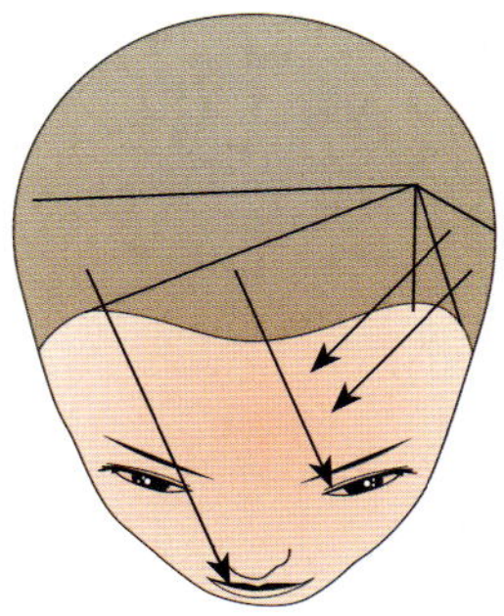

F.S.P 가이드를 설정하여 왼쪽을 오른쪽으로 오버다이렉션하여 시술하고 반대쪽도 가이드에 맞추어서 시술한다.

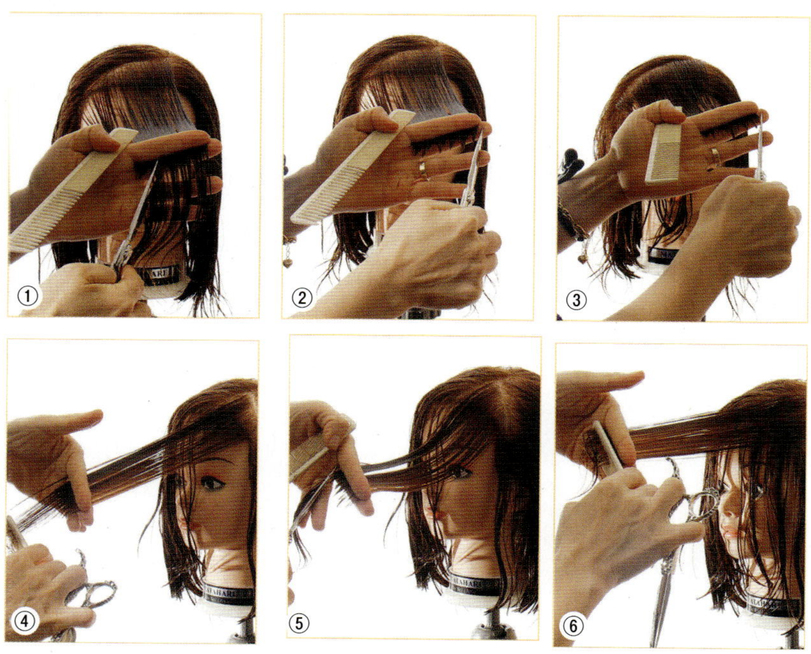

①② 슬라이스와 평행하게 판넬을 잡고 아래에서 위로 낫칭한다.
③ 다음 판넬도 ②에 맞추어서 아래에서 위로 낫칭한다.
④ 반대쪽의 F.S.P에 가이드를 다른쪽 가이드에 맞추어 시술한다.
⑤⑥ 나머지 모발도 반대쪽 가이드에 맞추어서 서로 교차하여 시술한다.

쳐내기방법

1,2. 앞머리, 옆선 표정만들기(라이팅닝, 이너틴닝, 루트틴닝)

어디에다 중심을 줄건지 먼저 선택한 후 모발끝부분에 라인틴닝을 시술한다.

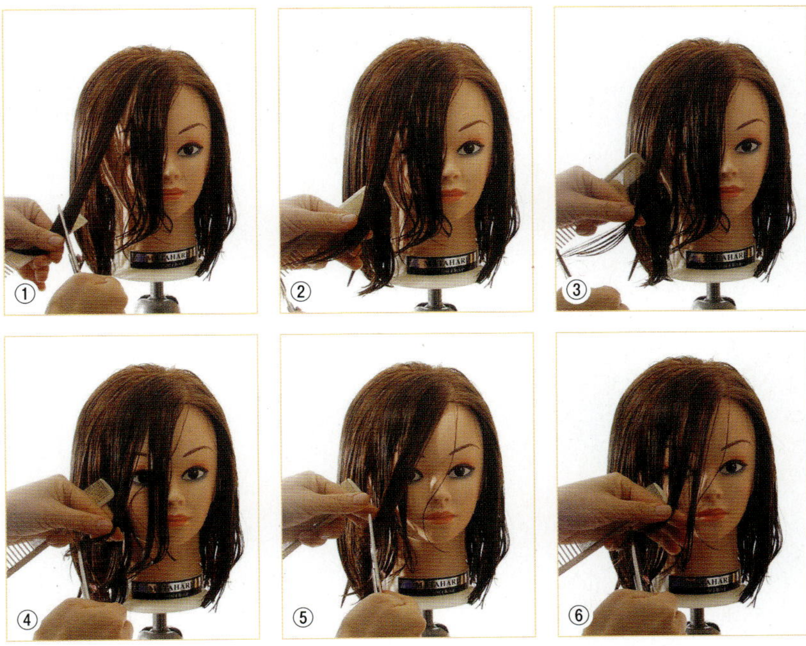

①② 모발끝에서 10cm를 설정하여 반의 길이인 5cm에서 윗모발이 짧게 사선으로 들어가 C커브를 만든다.

③④ 엄지로 밀면서 길이를 다시 정리한다.

⑤⑥ 다시 한 번 엄지로 한 판넬을 밀면서 판넬을 잡고 C커브를 만든다.

3. 중심축잡기, 형태선확인

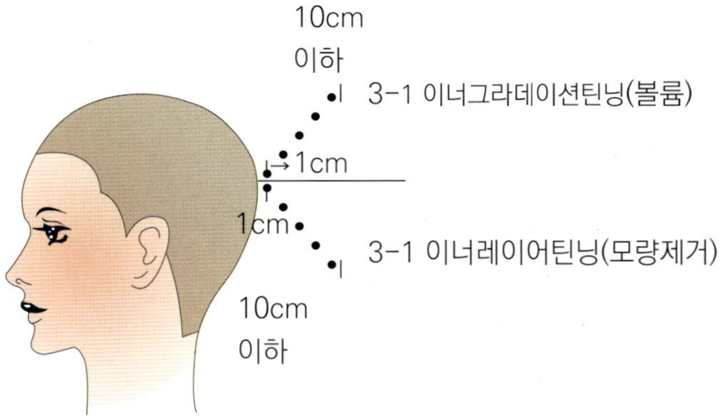

①② G.B.M.P의 윗부분의 판넬을 세로로 잡고, 후중부의 모발은 틴닝이 들어가지 않게 이너그라데이션틴닝으로 시술한다.

③ 그보다 더 짧게 안에서 한 번 더 시술한다.

④ 이 부분에는 모질이 두껍고, 모류가 강하기 때문에 윗모발이 짧게 하여 이너레이어틴닝을 시술한다.

⑤⑥ 다시 한 번 동일한 방법으로 시술한다.

4. 방향성제시

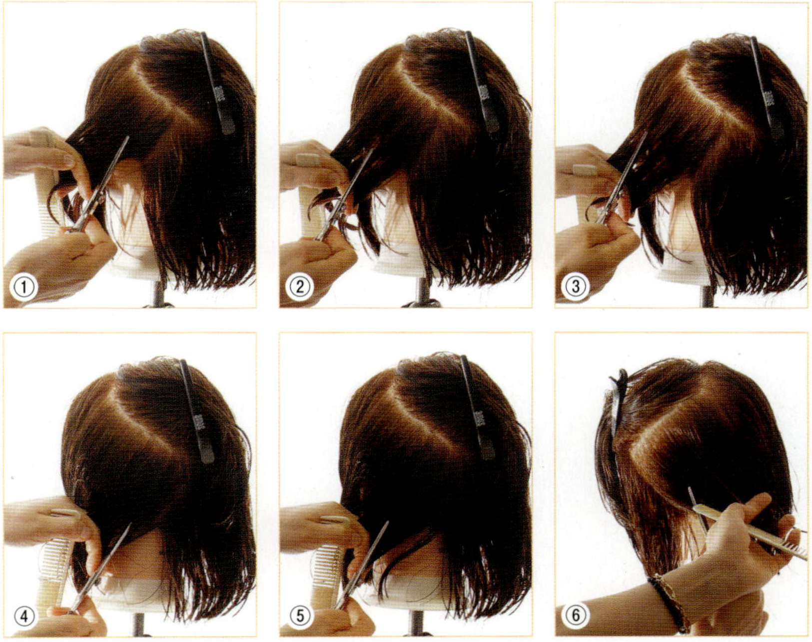

①②③ 후중부와 후상부를 역삼각형으로 모발을 핀셋으로 고정시킨 후 모발을 앞쪽으로 당겨서, 윗모발이 짧게 3번에 나누어서 틴닝을 넣는다.

이렇게 되면, 뿌리에는 루트틴닝, 이너레이어틴닝이 한꺼번에 시술하게 된 효과를 본다.

④⑤ 아래 부분에 모발로 앞쪽으로 당겨서 윗모발이 짧게 뿌리부터 넣기 시작한다.

⑥ 반대쪽도 동일한 방법으로 시술한다.

시술종료

쳐내기 방법의 전체적인 순서(형태감을 상실하지 말 것)

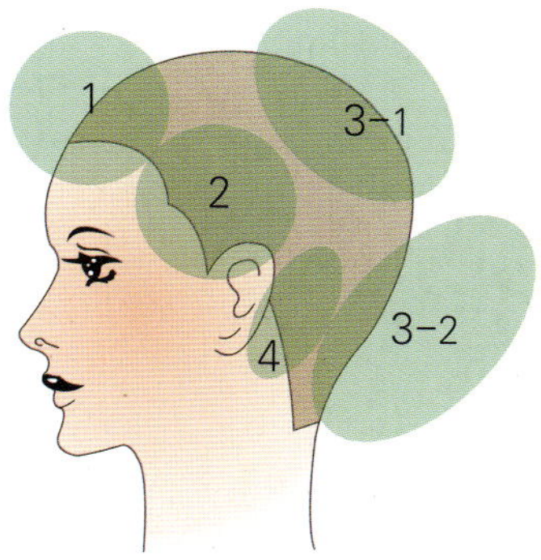

1. 앞머리 표정 만들기(라인틴닝 : 방향성제시)
2. 옆선 만들기(라인틴닝)
3-1. 중심축잡기, 볼륨(이너그라데이션틴닝)
3-2. 모량제거, 모량조절(모량제거)을 하기 위한 형태선 확인(이너레이어틴닝)
4. 방향성 제시(루트틴닝, 이너레이어틴닝)

N.P.10cm 일직선을 G.P까지 만들고, 후상부만 일반시술각 90°로 시술한 단발층 헤어스타일은 N.P 아래에서 아웃 C컬을 만들고자 하는 모발의 성질이 강하다. 뒷손질이 편한 헤어스타일을 만들기 위해서는 S컬을 전체적인 펌으로 연결시키면 뒷손질이 편한 펌디자인으로까지 연결할 수 있다.

①

②

③

④

솔리드 1,2,3

솔리드의 길이 변화

③번을 먼저 시술하고 동일한 시술방법으로 길이만 짧게 하여 시술하면서 형태가 달라진 것을 인지한다.

솔리드 2

뒷손질이 편하게 둥근 라인을 만드는 단발머리

N.P. 6cm를 설정하여 G.P 아래는 일직선을 시술하고, 후상부 영역은 일반시술각 90°로 시술한다.

주의사항

후하부에서 일직선을 표현하기 위해서 모류보정을 하면서 모량조절을 하여 일직선의 형태선을 시술하여야 모류모양대로 흐르지 않는다.

시술방법

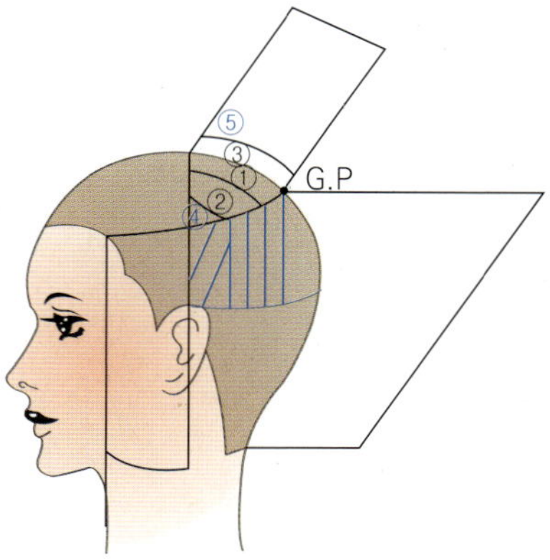

1. U라인 브록킹

상담 후 스타일구성방법을 파악하여 디자이너가 스타일을 결정한 후 고객에게 디자인을 제안하여 OK하면 시술한다.

2. 후하부와 후중부를 한꺼번에 일직선의 형태선을 만든다.

모류보정을 먼저 하여 모량 조절을 한 후에 빗으로는 3번, 손가락은 5번에 나누어서 일직선을 시술한다.

3. 후상부

· 길이가이드 : G.P에 설정 · 슬라이스 : ①②③ 세로, ④⑤ 연결

· 베이스 : 온더베이스 · 시술각 : 일반시술각 90°

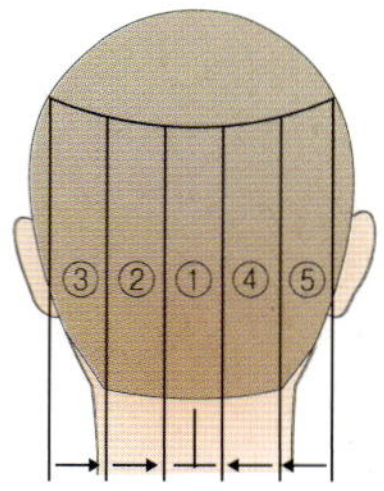

4. 측두부

가슴이 E.P에서 일직선 형태선 만들기

5. 전두부

F.S.P에서 가이드를 설정하여 왼쪽은 오른쪽으로, 오른쪽은 왼쪽으로 서로 교차하여 오버다이렉션으로 시술하면 가르마를 중심으로 점점 길어진다.

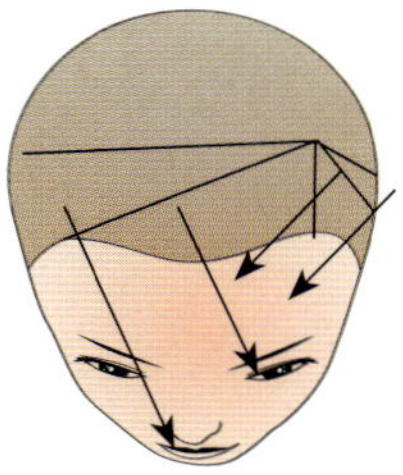

6. 전두부와 후상부를 연결

전두부와 후상부 사이를 삼각베이스로 떠서 연결한다.

7. 쳐내기

앞머리, 옆머리, 중심축, 사이드 순서로 골격보정과 모류보정을 하면서 시술한다.

일직선 형태선 만들기

주의사항

두상이 곡면체이기 때문에 손가락을 수평으로 하여야 전체적인 형태가 일직선으로 보인다. 여기에서 두상을 따라 그대로 일직선으로 시술하다보면 둥근 곡선이 표현된 U라인이 만들어져 버리기가 쉽다.

① 시술전의 상태

② 중심축에서 수직으로 자연시술각 0°로 빗질하여 검지손가락을 밑으로 대고 가운데 손가락을 수평을 만든 후에 가위를 위에 놓고 일직선으로 시술한다.

③④ 엄지를 밀착시켜 함몰된 대로 빗질하고 베이스를 틀어서 일직선으로 하고 가위를 위에다 놓고 일직선으로 시술한다.

⑤⑥ 다음 판넬도 동일한 방법으로 시술한다.

⑦ 윗 빗살이 보이게 엄지로 두상에 밀착하여야 N.P의 가이드를 0도로 시술할 수 있다.

⑧⑨⑩ 빗질은 곡면따라 밀착시켜서 빗질하고 베이스를 틀어서 손가락을 수평으로 잡고 일직선으로 시술한다.

옆선 만들기

주의사항

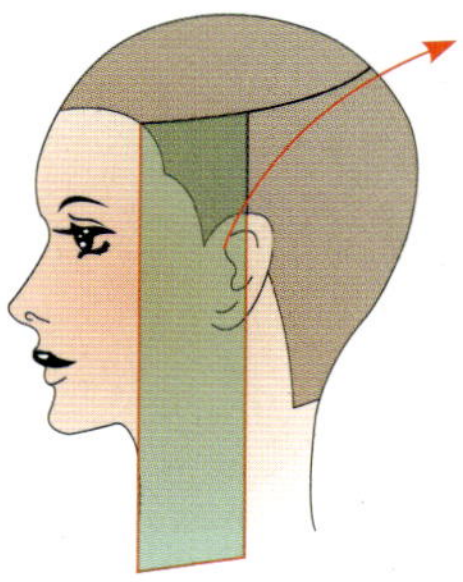

가슴을 이곳에 두고 서서 함몰된 만큼 베이스를 틀어서 일직선을 시술해야 앞의 길이가 짧아지지 않는다.

길이가 짧아질수록 귀가 들뜬 만큼 모류가 들뜬 만큼 짧아질 수 있으므로 고운살 쪽에서 텐션을 주고 빗질하는 것은 피하고 얼레살 쪽으로 텐션을 주지 않고 빗질하는 것이 중요하다.

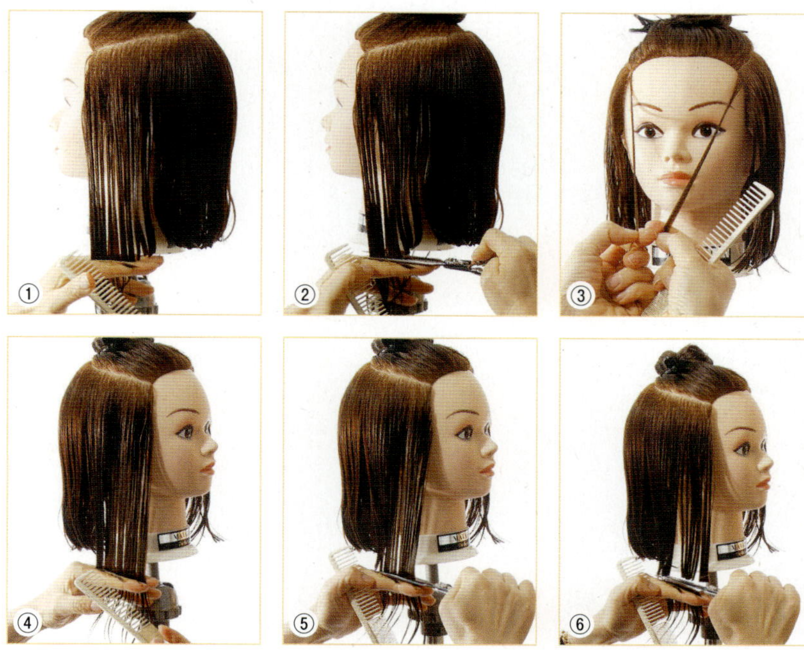

① 앞쪽에 두상이 함몰된 만큼 베이스를 틀어서 얼레살로 빗질하여 수평을 잡는다.
② 손가락을 검지를 아래로 하고 가운데 손가락을 수평으로 한 후 위로 가위를 일직선으로 한 후 시술한다.
③ 한 쪽을 자른 후 앞 길이가이드부터 설정한다.
④⑤ 반대편하고 동일하게 베이스를 틀어서 일직선으로 시술한다.
⑥ 가위를 손가락 위로 하여 가위로 수평으로 하여 일직선으로 시술한다.

앞머리, 표정 만들기

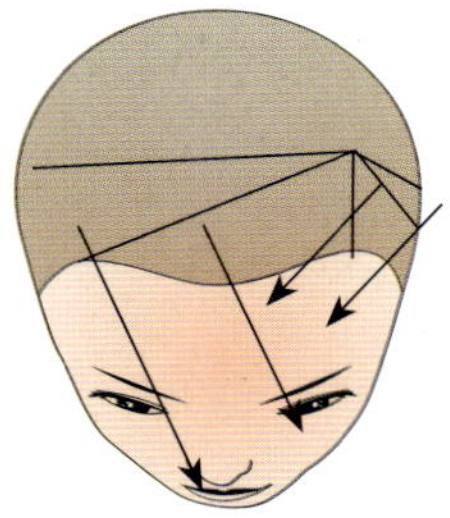

주의사항

모류를 먼저 파악하고 두상의 함몰부분에서 모발의 판넬을 빗질하여야 한다.

앞머리 양을 많이 뜨면 그 부분이 옆선으로 떨어졌을 때 잘못 자른 것처럼 보인다.

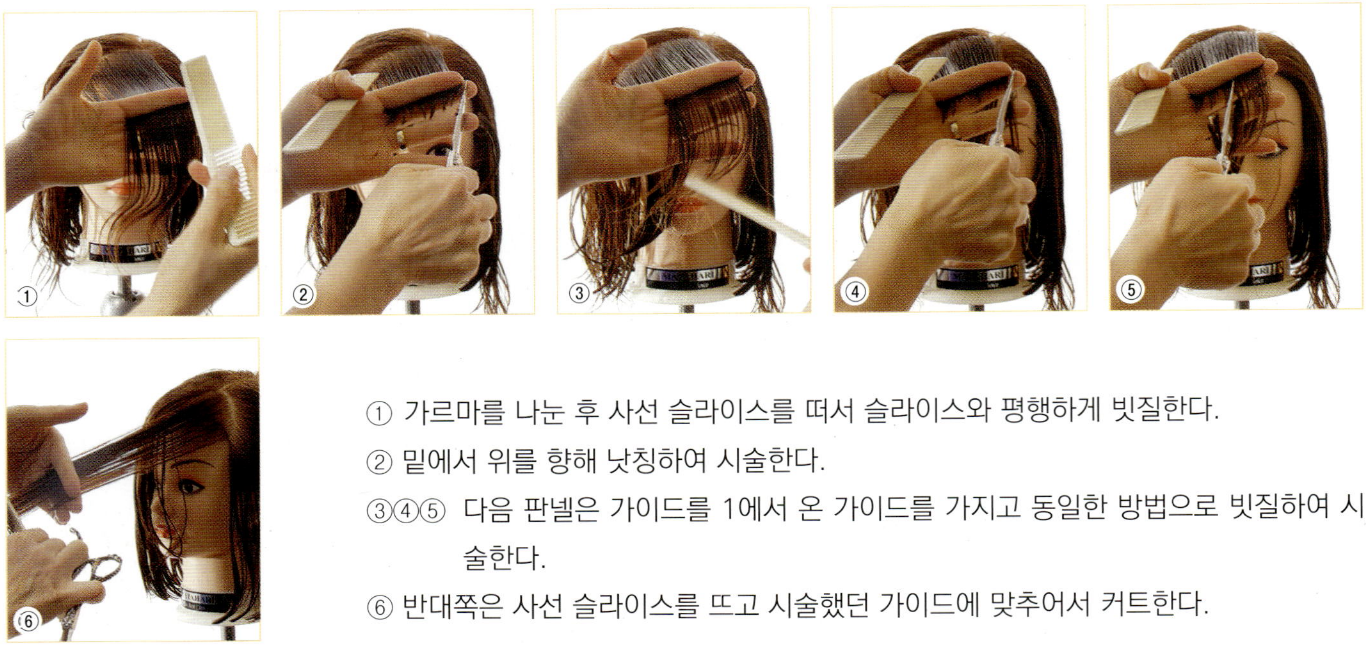

① 가르마를 나눈 후 사선 슬라이스를 떠서 슬라이스와 평행하게 빗질한다.

② 밑에서 위를 향해 낫칭하여 시술한다.

③④⑤ 다음 판넬은 가이드를 1에서 온 가이드를 가지고 동일한 방법으로 빗질하여 시술한다.

⑥ 반대쪽은 사선 슬라이스를 뜨고 시술했던 가이드에 맞추어서 커트한다.

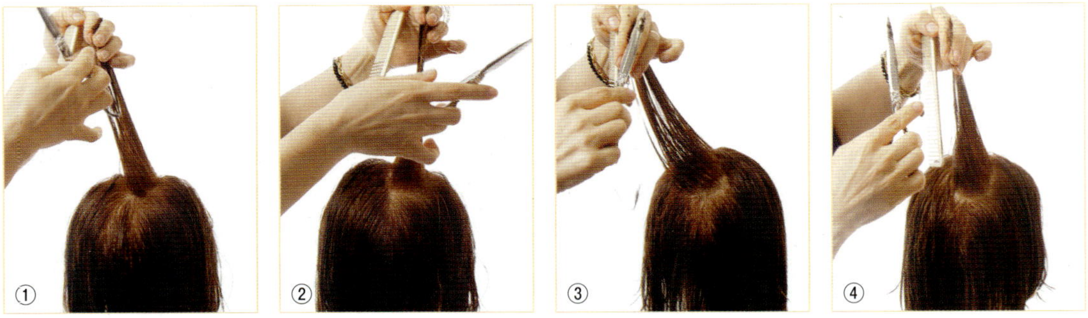

① G.P에서 길이가이드를 설정하여 일반시술각 90°로 빗질하여 시술한다.

② 다음 판넬도 세로로 판넬을 떠서 일반시술각 90°로 시술한다.

③ 시술각에서 나온 가이드와 형태선에서 나온 가이드를 연결하여 시술한다.

④ 반대쪽도 시술각에서 나온 가이드와 형태선에서 나온 가이드를 연결하여 시술한다.

쳐내기 방법

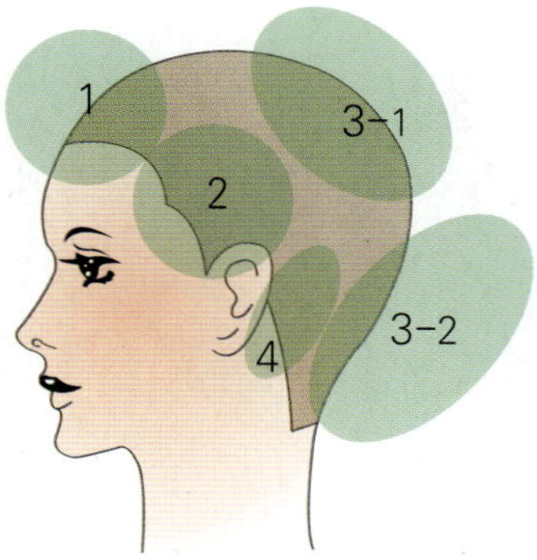

1. 앞머리 표정만들기

라인틴닝으로 방향성을 제시한다.

2. 옆선 만들기

라인틴닝으로 모발에 볼륨을 시술한다.

3-1. 중심축잡기

볼륨을 주기 위한 이너그라데이션틴닝을 넣는다.

3-2. 형태선확인

일직선에서 빠진 부분 있으면 다시 한 번 확인하고 3-1번에 모발이 잘 표현될 수 있도록 모량을 제거하기 위한 이너레이어틴닝을 시술한다.

4. 방향성제시

귓바퀴로 C컬을 만들기 위한 루트 이너레이어틴닝을 시술한다.

①② 방향을 제시하기 위하여 앞쪽으로 모발을 말고 틴닝을 사선으로 넣어 빠지면서 C컬을 만든다. 10cm반 5cm에서 시술한다.

③ 모발 끝에서 볼륨을 주기 위하여 이너그라데이션틴닝으로 시술한다.

④⑤ 속모발이 짧고 겉 모발이 길게 틴닝을 넣어 시술한다.

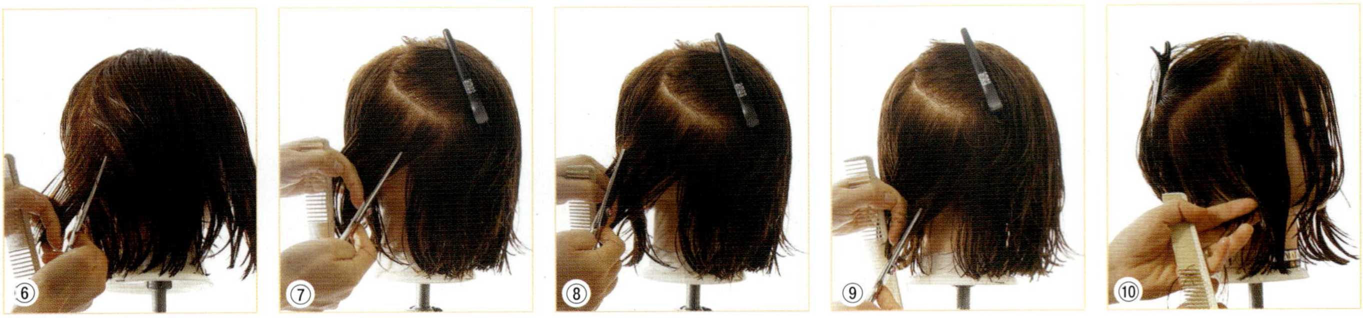

⑥ 모량제거를 하기 위한 이너레이어틴닝을 시술한다.

⑦⑧⑨ 중심축에 모발을 역삼각형으로 떠놓고 방향성을 제시하기 위한 루트틴닝, 이너레이어틴닝을 시술한다.

⑩ 반대방향도 동일한 방법으로 시술한다.

커트종료

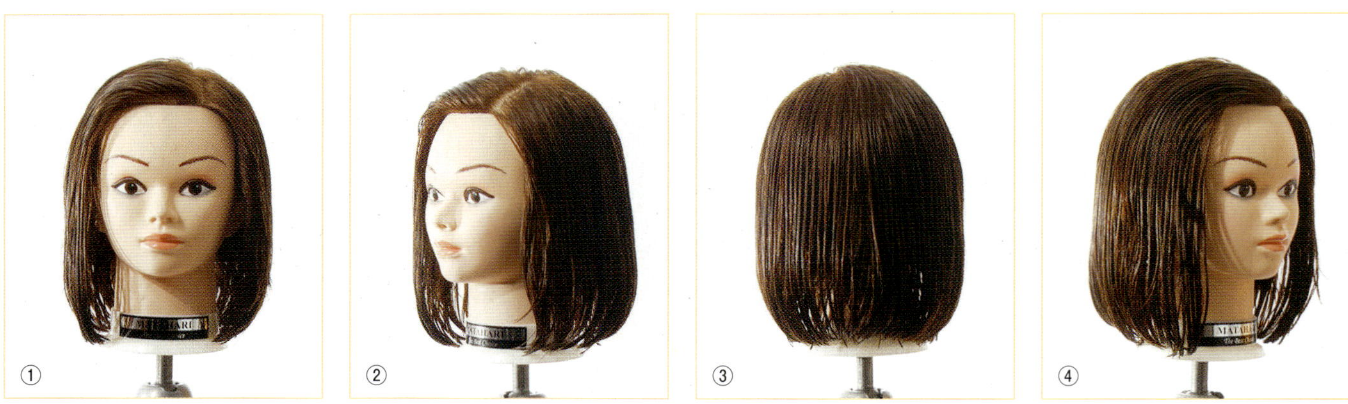

솔리드 3

자연스러운 볼륨이 있는 단발머리

N.P 아래를 2cm로 설정하여 G.P 아래는 일직선을 시술하고 후상부 영역은 일반시술각 90°로 시술한다.

주의사항

N.P길이가 짧아지면 손으로 시술하는 것 보다 빗으로 콤컨트롤해야 밑모발이 길어지지 않고 윗모발이 길어지게 시술할 수 있다. 길이가 짧은 모발은 모류의 성질이 강하기 때문에 모류보정을 한 후 시술한다.

시술방법

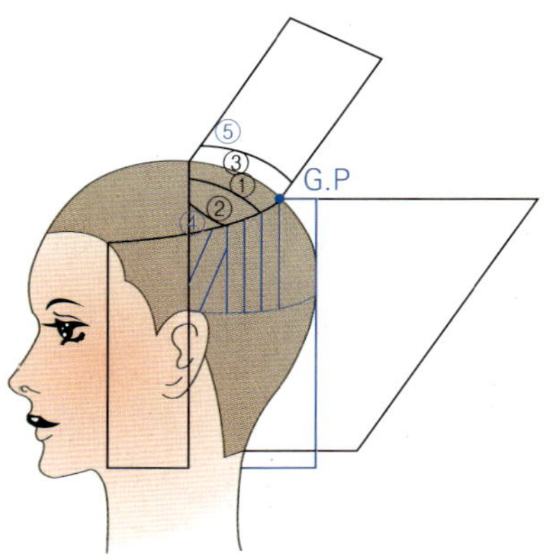

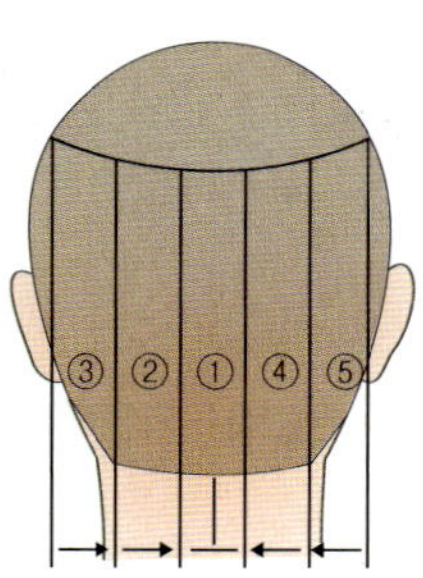

1. U라인 브록킹

상담 후 스타일구성방법을 파악하여 디자이너가 스타일을 결정한 후 고객에게 디자인을 제안하여 OK하면 시술한다.

2. 모류모정

후하부에 해당하는 부분에 길이를 혼합하여 모량조절을 한다.

3. 후하부에 일직선 만들기

콤컨트롤 기법사용 → 빗으로 조절, 3번
손가락으로 – 5번에 나누어서

4. 후상부

· 길이가이드 : G.P에서 설정
· 슬라이스 : ①②③ 세로, ④⑤ 시술각·형태선연결
· 베이스 : 온더베이스
· 시술각 : 일반시술각 90°

5. 측두부

베이스를 두상이 함몰된 만큼 E.P쪽으로 틀에서 일직선 형태선 만들기.

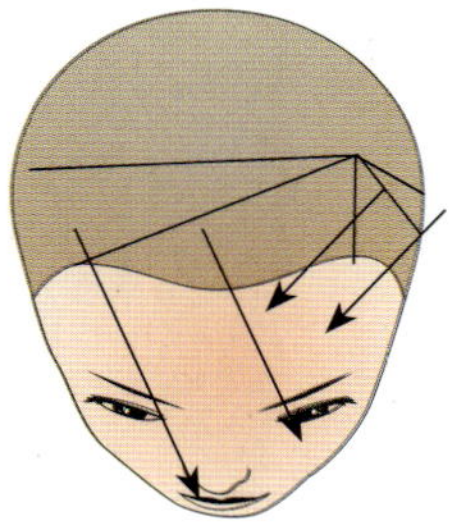

6. 전두부

길이가이드를 F.S.P선에서 설정하여 오른쪽은 왼쪽으로 왼쪽은 오른쪽으로 서로 교차하여 오버다이렉션하여 베이스를 당긴 만큼 점점 길어지게 시술한다.

7. 쳐내기: 양감조절, 질감조절

앞머리는 머리카락에 방향성을 제시하는 틴닝을 사선으로 넣어서 라인틴닝하고, 옆선도 볼륨을 만들어주는 이너그라데이션틴닝 중심축을 잡아 두상오르막길은 이너그라데이션틴닝을, 두상내리막길은 이너레이어틴닝을 넣고 방향성 제시를 하는 틴닝을 넣으면 된다.

모류보정을 하여 모량조절하기

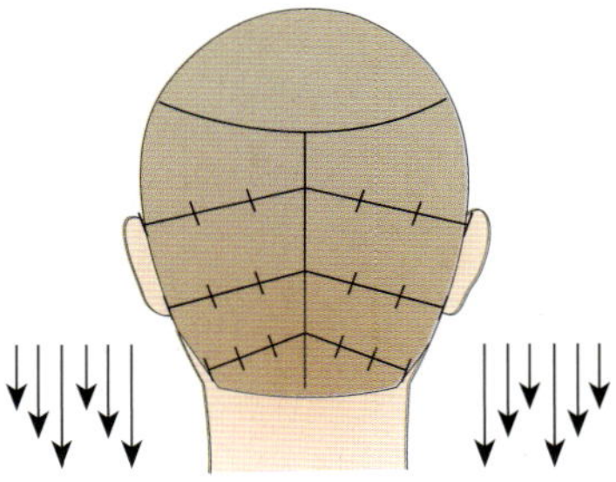

두상의 내리막길은 모류방향이 흩어지고 모질이 두꺼워 수직으로 모발이 떨어지기가 쉽지 않으므로 모류보정을 먼저 시술하고 일직선의 형태선을 만든다.

한 쪽에 사선으로 3번에 나누어서 3번씩 길이를 혼합하여 9번 시술한다. 모량이 많으면 한 번 더 시술하고, 모량이 적으면 한 번 적게 시술하면 된다.

①

②

③

④

⑤

① 두상에서 제일 튀어나온 부분에서 시작하여 E.B.P까지 사선으로 빗질하고 모발이 나기 시작한 부분에 앞모발이 짧고, 뒷모발이 길게 틴닝을 넣는다.

② 사선에 다음 판넬도 틴닝을 넣을 준비를 한다.

③④⑤ 한쪽 사선을 3번에 나누어 틴닝을 넣어 모발의 길이를 앞모발이 짧고 뒷모발이 길게 한다.

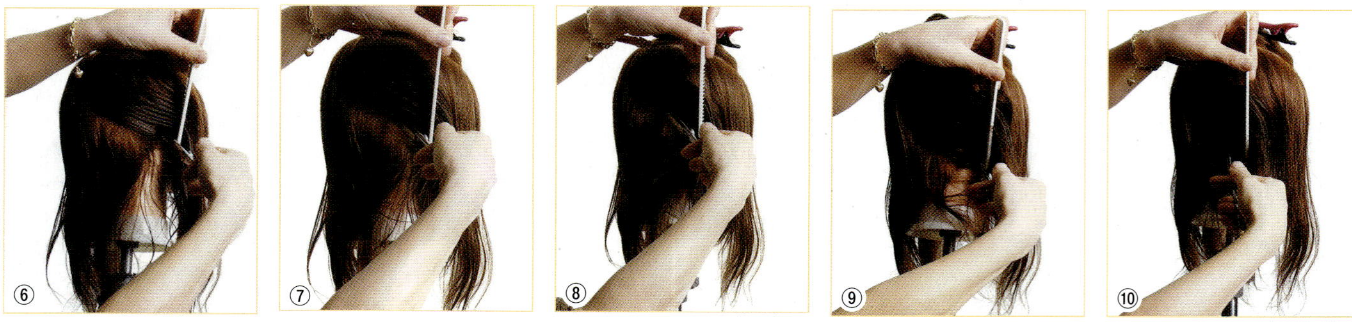

⑥⑦ 반대편도 사선으로 빗질하여 앞모발은 짧고 뒷모발이 길어지게 틴닝으로 시술한다.

⑧⑨⑩ 다음 시술도 사선으로 빗질하여 모발이 나는 시작점에서 앞모발은 짧고 뒷모발이 길어지게 틴닝으로 시술한다.

일직선 만들기

① 두상이 함몰된 곳은 빗살이 보이게 두상을 밀착하여 빗질한다.

② 중심에서 판넬을 손가락이 일직선이 되게 잡는다.

③ 손가락 위로 가위를 수평으로 잡고 일직선으로 밑모발보다 윗모발이 길게 시술한다.

④ 중심에 일직선의 가이드가 설정되었다.

⑤⑥ 다음 판넬도 손가락이 수평이 되게 모발을 잡고 일직선으로 시술한다.

⑦ 다음 판넬도 동일한 방법으로 시술한다.

⑧ 반대편도 동일한 방법으로 시술한다.

옆선 만들기

① 뒷선에서 길이가이드를 설정한다.

② E.P에서 서서 두상이 함몰된 만큼 베이스를 틀어서 일직선으로 시술한다.

③ 반대쪽에 길이가이드를 먼저 설정한다.

④⑤ 설정한 길이가이드에 맞추어 다른 쪽도 동일한 길이로 일직선으로 시술한다.

⑥⑦ 앞머리 코너를 앞머리가 짧게 살짝 사선을 시술한다.

⑧ 반대쪽도 길이를 맞춘다.

⑨⑩ 길이가이드만큼 앞머리를 사선으로 시술한다.

오버섹션층

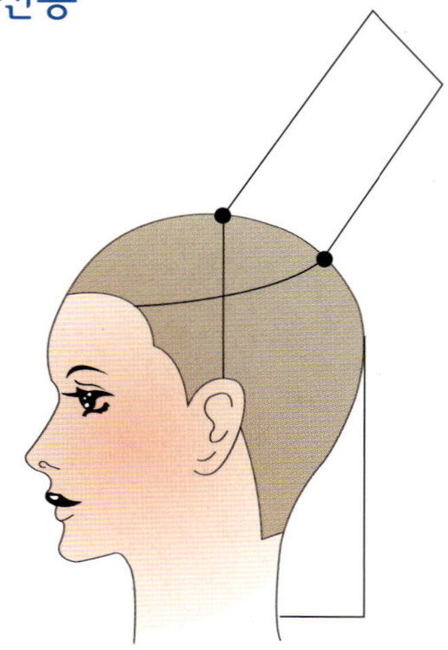

길이가이드는 G.P에서 설정하여 일반시술각 90°로 세로와 사선슬라이스를 온더베이스로 떠서 시술한다.

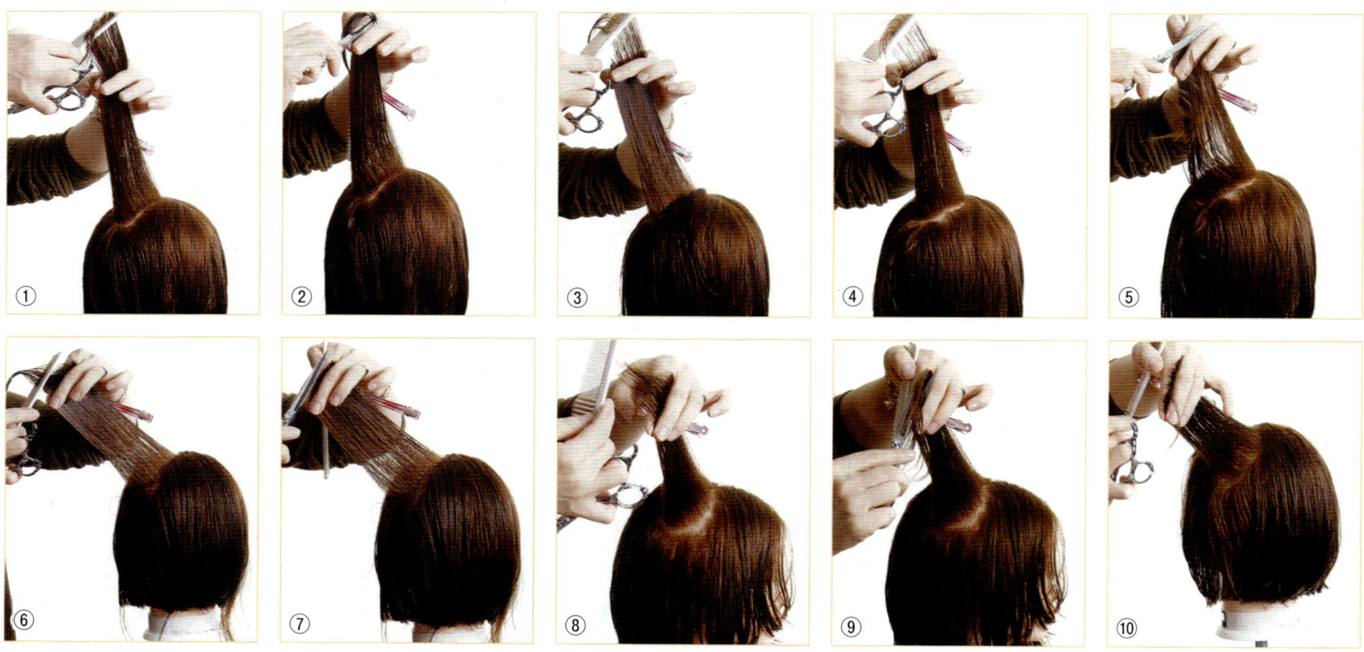

① 세로 슬라이스를 떠서 일반시술각 90°로 빗질한다.

② 손가락에 판넬 잡은 대로 시술한다.

③ 다음 판넬도 일반시술각 90°로 빗질한다.

④⑤⑥⑦ 중심축에 있는 3개의 판넬은 세로 슬라이스로 판넬을 떠서 일반시술각 90°로 시술한다.

⑧⑨⑩ 중심축에 나온 길이가이드와 형태선에서 나온 길이가이드를 사선으로 떠서 시술한다.

앞머리 표정만들기

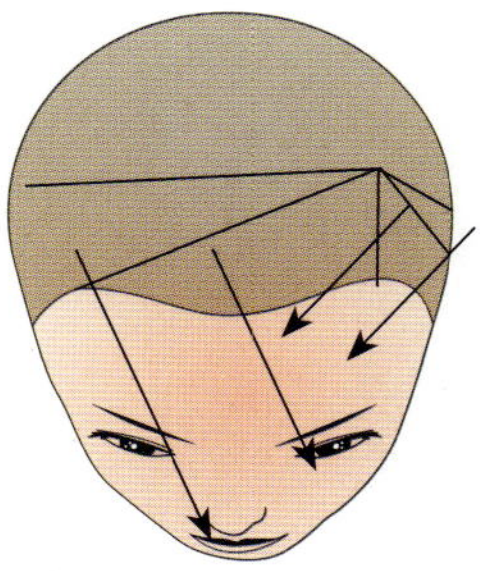

①② 가르마를 나눈 후, F.S.P에서 가이드를 가져와 슬라이스와 평행하게 빗질하여 밑모발부터 낫칭으로 시술한다.

③④ 다음 판넬도 앞쪽으로 빗질하여 앞의 가이드에 맞추어서 시술한다.

⑤ 한쪽을 시술해 놓은 상태이다.

⑥⑦⑧ 반대쪽도 앞쪽으로 빗질하여 시술해 놓은 가이드와 연결하여 낫칭으로 시술한다. 가르마를 중심으로 왼쪽은 오른쪽으로 빗질하고 오른쪽은 왼쪽으로 빗질하여 커트하면 점점 길어지는 앞머리를 시술할 수 있다.

앞머리 질감처리

① 라인틴닝을 넣을 준비로 모발 끝 10cm의 반 5cm에서 틴닝을 사선으로 넣고 모발을 커브를 그리면서 빼낸다.

② 엄지로 모발을 빼면서 틴닝이 빠지면 모발의 길이가 다시 자리를 잡는다.

③④⑤ 다시 모발 끝에서 틴닝을 사선으로 넣어준다.

옆선 질감처리

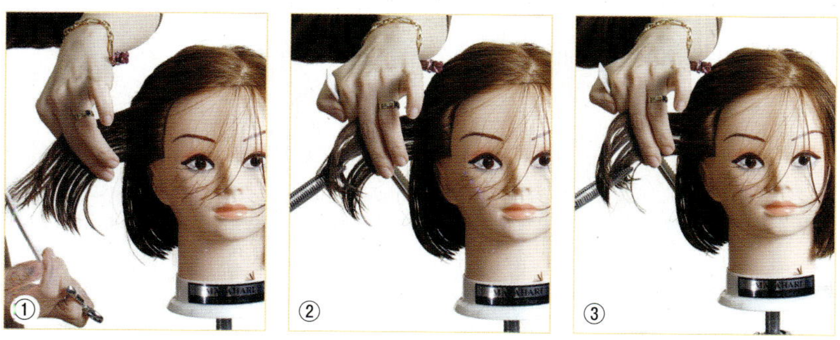

① 라인틴닝을 넣기 위해 모발 끝에서 10cm에 판넬을 커트한 시술각 판넬대로 잡는다.

② 속모발이 짧아지게 틴닝을 밑모발이 짧고 윗모발이 길어지게 사선으로 넣는다.

③ 사선으로 넣은 모발을 커브를 그리면서 틴닝 가위를 뺀다.

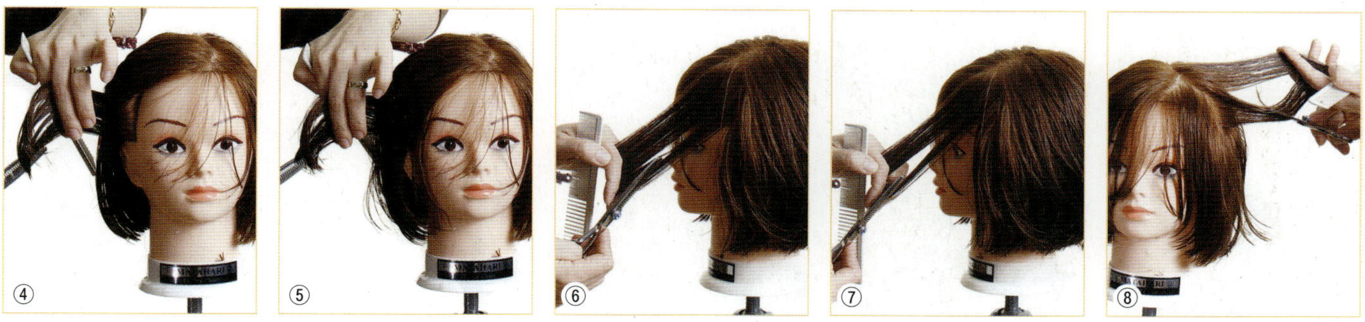

④⑤ 또 다시 속모발을 동일한 방법으로 시술한다.

⑥⑦ 옆선의 모발을 윗모발에 짧고 아랫모발이 길게 틴닝을 넣어 모발의 무게가 가볍게 처리한다.

⑧ E.P의 윗쪽에 튀어나온 골격을 보정하기 위해 위에서 삼각형 판넬을 떠서 이너레이어틴닝을 넣는다.

중심축 질감처리, 방향성 제시

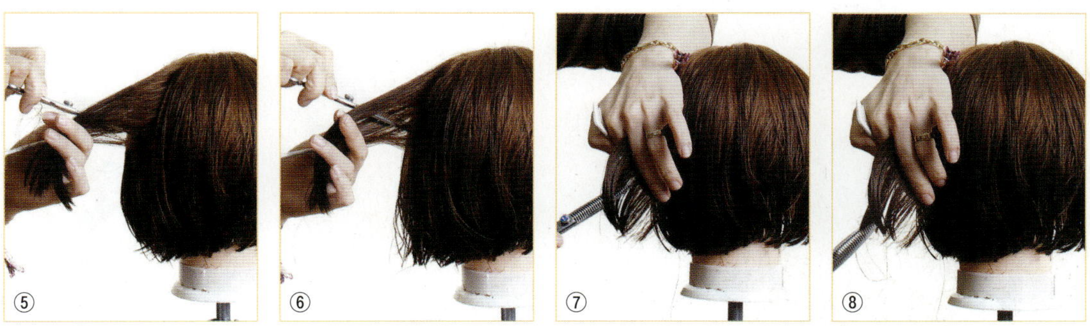

① 중심축 오르막길에는 이너그라데이션틴닝을 넣는다.

② 다시 한 번 모발의 속부분에 이너그라데이션틴닝을 넣는다.

③④ 모발 끝부분에 라인틴닝을 넣어 안으로 볼륨을 쉽게 만들어 준다.

① 중심축에 역삼각형의 모발을 뜨고 E.P까지 한 판넬을 잡아 앞모발이 짧고 뒷모발의 길이가 길어지게 틴닝을 넣는다.
② 다음 판넬도 모발이 짧고 뒷모발의 길이가 길어지게 폭은 적게 하여 위와 동일한 방법으로 시술한다.
③ 아랫부분의 모발은 모량이 많고 모류가 강하기 때문에 폭을 적게 하여 위와 동일한 방법으로 시술한다.
④⑤⑥ 반대쪽도 앞모발이 짧고 뒷모발이 길게 틴닝을 넣어준다.

시술이 종료된 상태

솔리드 4

머리끝까지 윤기 있고 건강하게 보이는 단발스타일

길이가 짧은 단발은 좌우길이가 수평이 잡아진 후 양쪽을 연결하여 시술한다.

주의사항

길이가 짧아지면 일직선을 시술하면 한쪽이 짧아질 위험이 있어 중심축에 수평을 맞추고 나머지 부분에 일직선을 맞추면 좌우가 동일하게 헤어 커트된다.

시술방법

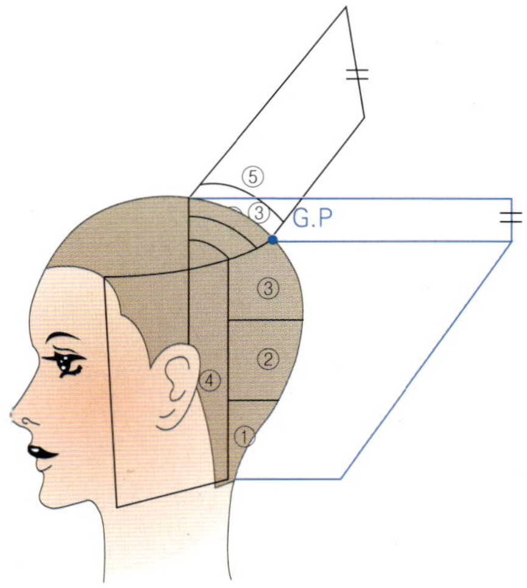

1. U라인 브록킹

상담 후 스타일구성방법을 파악하여 디자이너가 스타일을 결정한 후 고객에게 디자인을 제안하여 OK하면 시술한다.

2. N.P길이가 10cm 이하는 모류보정을 하여 모량조절을 한 후, 형태선을 만든다.

3. ① 중심축에서 두상의 내리막길 일직선 빗으로 콤컨트롤로 일직선 만들기
   ② 중심축 수직에 영역을 밑길이 가이드를 0.5cm 가지고 3번에 나누어서 일직선 만들기.
   ③ 두상 오르막길에 영역을 또다시 3번에 나누어 일직선 만들기
   ④ 양쪽을 두 번에 나누어서 중심축과 연결하여 일직선 만들기

4. 측두부

슬라이스에 동일하게 빗질하여 앞모발이 살짝 길어지게 시술한다.

5. 추상부, 전두부

· 길이가이드 : G.P에서 설정한다.
· 슬라이스 : ①②③ 세로, ④⑤ 형태선, 시술각 연결
· 베이스 : 온더베이스
· 시술각 : 자연시술각 90°, 일반시술각 45°

6. 쳐내기

양감조절, 질감조절, 겉모발이 잘린 단면이 보이지 않고 안으로 볼륨이 들어가는 모발끝부분에 라인틴닝을 넣어 뒷손질이 편하게 전체적인 쳐내기를 고려하여 시술한다.

모류보정(N.P. 5cm 이하 시술 시에는 모류보정을 먼저한다)

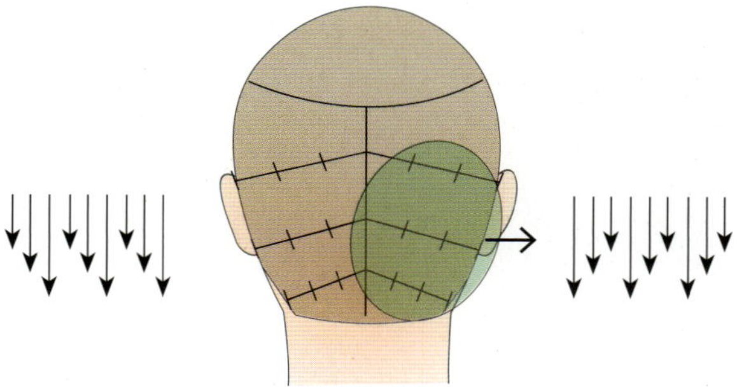

모류보정을 하면 이렇게 모발이 표현되기 때문에 형태선이 예쁘게 표현된다.

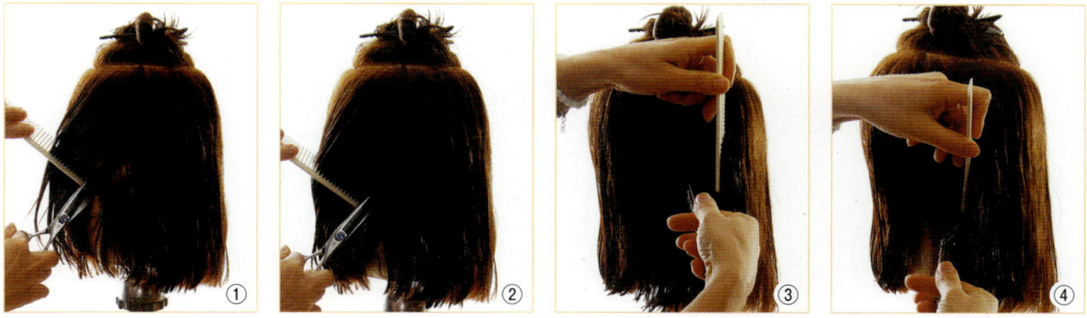

①② 내리막길이 시작되는 두상에서 시작하여 사선으로 빗질하여 틴닝을 넣는다. 이렇게 틴닝을 넣는 이유는 앞모발의 길이가 짧고 뒷모발의 길이를 길게 하여 모량조절을 하고 형태선 시술시 원하는 형태선이 분명하게 표현되기 때문이다.

③④ 반대편도 동일한 방법으로 시술한다. 이 때 몸을 움직여서 빗질하는 방법이 중요하다.

①번

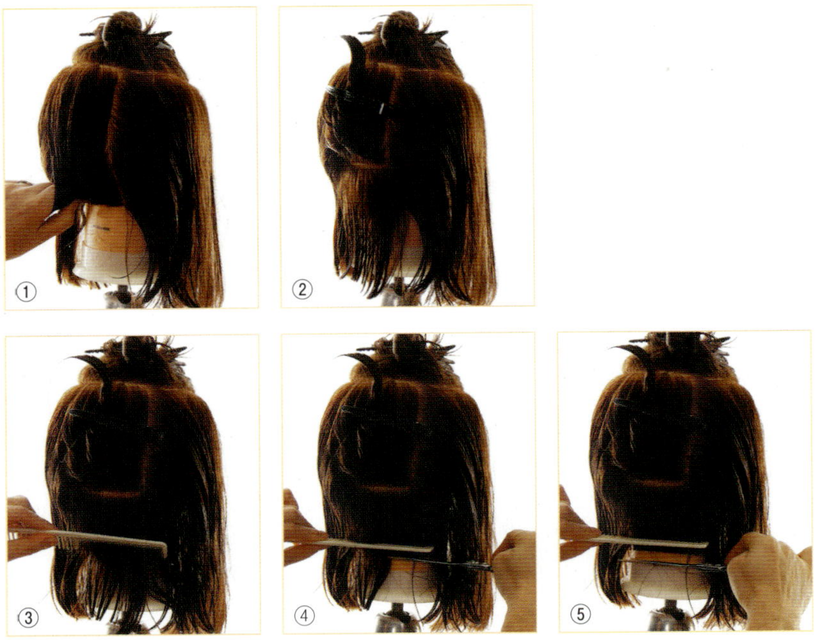

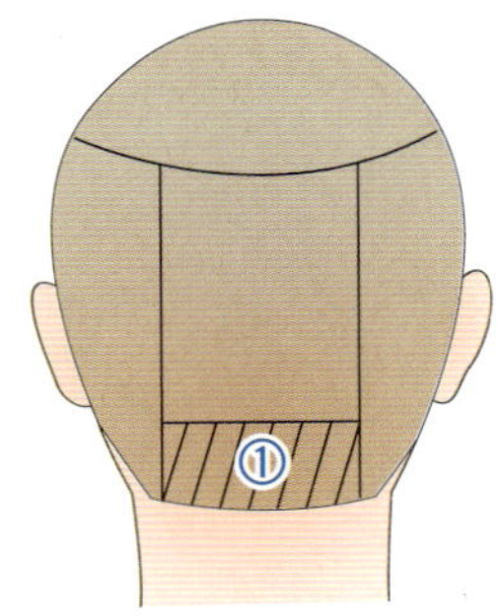

① 모발이 겹치는 중심축을 먼저 나눈 후 두상 내리막길에 해당하는 함몰된 부분을 나눈다.

② 이래 빗살이 보이게 빗을 45°로 하여 밀착시켜서 빗질한다.

③④ 자르고자 하는 길이가이드에서는 윗빗살이 보이게 빗을 조절하여 윗모발이 길어지게 일직선을 시술한다. 이렇게 시술할 때는 가위로 수평으로 하여 일직선이 되어야 한다.

⑤ 두상에 모발이 겹치는 영역, 수식이 되는 영역을 나눈다.

②번

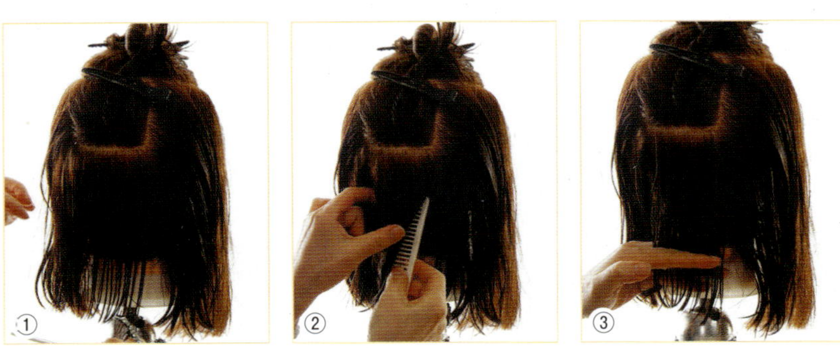

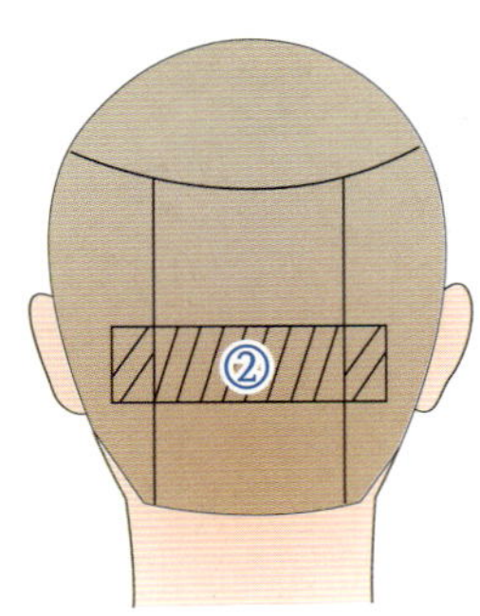

① 모발이 겹치는 부분에 일직선이 수평이 되어야 하므로 두상이 수직을 이루는 영역을 나누어 놓은 상태이다.

②③ 밑모발에 가이드를 가져와서 이곳에 자연시술각 0도는 손가락이 들어가도 윗모발이 길게 시술할 수 있다.

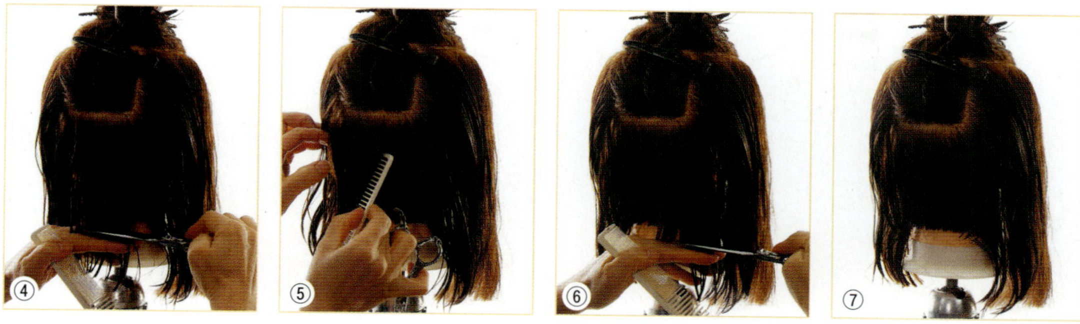

④ 자세를 낮추어서 시술해야 하는 불편함을 없애기 위해 손가락의 판넬 위에서 가운데 손가락을 수평을 이룬 후 가위로 일직선으로 하여 시술한다.

⑤ 밑모발의 가이드로 다음 판넬도 중심축에서 일직선을 시술한다.

⑥ 반대편으로 동일한 방법으로 일직선을 시술한다.

⑦ 수직을 이룬 곳까지의 중심축에 일직선

③번

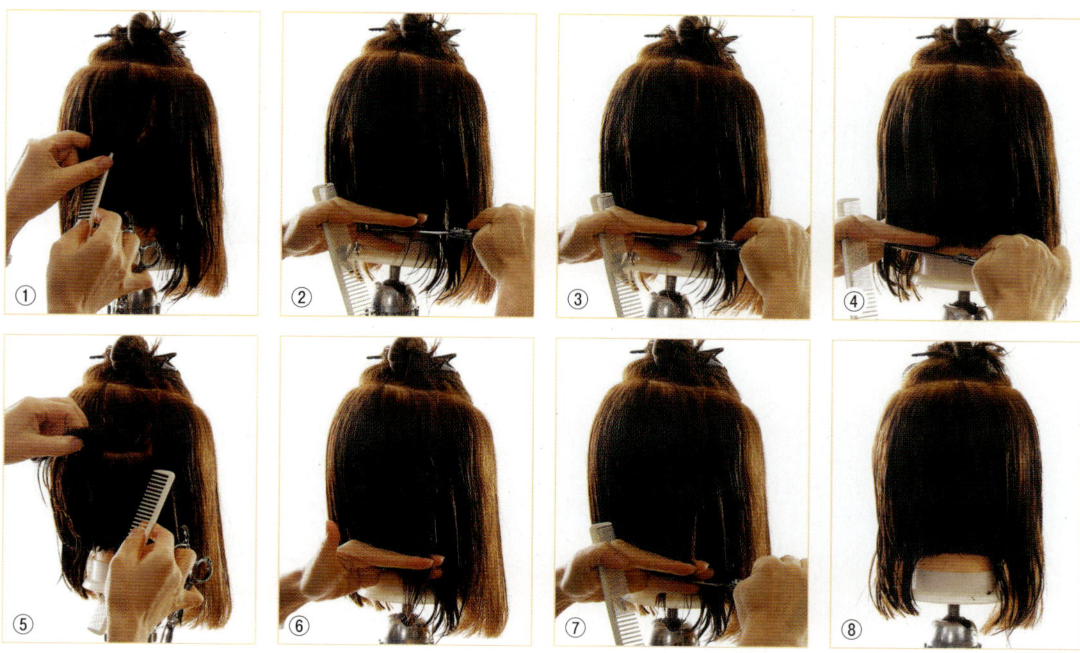

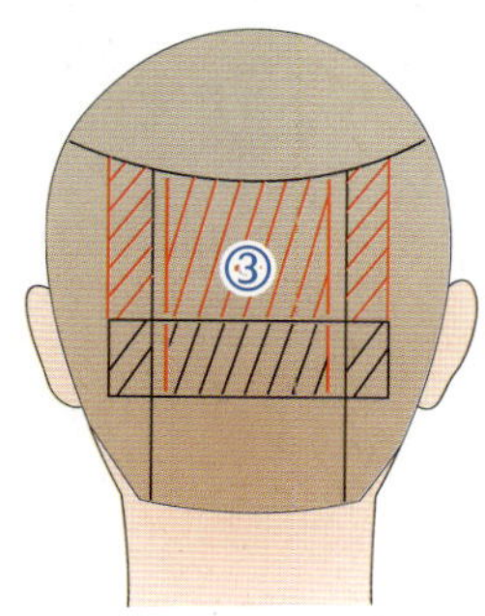

① 오르막길에 중심축에 일직선을 시술하기 위한 판넬을 뜬다.

② 모발을 수직으로 빗질하여 가운데 손가락이 보이지 않게 하고 일직선을 시술한다.

③ 이때 가위로 빗질하여 가운데 손가락이 보이지 않게 하고 일직선을 시술한다.

④ 다음 판넬로 손가락을 수평으로 하고 일직선을 시술한다.

⑤ 반대쪽도 동일한 방법으로 일직선을 시술한다.

⑥⑦⑧ 중심축에 있는 모발은 아래 가이드에 맞추어 3번에 나누어서 일직선을 시술한다.

마무리

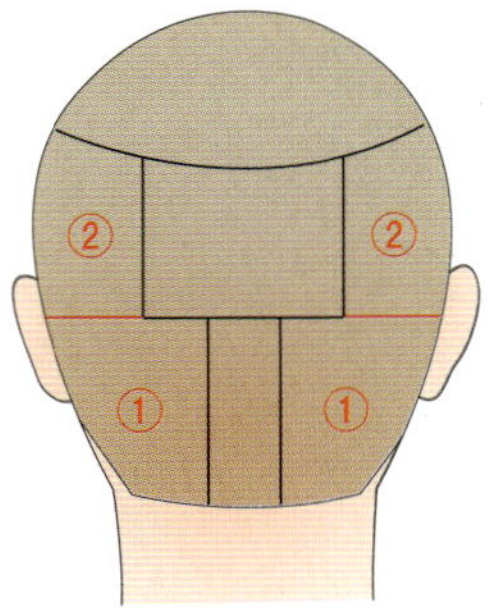

① 양쪽에 남아 있는 모발을 ①② 두 번에 나누어서 ①번에 해당하는 일직선의 형태선을 빗으로 콤컨트롤하여 시술한다.

②③ ①번의 가이드에 맞추어서 ②번의 모발로 가로로 손가락을 수평으로 하여 일직선을 시술한다. 혹여 빠진 모발이 있으면 다시 한 번 가위로 빠진 모발을 정리한다.

④ 슬라이스와 평행하게 빗질하여 가이드에 모발을 맞추어본다.

⑤ 옆선에 해당하는 모발을 슬라이드와 평행하게 하여 커브가위로 모발의 흐름이 생겨지게 방향을 결정하고 시술한다.

⑥ 반대쪽도 ①②로 나눈다.

⑦⑧ 베이스를 틀어서 콤컨트롤기법으로 일직선을 시술한다.

⑨ 반대쪽의 모발을 가져와서 가이드를 맞추어 먼저 정한다.

⑩ 가이드와 뒷모발을 연결하여 시술한다.

후상부

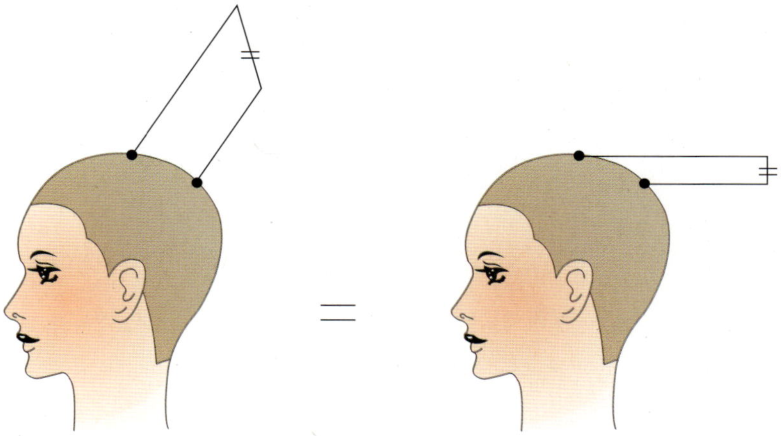

일반시술각으로의
도해도

자연시술각으로의
도해도

도해도를 그릴 때는 일반시술각으로 그리면 형태를 쉽게 알아볼 수 있다.
시술 시에는 멀리 판넬을 시술하기 불편하기 때문에 자연시술각 90° 면에 대해 수평으로 시술한다.

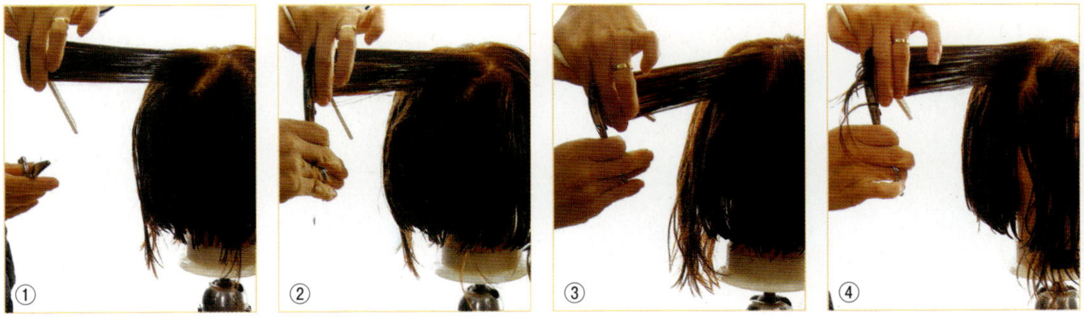

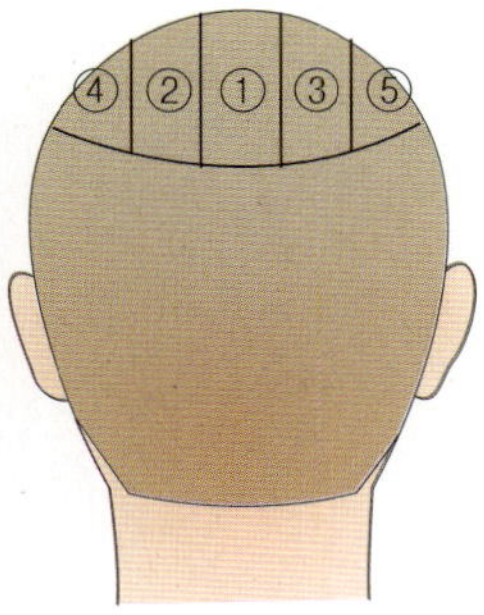

① G.P의 가이드를 수평으로 빗질하여 G.P의 길이가 면에 대한 90°로 시술한다.
② 다음 판넬도 세로로 펴서 면에 대한 90°로 시술한다.
③ 중심축에 세로 판넬을 동일한 방법으로 시술한다.
④ 중심축의 시술각의 모발과 형태선에 떨어진 모발을 연결한다.

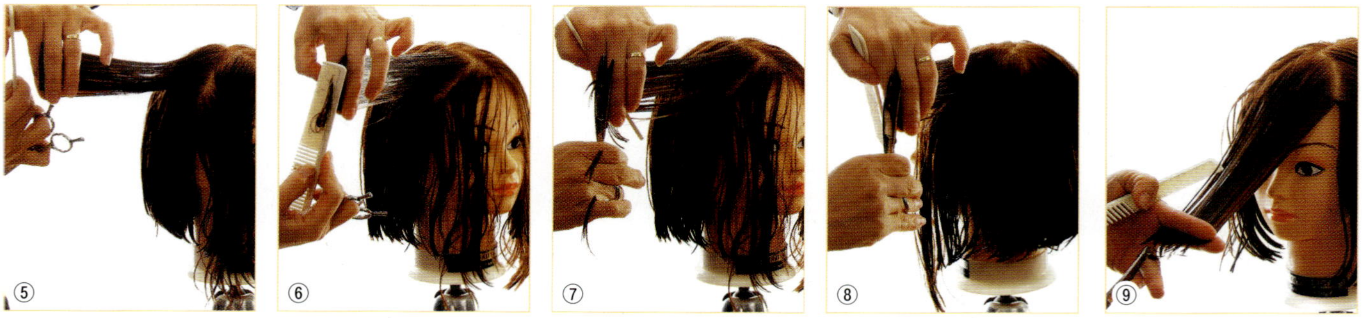

⑤ 측두부의 모발도 U라인 영역의 아래모발을 동일한 방법으로 시술한다.

⑥ U라인의 영역의 첫 번째 시작하는 길이가이드에 맞추어서 두상이 함몰된 만큼 길게 떨어지게 면에 대한 90°로 시술한다.

⑦⑧ 반대쪽도 동일한 방법으로 시술한다.

⑨ 앞머리에 길어진 만큼의 코너부분을 제거한다.

쳐내기

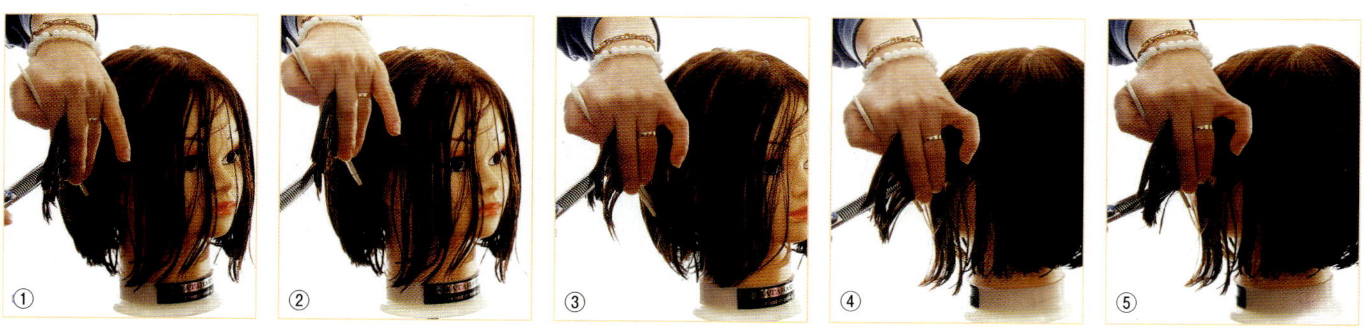

① 모발 끝부분에 머리카락 표정만들기를 하기 위해 라인틴닝을 시술한다.

② 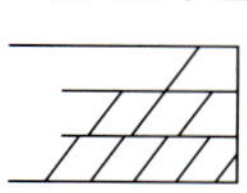 속모발의 길이가 짧고 윗모발의 길이가 길어진 볼륨을 만들 수 있는 틴닝을 시술한다.

③ 다음 판넬로 시술했던 커트의 형태로 판넬을 잡고 틴닝을 사선으로 넣어 모발을 커브를 그리면서 시술했던 커트의 형태로 빼내면서 모발의 길이를 다시 정한다.

④ 다음 판넬은 위의 판넬보다 더 많이 속길이가 짧게 3번에 나누어서 시술한다.

⑤ 제일 안에 있는 판넬은 4~5번에 넣어주어 길이가 짧아 모발의 무게를 없애어서 두상위에 표현될 때 볼륨이 표현될 수 있게 시술한다.

커트종료

커트가 종료된 상태이다. 중심축에 수평이 잡혀져 있고 뒷모발보다 앞모발이 살짝 길게 표현되어 있다.

①

②

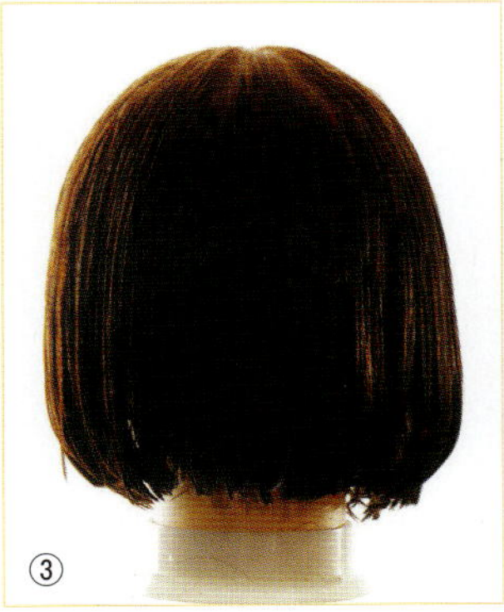
③

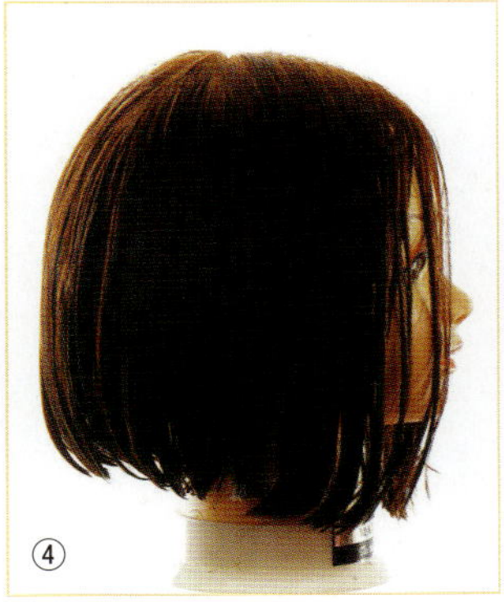
④

⑤

CHAPTER

03

시술각, 앞머리 표정 만들기 (인크리스 레이어)

03 시술각, 앞머리 표정 만들기(인크리스 레이어)

1. 시술각(모발이 들려지는 각도)

자연 시술각(면에 대한 각도, 중력에 의한 각도)

예시: 일반 미용사 그라데이션

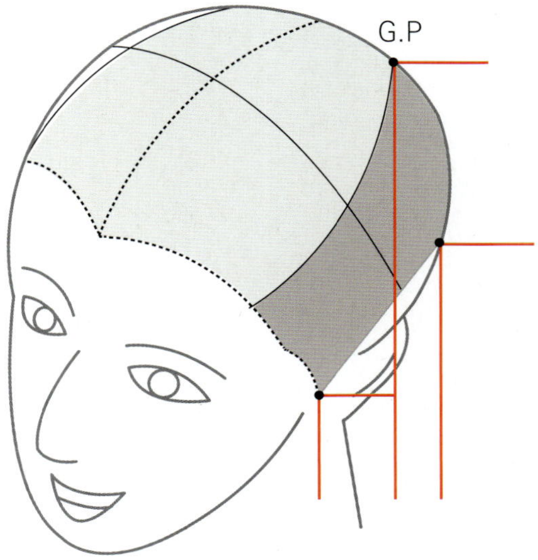

G.P 아래의 모발은 중력에 의해 바로 떨어지므로 일반 시술각으로 시술을 하더라도 도해도는 자연 시술각을 활용하면 쉽게 표현할 수 있다.

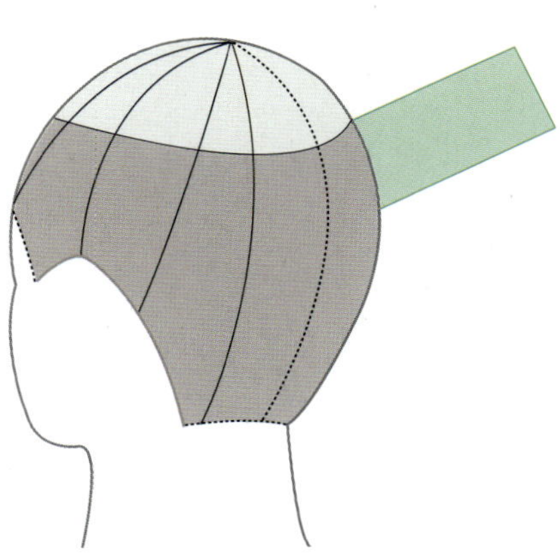

일반시술각 도해도

=

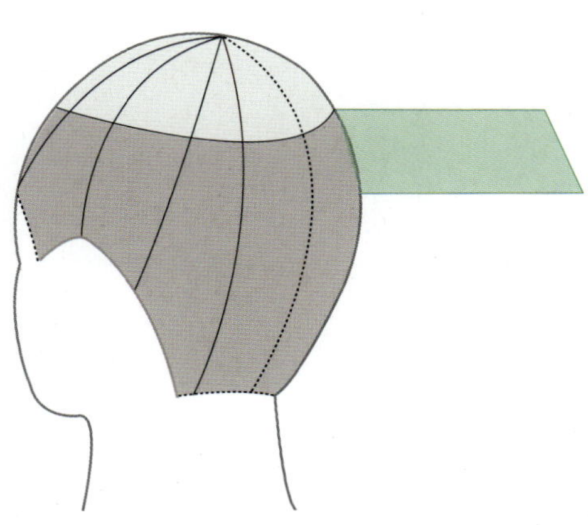

자연시술각 도해도

일반 시술각(두상에 대한 각도)

예시: 일반 미용사 레이어

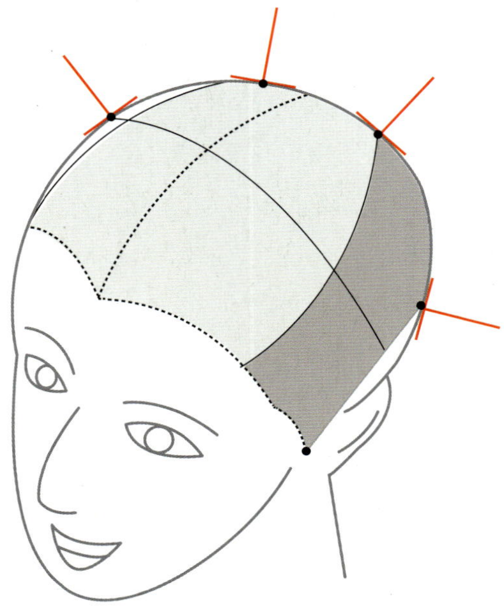

G.P 윗부분의 모발은 두상을 거쳐서 모발이 떨어지므로 자연시술각으로 시술을 하더라도 일반 시술각으로 도해도를 그리면 전체적인 커트의 흐름을 알기 쉽다.

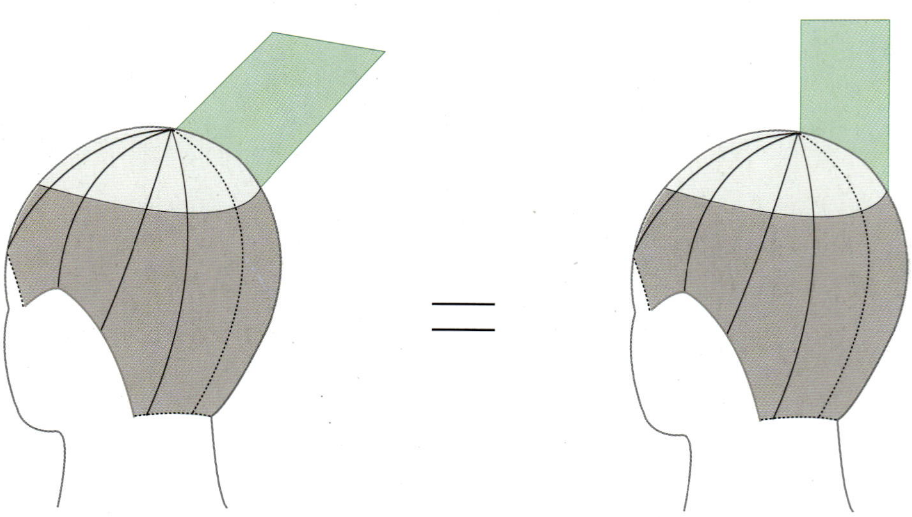

일반시술각 도해도

자연시술각 도해도

2. 두상영역에 따른 시술각 변화

형태선의 시술각 변화

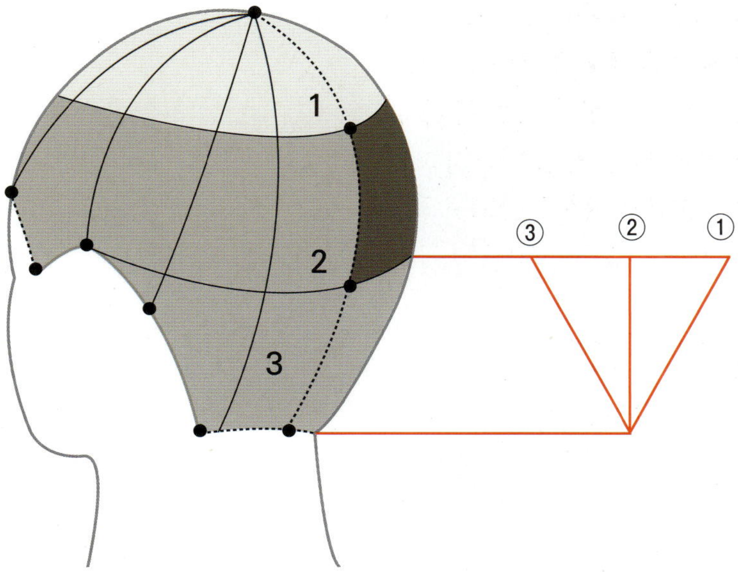

네이프에서 동일한 길이를 설정하더라도 시술각에 따라 윗 모발의 길이가 달라진다.

①
무거운 형태선

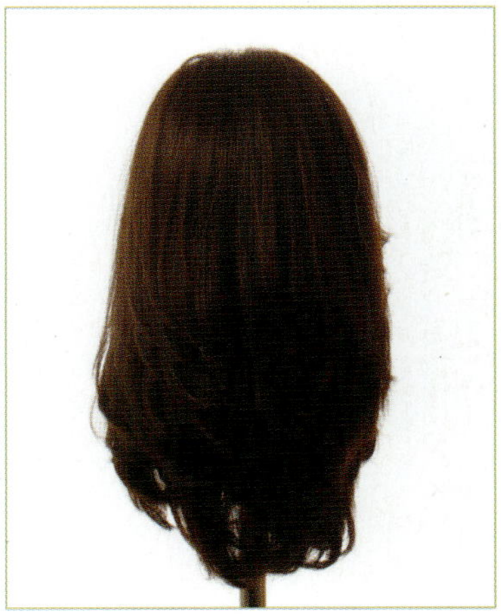

②
자연시술각 90° 두상이 들어간 만큼
자연스러운 층이 생긴다

③
층 폭을 많이 내고자 할 때

후중부의 시술각 변화

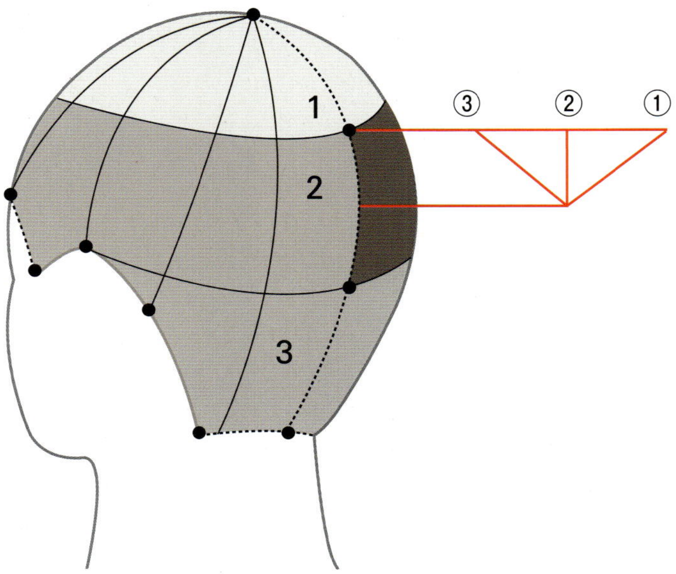

네이프에서 동일한 길이를 설정하더라도 후중부 시술각에 따라 윗 모발의 길이가 달라진다.

①
무게감 최대
(자연시술각 45°)

②
두상이 들어간 만큼
자연스러운 볼륨이 생긴다
(자연시술각 90°)

③
두상이 들어간 만큼 층이 생긴다
(일반시술각 90°)

후상부의 시술각 변화

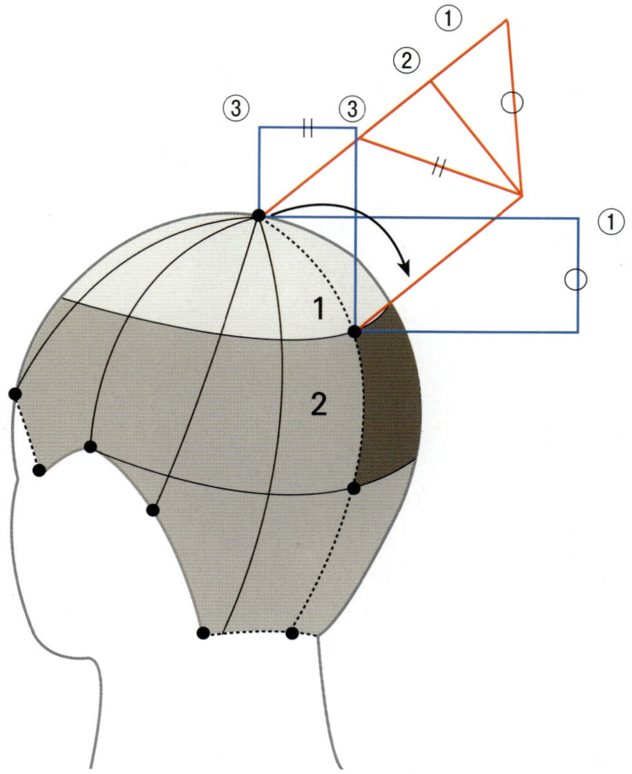

후중부에서 동일한 길이를 설정하더라도 시술각에 따라 윗 모발의 길이가 달라진다.

①
무게감 최대
(자연시술각 45°)

②
두상이 들어간 만큼
자연스러운 볼륨이 생긴다
(자연시술각 90°)

③
두상이 들어간 만큼 층이 생긴다
(일반시술각 90°)

3. 앞머리 표정 만들기

앞머리는 얼굴이 예쁘게 표현될 수 있도록 길이를 설정하고, 얼굴형을 고려하여 가르마를 선택한다.

기르마에 따라 이미지가 다르게 표현된다.

눈보다 길이가 짧은 모발을 디자인 할 경우에는 직선, 곡선, 직곡선, 사선의 형태를 얼굴형에 어울리게 디자인하고 쳐내기 방법으로 무겁고 가벼움을 표현한다.

직선

직곡선

사선

인크리스 레이어(유니폼레이어) 1

청순함이 돋보이게 표현되는 앞머리 일직선의 롱 헤어스타일

N.P에서 25cm의 U라인의 형태선을 시술하고, 유니폼 레이어로 시술하고, 앞머리 일직선을 만들어 옆선을 시술한다.

주의사항

좌우길이가 동일하게 시술되어야 하고 길이변화를 활용하여 옆선의 이미지를 결정하기 때문에 U라인의 형태선과 연결된다.

시술방법

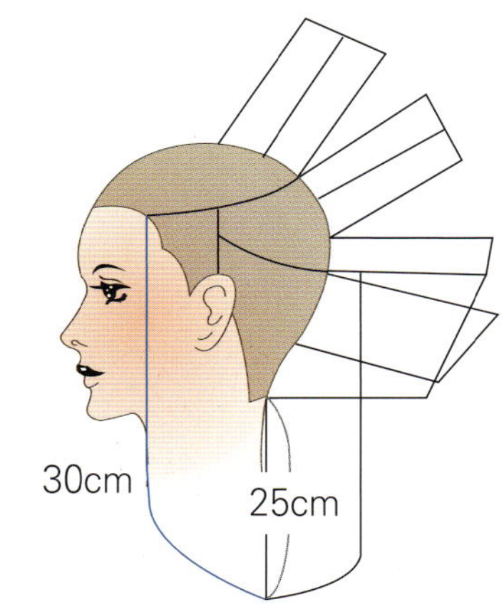

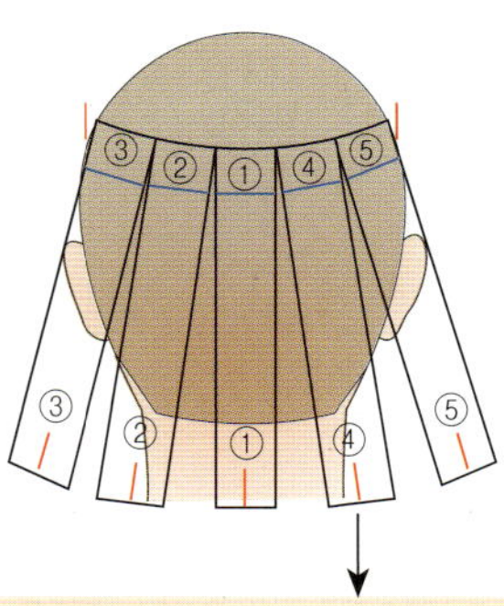

※ ④번 시술 시 주의사항: 자세낮추기

1. U라인 브로킹

상담 후 스타일구성방법을 파악하여 디자이너가 스타일을 결정한 후 고객에게 디자인을 제안하여 OK하면 시술한다.

2. U라인 형태선 만들기

중심축에서 4cm의 판넬을 떠서 가이드를 설정한 후, 온더베이스로 몸을 움직여가면서 시술한다. 이때 오른쪽에서는 시술각이 들려지는 경우가 많으므로 자세를 낮추어서 헤어커트한다.

형태선을 시술한 후 두상이 수직인 영역에 가로로 판넬을 떠서 일반시술각 90°로 체크한다.

3. 후중부

- 길이가이드 : G.B.M.P
- 슬라이스 : ①②③ 세로 ④⑤ 사선
- 베이스 : 온더베이스
- 시술각 : 일반시술각 90° 시술한다.

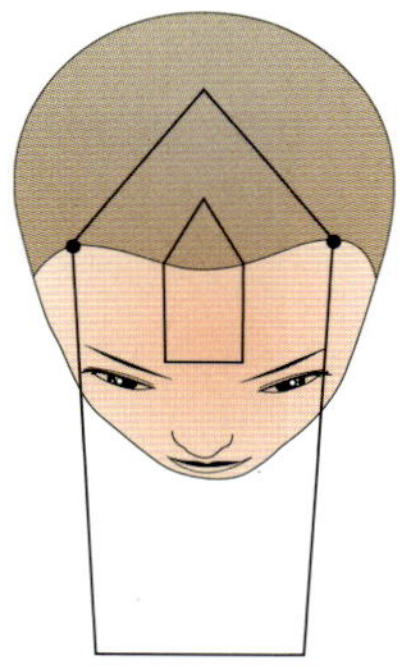

4. 후상부

· 길이가이드 : G.P에서 설정
· 슬라이스 : ①②③세로 ④⑤사선
· 베이스 : 온더베이스
· 시술각 : 일반시술각 90°

5. 앞머리

· 긴 길이 결정 : 떨어지는 옆선을 결정한다. N.P에서 5cm추가(길이 30cm)
· 짧은 길이 결정 : 코 패인 곳에 검지를 넣고 일직선으로 시술.

6. 측두부

앞머리에서 떨어진 긴 길이 결정.
뒤의 형태선에서 만들어진 길이 E.B.P길이를 빗질하여 커브가위로 기울기의 이미지를 만든다.

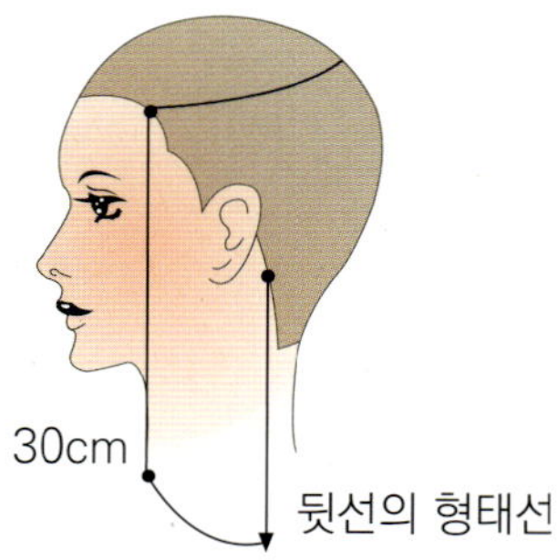

7. 쳐내기

① 앞머리 → 라인틴닝
② 옆선 - 라인틴닝
③-① 중심축 → 라인, 이너틴닝
③-② 모량제거, 형태선 확인
④ 모량제거와 방형성 제시

형태선만들기

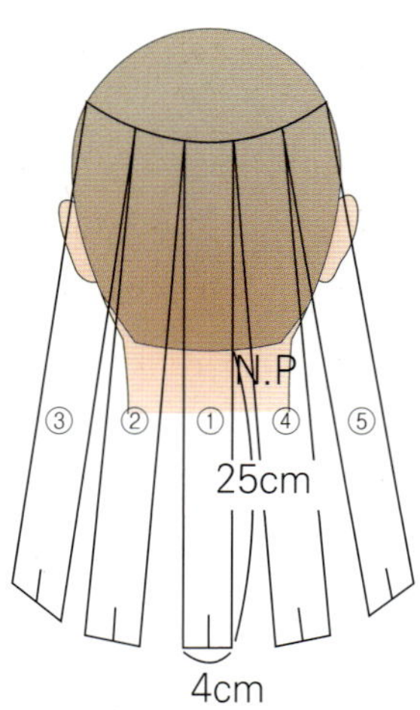

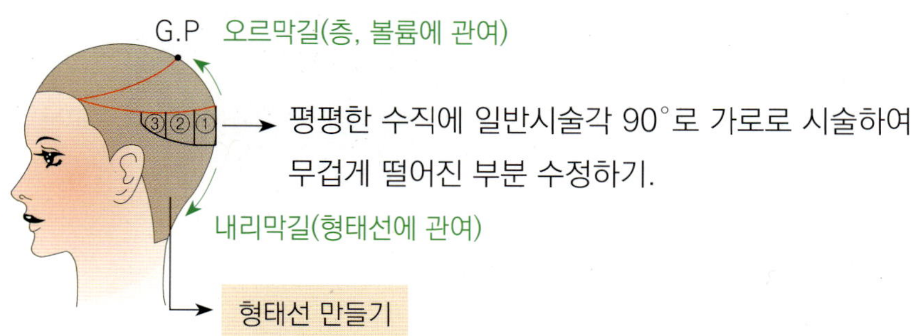

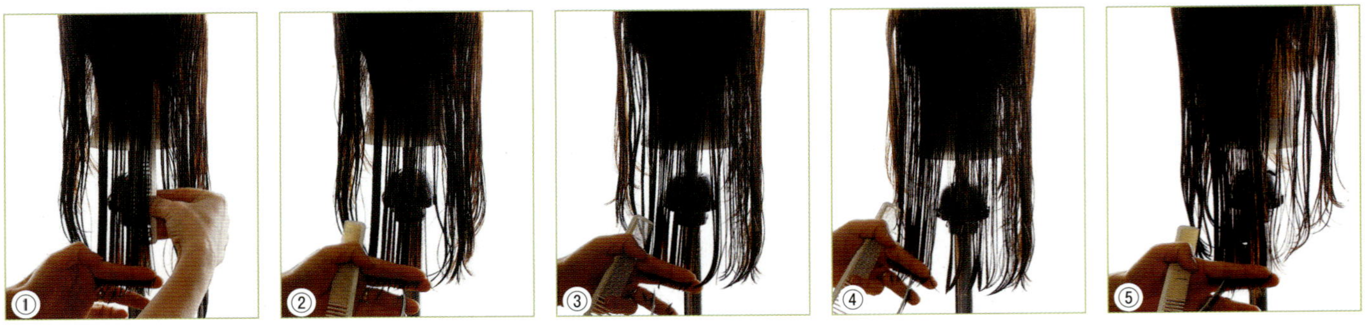

① 25cm 두상의 길이만큼 N.P에서 길이가이드 설정.

② 중심축 4cm 판넬을 떠서 낫칭으로 시술한다.

③ 중심축에서 1cm가이드를 가져와서 곡면의 흐름대로 빗질하여 낫칭으로 시술한다.

④ 다음 영역도 곡면의 흐름대로 빗질하여 시술한다.

⑤ 반대쪽도 동일한 방법으로 시술한다. 이때 주의 할 것은 자세를 낮추어서 반대쪽 시술각과 동일하게 시술하고 낫칭의 방향이 중심축부터 밖을 향해서 시술한다.

가로층

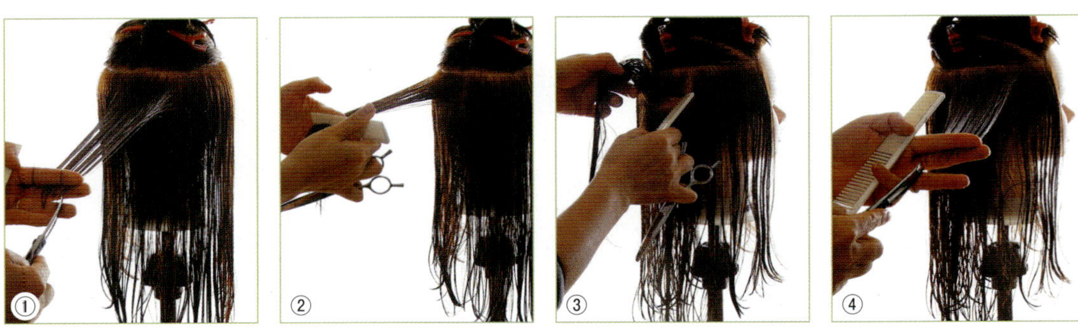

① 형태선을 시술한 후 모발이 무겁게 떨어진 두상의 수직(평평한 영역)부분을 가로로 판넬을 떠서 일반시술각 90°로 시술한다.

② 다음 판넬도 몸을 이동하여 온더베이스로 일반시술각 90°로 시술한다.

③④ 평평한 영역을 가로로 판넬을 떠서 몸을 이동하여 기슴이 판넬을 잡은 중심으로 하여 온더베이스로 시술한다.

미들섹션

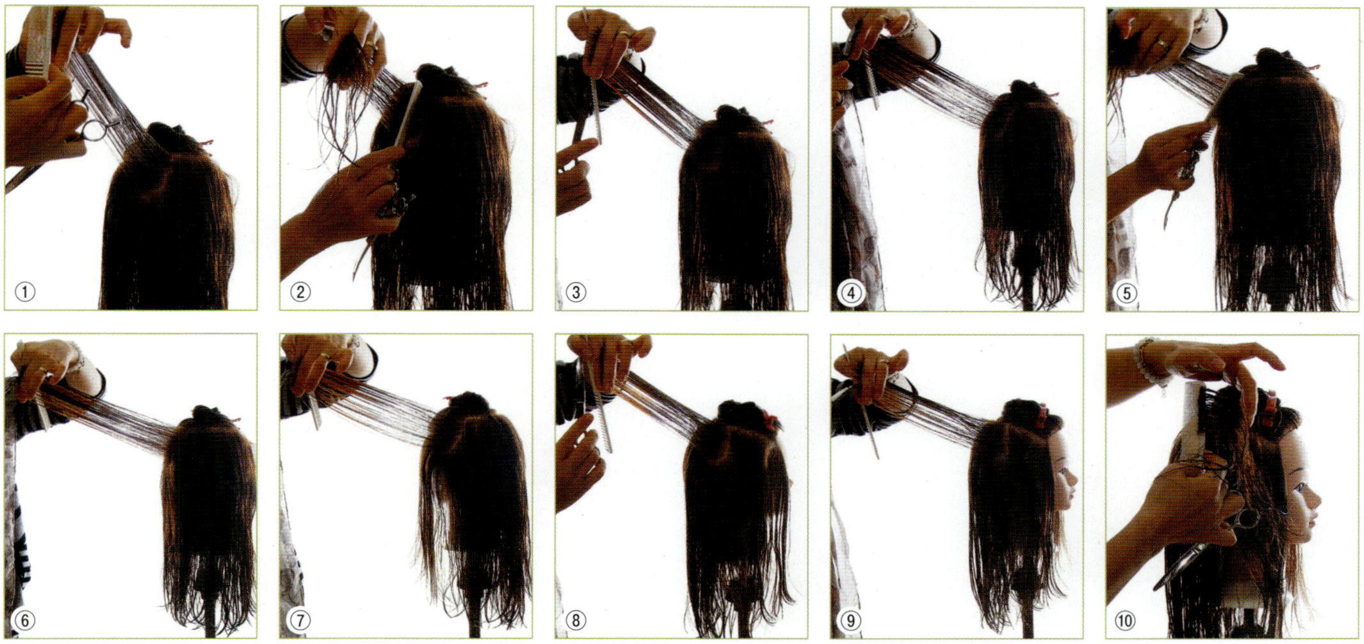

① 세로로 한 판넬을 떠서 온더베이스로 일반시술각 90˚로 빗질한다.

② 세로로 한 판넬을 떠서 빗을 베이스의 중앙에 온더베이스로 댄다.

③ 일반시술각 90˚로 빗질하여 시술한다.

④ 슬라이스와 판넬이 두상연장한 모습대로 시술한다.

⑤ 곡면이 함몰된 부분은 곡선을 만들기 위한 사선슬라이스를 떠서 시술한다.

⑥⑦ 형태선에서 나온 길이가이드와 시술각에서 나온 길이를 낫칭으로 연결한다.

⑧⑨⑩ 반대편도 동일한 방법으로 시술한다.

후상부

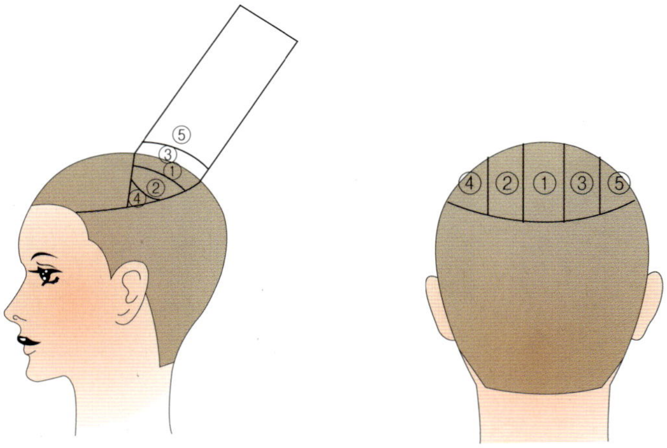

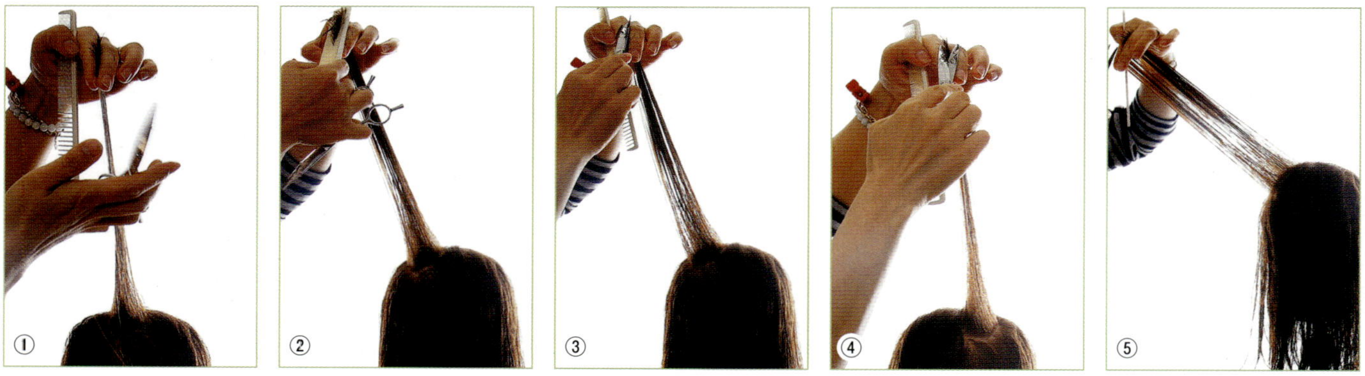

① 중심에서 세로로 판넬을 떠서 온더베이스 일반시술각 90°로 빗질한다.

②③ 2번째 판넬도 세로로 떠서 ①번과 동일한 방법으로 온더베이스 일반시술각 90°로 빗질한다.

④ 중심축의 가이드와 형태선의 가이드를 연결하여 시술한다.

⑤ 반대쪽도 동일한 방법으로 시술한다.

앞머리

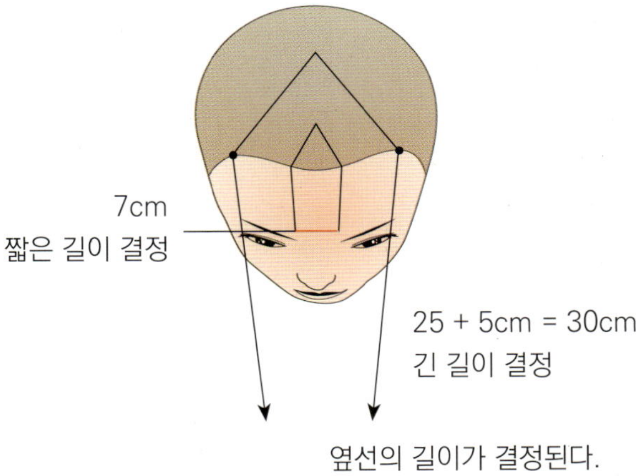

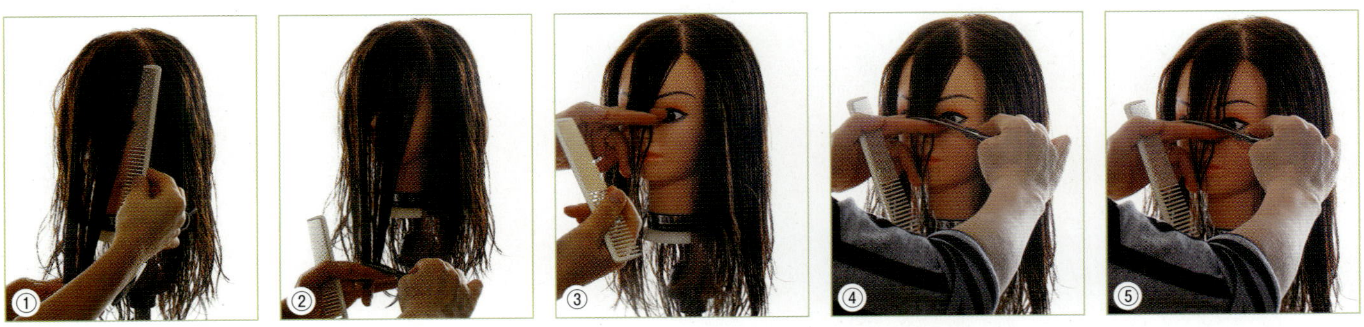

① 옆선에 떨어질 길이를 설정한다(N.P 25 + 5cm = 30cm).

② 길이를 설정한 가이드를 C.L쪽으로 끌어당겨서 일직선으로 시술한다.

③ 중심축에서 삼각으로 4.5cm를 영역을 나눈다.

④⑤ 가운데 손가락을 콧등에 일직선으로 대고 가위를 수평으로 하여 일직선 커트한다.

옆선

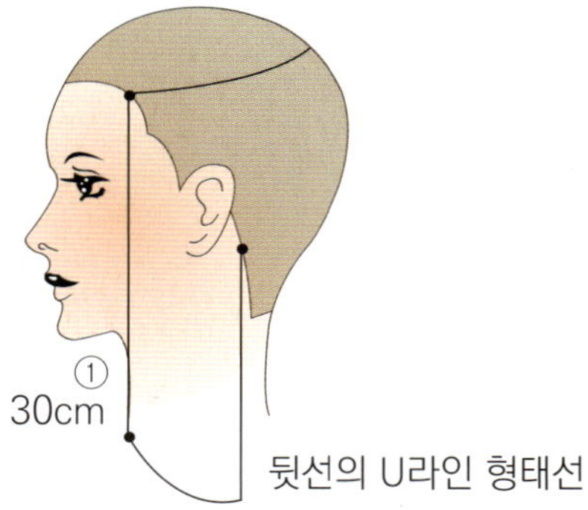

① 앞머리에서 떨어진 긴 길이의 길이가이드와 형태선만들기에서 나온 E.B.P 가이드를 설정한다.
② 앞에서 뒤로 가이드를 커브가위로 연결한다.
③ 연결할 때 커브가위의 안쪽의 모발이 남겨지게 시술해야 남겨진 모발이 예쁘게 표현된다.
④ 연결해 놓은 상태의 옆선의 모습이다.
⑤ 반대쪽도 앞머리에서 떨어진 긴 길이의 모발과 뒷선의 형태선에서 나온 가이드를 설정한다.
⑥⑦⑧⑨ 앞에서 가이드와 뒷선의 가이드를 커브가위를 이용하여 연결한다.
⑩ 옆선과 뒷선을 연결한 상태의 스타일이다.

쳐내기

①②③ 앞머리의 판넬은 삼각형으로 떠서 라인틴닝으로 끝 모발은 넣지 않고, 안쪽에 틴닝을 사선으로 넣어 모발을 C 커브를 그리면서 빼내어 속모발의 길이가 짧게 시술한다.

④ 시술각대로 판넬을 잡고 윗모발이 짧고 아래모발이 길게 틴닝을 넣어 모발의 양을 제거하여 무게를 없앤다.

⑤ 반대쪽도 윗모발의 길이가 짧게 틴닝을 사선으로 넣어 시술한다.

⑥⑦ 중심축에서 세로로 판넬을 떠서 이너그라데이션틴닝을 넣는다.

⑧ 모발끝 부분에도 모량의 무게를 제거한다.

⑨ 후하부에는 모질이 두껍고 모류가 강하기 때문에 모량제거를 하기 위한 이너레이어틴닝을 넣는다.

⑩⑪ 방향성제시와 골격보정을 하기 위한 방법으로 모발을 앞쪽으로 빗질하여, 앞모발이 짧고 뒷모발이 길게 하기 위한 질감처리를 한다.

⑫⑬ 반대쪽도 동일한 방법으로 시술한다.

⑭⑮ 형태선을 다시 한 번 확인한다.

인크리스 레이어(유니폼레이어) 2

밑 모발이 아웃 컬의 자연스러움을 연출하고 두상의 곡면을 그대로 표현하는 세미 롱 스타일.

N.P에서 10cm U라인형태선을 시술하고 유니폼레이어로 시술한다.

주의사항

좌우길이가 동일하게 시술되어야 하고 길이가 짧을수록 U라인의 기울기는 완만하게 시술한다.

시술방법

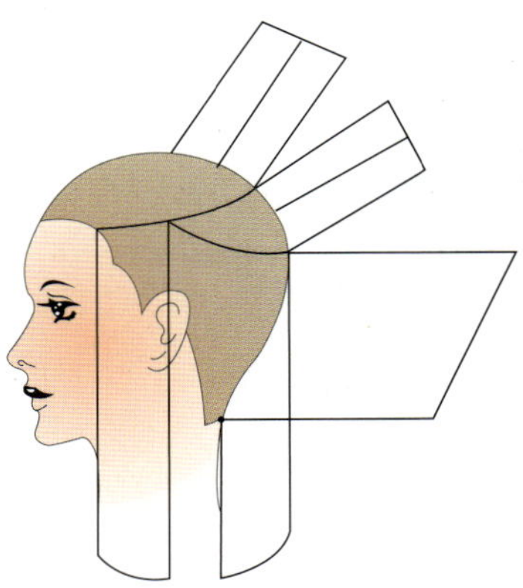

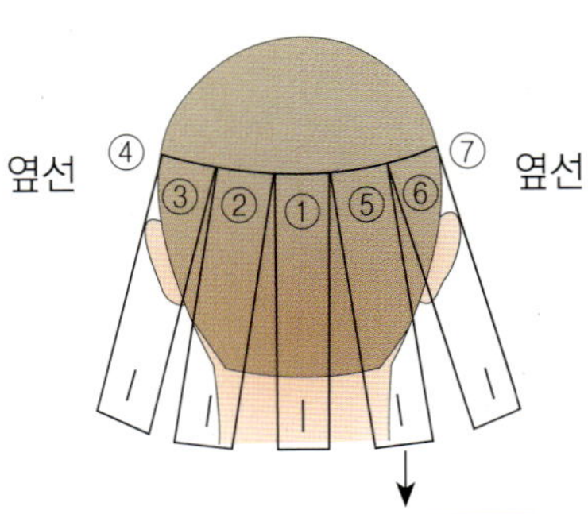

※ 주의사항: 자세낮추기

1. U라인 브록킹

고객의 첫 인상 파악과 모량, 모질, 모류 등을 고려하여 디자이너가 스타일을 결정한 후 고객에게 제안하여 승낙하면 시술한다.

2. U라인 형태선 만들기

중심축에서 4cm판넬을 떠서 가이드를 설정한 후 두상을 곡면을 그대로 연장하기 위하여 온더베이스로 몸을 움직여가면서 시술한다.

형태선을 시술한 후 세로로 판넬을 떠서 일반시술각 90°로 다시 한 번 시술한다.

3. 후중부

· 길이가이드 : G.B.M.P
· 슬라이스 : ①②세로, ③사선, ④⑤중심축에 시술각과 형태선 연결(사선)
· 베이스 : 온더베이스
· 시술각 : 일반시술각 90°시술한다.

4. 후상부

· 길이가이드 : G.P에서 설정
· 슬라이스 : ①②③세로, ④⑤(중심축, 형태선 연결)
· 베이스 : 온더베이스
· 시술각 : 일반시술각 90°

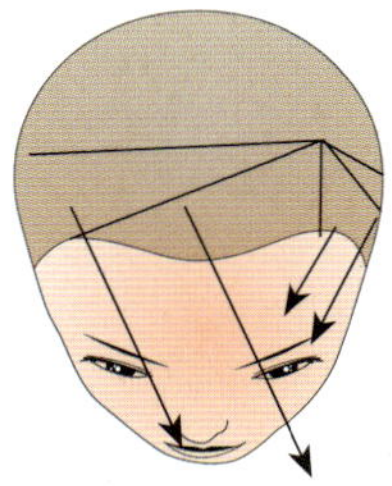

5. 앞머리

사선 슬라이스를 떠서 반대쪽의 방향으로 오버다이렉션하여 슬라이스와 평행하게 시술한다. 이때 낫칭으로 시술하여야 자연스럽다.

※주의사항: 형태감을 상실하지 않으면서 동일한 길이의 틴닝처리는 피한다.

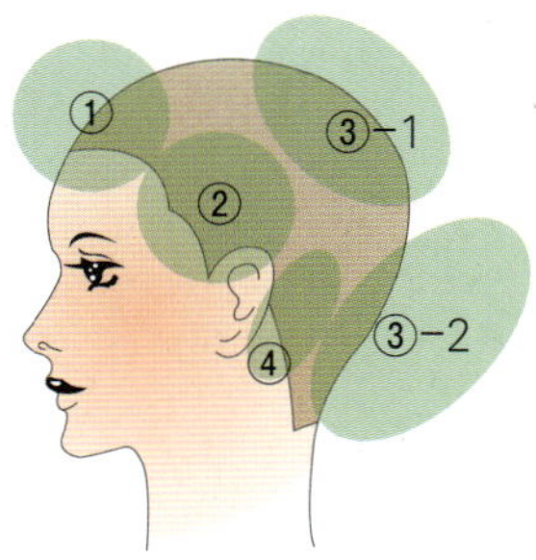

6. 쳐내기

① 앞머리 표정 만들기 → 라인틴닝
② 옆선 → 라인틴닝
③-1 중심축잡기와 볼륨 → 이너그라데이션틴닝
③-2 형태선확인, 모량제거 → 이너레이어틴닝
④ 방향성제시 - 루트틴닝, 이너레이어틴닝

형태선 만들기

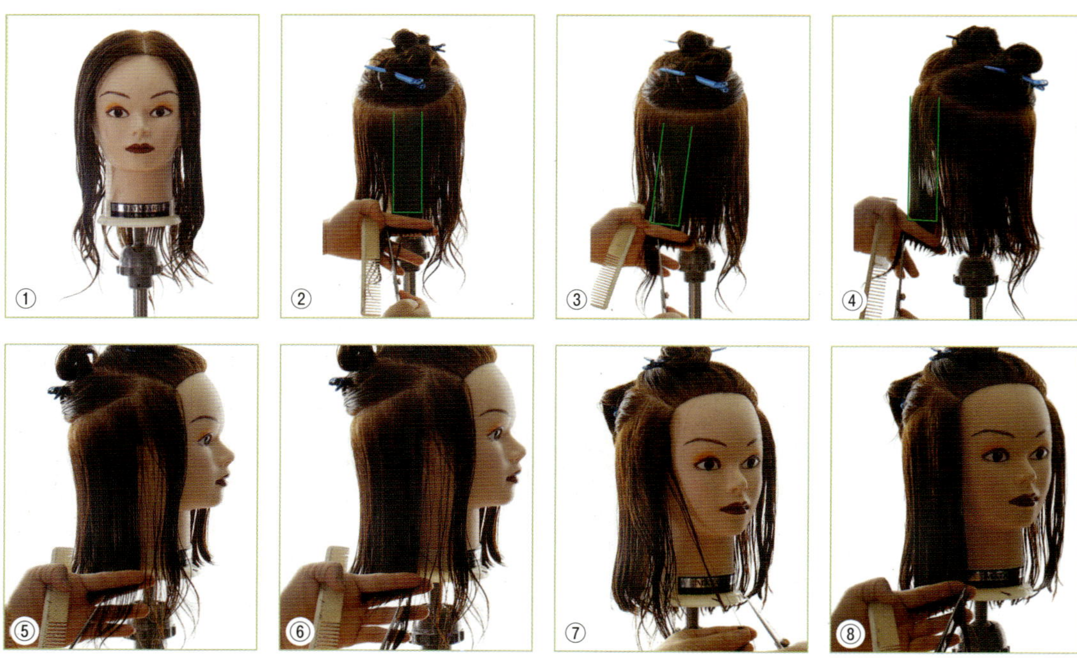

① 시술전의 상태
② 중심축에서 4cm를 빗질하여 낫칭으로 시술한다.
③ 슬라이스와 평행하게 빗질하여 중심에서 1cm만 가이드를 가져와서 낫칭으로 시술한다.
④ 이곳은 모발이 적기 때문에 빗질에 주의하고 기울기를 좀 더 주기 위해 손가락의 기울기를 주었다.
⑤⑥ 반대쪽도 슬라이스와 평행하게 시술한다.
⑦ 좌, 우, 길이 가이드를 먼저 설정한다.
③ 길이가이드와 맞추고 옆선을 시술한다.

후하부의 시술각

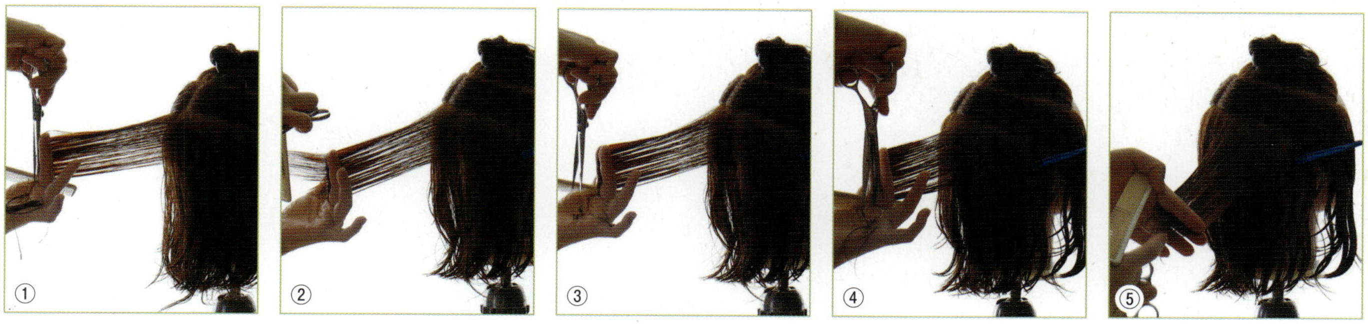

① 세로로 판넬을 떠서 일반시술각 90°로 시술한다.

②③ 다음 판넬도 세로로 판넬을 떠서 일반시술각 90°로 시술한다.

④ 중심축에 있는 3개의 판넬을 동일한 방법으로 세로로 판넬을 떠서 일반시술각 90°로 시술한다.

⑤ 중심축을 제외한 부분은 형태선과 중심축과 모발의 길이를 연결하면 된다.

후중부의 시술각

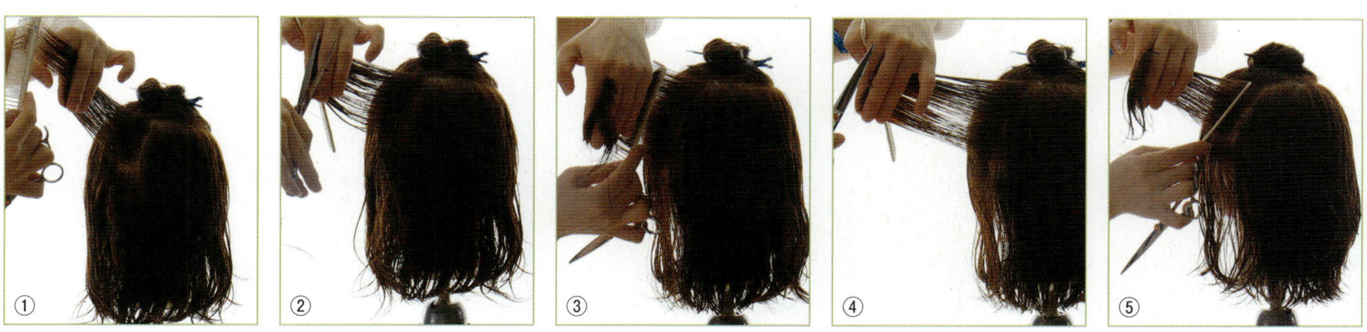

① 중심축에서 세로로 판넬을 떠서 온더베이스 일반시술각 90°가 되게 빗질하다.

② 슬라이스와 평행하게 해어 커트한다.

③ 다음 판넬로 사선슬라이스로 판넬을 뜨고 중심축에 시술각에서 자른 모발과 형태선에서 나온 가이드를 연결한다.

④ 사선슬라이스로 시술한다.

⑤ 사선슬라이스로 판넬을 뜨고 중심축에 가이드와 형태선의 가이드를 연결한다.

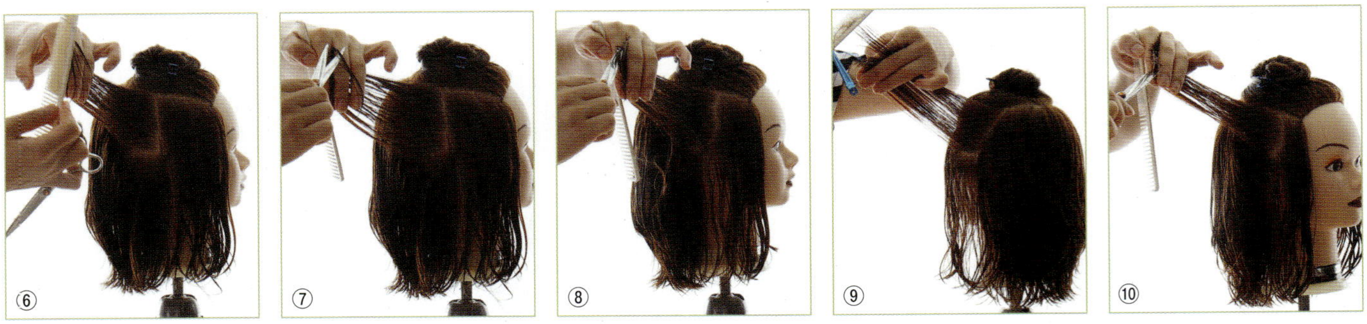

⑥⑦⑧ 반대쪽도 동일한 방법으로 시술한다.
⑨⑩ 옆선의 가이드는 그대로 둔 채 무거운 모발만 중심축에서 온 가이드와 형태선 온 가이드를 연결한다.

후상부

①② 중심축에서 세로로 판넬을 떠서 빗을 온더베이스로 시술하기 위해 판넬에 중심에 45로 대어서 일반시술각 90°로 들어올린다.
③ 다음 판넬도 세로로 판넬을 뜨고 일반시술각 90°로 시술한다.
④ 나머지의 모발은 중심축에서 나온 가이드와 밑에서 온 가이드를 연결한다.
⑤ 반대쪽에서 한 판넬로 세로로 떠서 온더베이스 일반시술각 90°로 시술한다.
⑥ 코너에 남은 나머지 모발은 중심축에 모발과 밑에서 온 가이드를 연결한다.
⑦⑧ 형태를 만드는 시술이 종료된 상태이다.

앞머리

① 사선 슬라이스를 나누고 슬라이스와 평행하게 낫칭으로 시술한다.

② 다음 판넬로 ①번 가이드를 1cm만 가져와서 동일한 방법으로 시술한다.

③④ 반대쪽에 있는 모발로 사선슬라이스를 떠서 온가이드와 연결하여 시술한다.

쳐내기, 앞머리, 옆머리

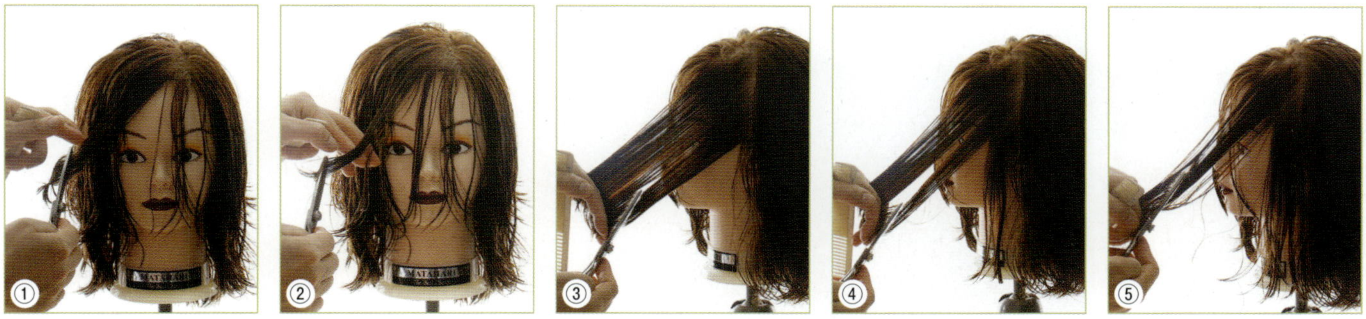

① 라인틴닝으로 모발 끝에서 10cm의 반 5cm부근에 틴닝을 사선으로 넣어서 틴닝을 빼면서 길이를 다시 배정한다.

② 앞으로 밀어서 틴닝이 들어가야 C커브를 그리면서 모량이 제거된다.

③ 시술했던 시술각으로 판넬을 잡고 윗모발이 짧게 틴닝을 사선으로 넣고 시술한다.

④ 틴닝을 빼면서 모발의 길이를 다시 배정한다.

⑤ 위를 향하면서 동일하게 시술한다.

중심축 질감

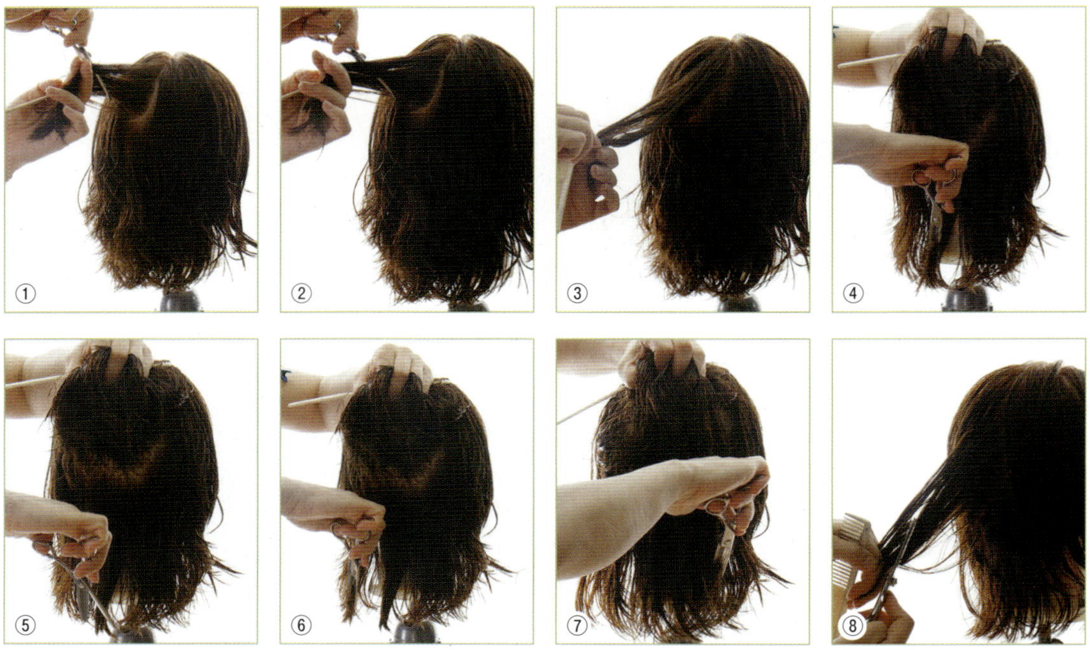

①② 중심축에서 이너그라데이션 틴닝을 넣는다. 이때 밑 모발의 길이가 1cm부터 시작하고 윗 모발의 길이가 10cm 정도이면 적당하다.

③ 모발 끝 부분에 라인틴닝으로 무게감을 조절한다.

④ 모량제거를 위한 이너레이어틴닝과 라인틴닝을 병행한다.

⑤⑥⑦ 라인틴닝을 시술한다.

③ 모량을 확인하고 많을 시 다시 한 번 이너레이어틴닝을 넣는다.

방향성제시

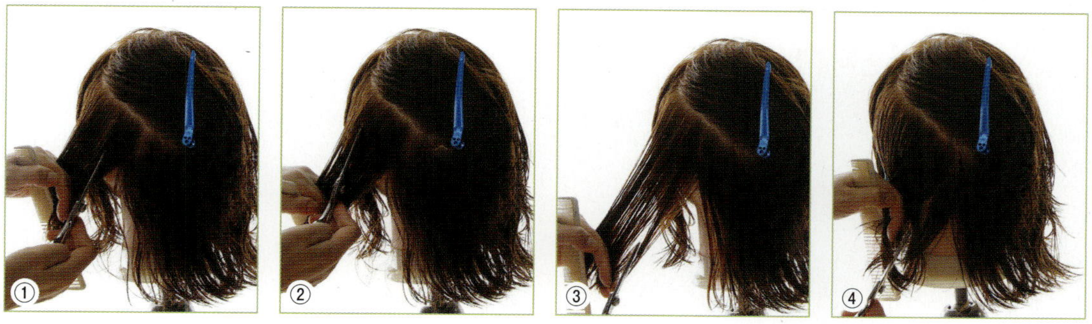

①② 중심축에 삼각섹션을 두고 E.B.P까지 한 판넬을 앞쪽으로 당겨서 3번에 나누어서 시술한다.

③ 모발 끝 부분에 방향성을 위한 라인틴닝을 한다.

④ 밑 부분에도 루트틴닝과 이너레이어틴닝을 시술한다.

시술종료

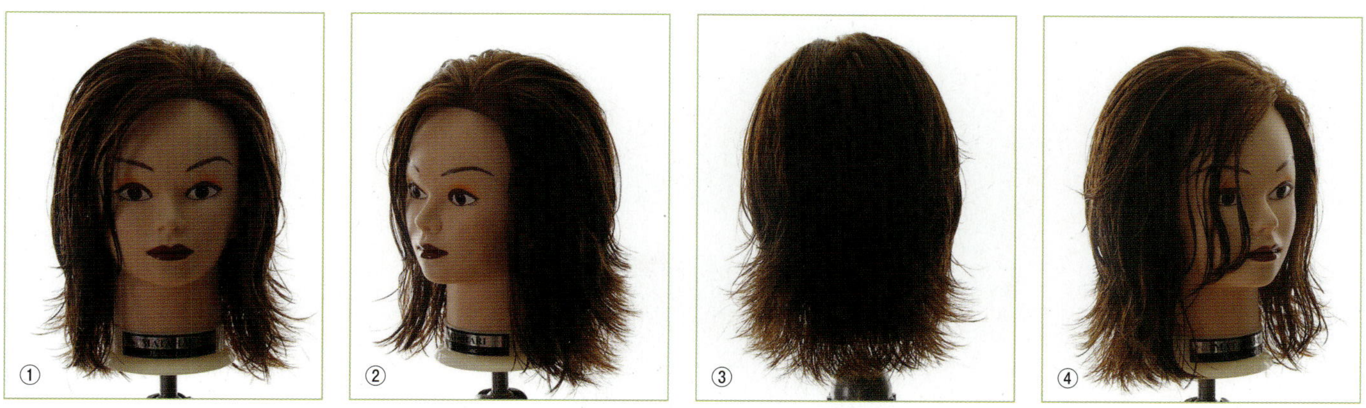

인크리스 레이어 기본층 1

얼굴선의 한배를 연장한 자연스런 롱헤어 스타일

N.P. 25cm U라인 형태선을 시술하고 G.P 아래는 유니폼레이어로, U라인영역은 인크리스레이어로 시술한다.

주의사항

좌, 우 길이가 동일하게 시술하고 고객의 이미지에 맞추어서 U라인형태선의 기울기를 결정한다.

시술방법

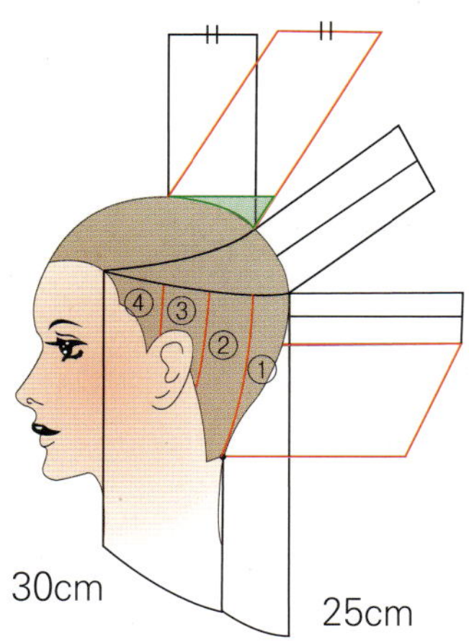

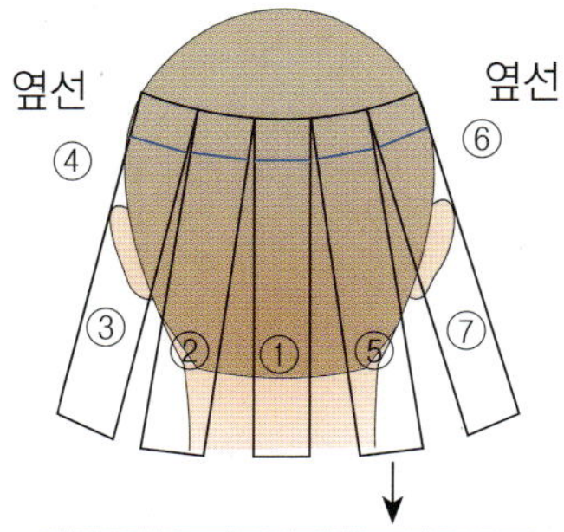

※ 주의사항: 자세낮추기

1. U라인 브록킹

시술하면서 스타일 구성방법을 고려하여 디자이너가 스타일을 결정한 후 고객에게 제안하여 OK하며 시술한다.

2. U라인 형태선 만들기(좌, 우를 동일하게 하기 위한 방법)

형태선을 시술한 후 두상이 수직이 영역에는 모발이 겹쳐서 떨어지므로 무겁기 때문에 가로로 판넬을 떠 일반시술각 90°로 시술한다.

3. 후중부

· 길이가이드 : G.B.M.P
· 슬라이드 : ①②세로, ③사선, ④⑤형태선과 시술각에서 나온 모발연결
· 베이스 : 온더베이스
· 시술각 : 일반시술각 90°로 시술한다.

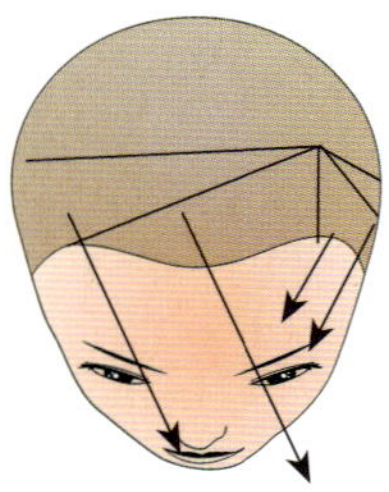

4. 앞머리

① 가르마를 나눈다.

② F.S.P의 가이드로 슬라이스와 평행하게 빗질하고 시술각은 입술선에 맞춘다.

③ 다음 판넬로 연결하여 시술한다.

5. 후상부

· 길이가이드 : G.P에서 설정

· 슬라이스 : ①②③세로, ④⑤(중심축, 형태선 연결)

· 베이스 : 온더베이스

· 시술각 : 일반시술각 up45, 자연시술각 90°

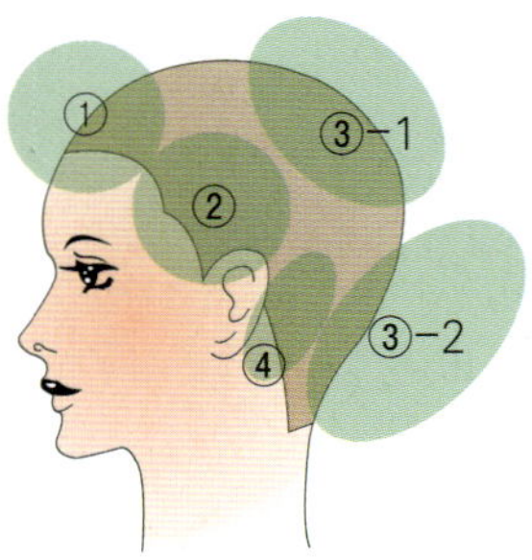

6. 앞뒤 연결과 쳐내기

① 앞머리 표정 만들기 - 라인틴닝

② 옆선만들기 - 라인틴닝

③-1. 중심축잡기 - 이너그라데이션틴닝과 볼륨만들기

③-2. 형태선확인, 모량제거 - 이너레이어틴닝

④ 방향성제시 - 루트틴닝, 이너레이어틴닝

형태선 만들기

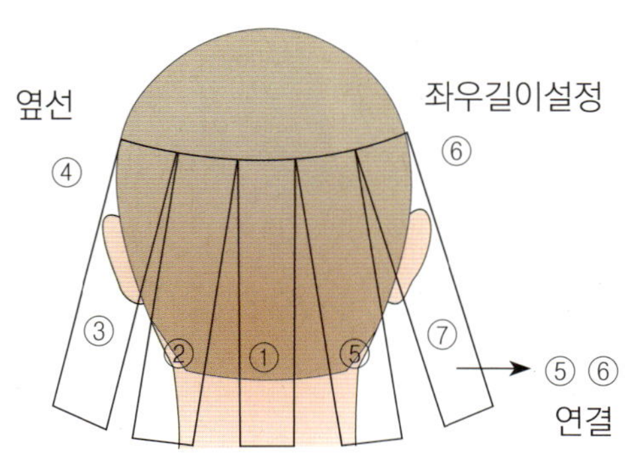

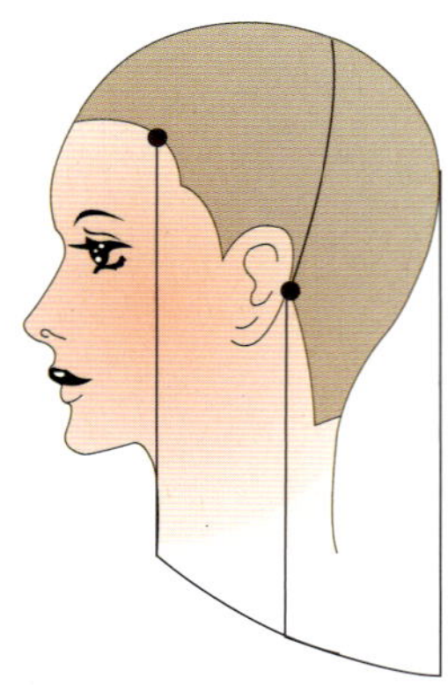

① N.P. 25cm 길이가이드 설정

② 곡면이 함몰된 대로 빗질하여 손가락 45° 기울기로 시술한다.

③ 옆선에 해당하는 부분을 사선으로 빗질한다.

④ 기울기를 설정하여 옆선의 이미지를 만든다.

⑤ 긴 모발에서 짧은 모발을 향해 낫칭한다.

⑥ 반대쪽도 동일한 시술각으로 시술한다.

⑦ 왼쪽과 오른쪽에 동일하게 시술하기 위한 길이설정을 시술한다.

⑧⑨ 옆선을 시술한다. 이때 두상에 밀착하여 빗질한다.

⑩ 옆머리와 뒷선에 해당하는 모발을 연결한다.

가로층

① 형태선을 시술한 후, 무겁게 떨어진 두상의 수직(평평한 영역) 부분은 가로로 판넬을 떠서 일반시술각 90°로 낫칭커트한다.

②③ 다음 판넬은 가로로 떠서 온더베이스, 일반시술각 90°로 시술한다.

④⑤⑥ 몸을 이동하여 가슴이 판넬의 중앙에 오게 하여 일반시술각 90°로 시술한다.

미들섹션

① 중심에서 세로로 판넬을 떠서 온더베이스, 일반시술각 90°로 시술한다.

②③ 다음 판넬도 세로로 판넬을 떠서 온더베이스, 일반시술각 90°로 시술한다.

④ 3번째는 사선으로 판넬을 떠서 곡선을 만들 준비를 한다.

⑤ 4번째는 시술각에서 나온 가이드와 형태선에서 나온 가이드를 연결한다.

⑥ 5번째는 시술각에서 나온 가이드와 형태선에서 나온 가이드를 연결한다.
⑦ 옆선의 가이드를 제외한 부분과 중심축에 시술각에서 나온 가이드와 연결한다.
⑧⑨⑩ 반대편로 동일한 방법으로 시술한다.

앞머리

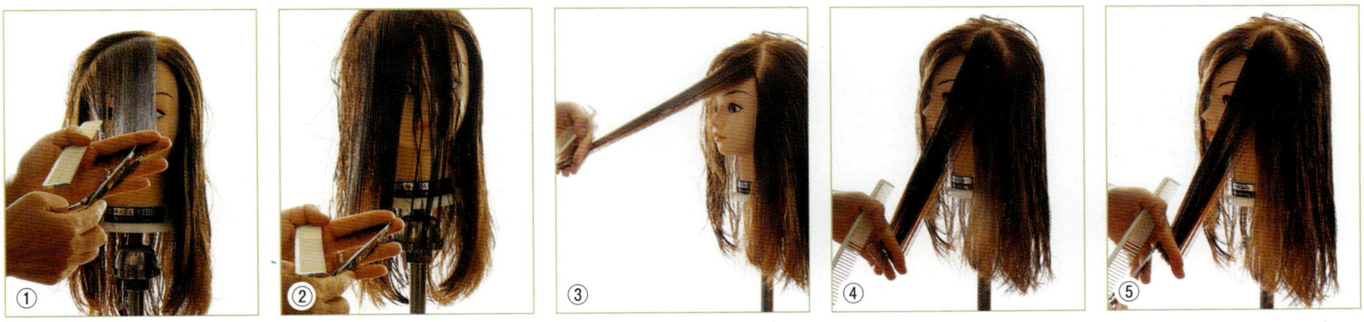

① 사선 슬라이스를 나눈 후 평행하게 빗질한 후 모발의 판넬을 입술선까지에 맞추어 낫칭으로 시술한다.
② 다음 판넬도 앞머리와 연결하여 낫칭으로 시술한다.
③ 반대쪽도 시술했던 가이드에 맞추어 슬라이스 반대쪽으로 모발을 오버다이렉션하여 시술한다.
④⑤ 앞머리와 옆선을 다시 한 번 연결한다.

후상부

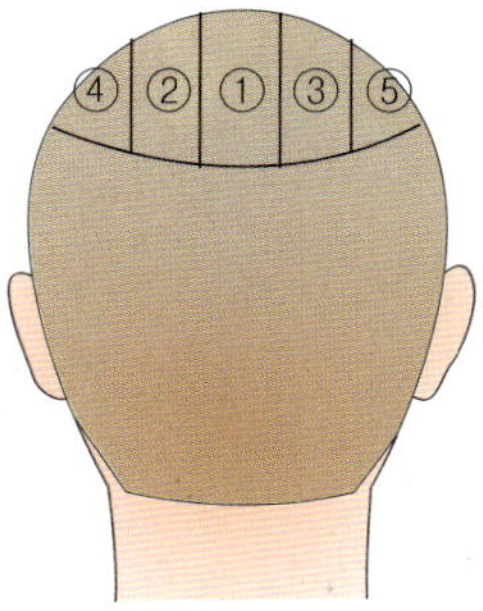

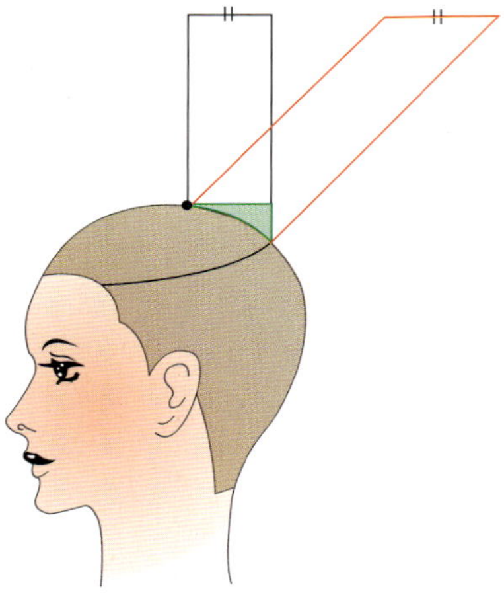

①

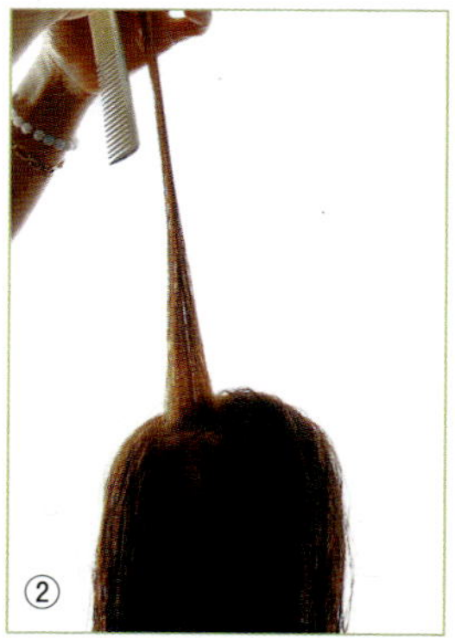
②

③

④

⑤

① 세로 슬라이스를 떠서 자연시술각 90°로 온더베이스로 시술한다.

②③ 중심축에 해당하는 ①②③번은 세로 슬라이스로 판넬을 떠서 온더베이스로 시술한다.

④⑤ 앞머리와 후상부의 모발을 연결한다.

쳐내기

① 앞머리에 모발 끝에서 머리카락 표정만들기 라인틴닝을 시술한다.

② 모발을 앞쪽으로 밀어서 틴닝을 사선으로 넣고 C커브를 만든다.

③④ 윗 모발이 짧고 아랫 모발이 길게 틴닝이 사선으로 들어가 모량을 조절하는 라인틴닝을 시술한다.

⑤⑥ 반대쪽도 동일한 방법으로 시술한다.

⑦⑧ 이너그라데이션틴닝을 넣어 볼륨을 만든다.

⑨⑩ 이너레이어틴닝을 넣어 모량을 제거한다.

⑪⑫ 모발의 방향성을 만들기 위한 루트틴닝, 이너레이어틴닝을 넣는다.

인크리스 레이어 기본층 2

볼륨이 있는 둥근 라인이 표현되는 세미롱스타일

N.P에서 15cm U라인 형태선을 시술하고 G.P 아래는 유니폼레이어로, U라인 영역은 인크리스레이어로 시술한다.

주의사항

좌우길이가 동일하게 시술하여야 하고 고객의 이미지에 맞추어 U라인의 기울기를 결정한다(길이가 짧으면 U라인의 기울기가 완만하다).

시술방법

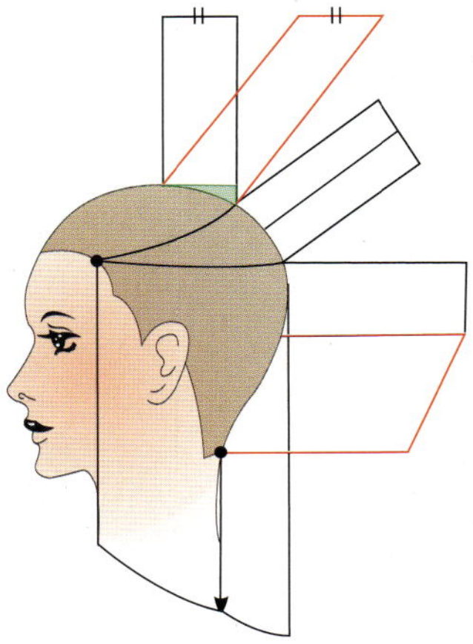

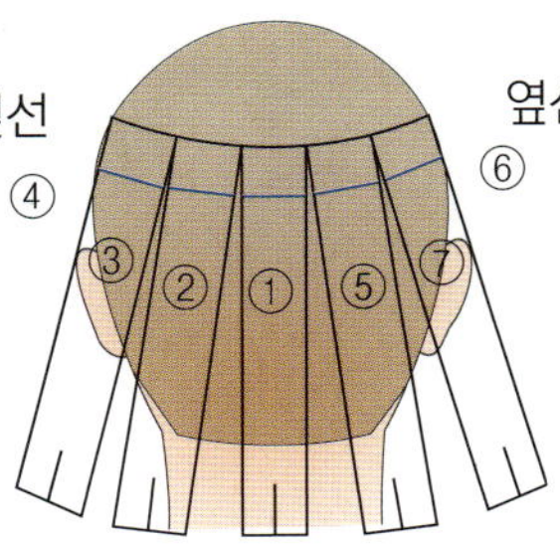

1. U라인 브록킹

시술하면서 고객의 얼굴형, 모질, 모량, 모류 등을 고려하여 디자이너가 스타일을 결정한 후 고객에게 제안하여 OK하면 시술한다.

2. U라인 형태선 만들기(N.P. 15cm)

형태선을 시술한 후 두상이 평평한 영역에는 모발이 겹쳐서 떨어져 무겁게 표현되므로 가로로 판넬을 떠서 일반시술각 90°로 시술한다.

3. 후중부

- 길이가이드 : G.B.M.P.
- 슬라이스 : ①②세로, ③사선, ④⑤형태선과 시술각에서 나온 모발 연결
- 베이스 : 온더베이스
- 시술각 : 일반시술각 90°로 시술한다.

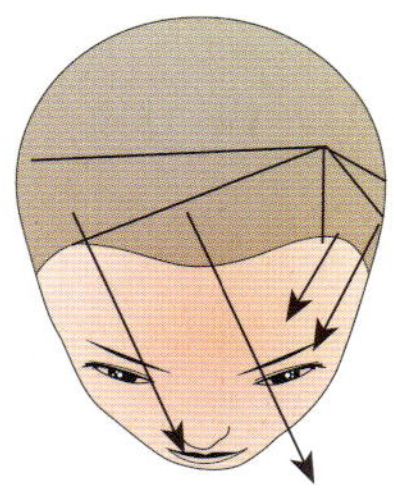

4. 앞머리

① 6:4로 가르마를 나눈다.

② 사선으로 영역을 결정한다.

③F.S.P의 가이드로 슬라이스와 평행하게 빗질하고 시술각은 입술선에 맞춘다.

④ 다음 판넬도 연결하여 시술한다.

5. 후상부

· 길이가이드 : G.P에서 설정

· 슬라이스 : ①②③세로, ④⑤중심축, 형태선 연결

· 베이스 : 온더베이스

· 시술각 : 일반시술각 up45, 자연시술각 90°

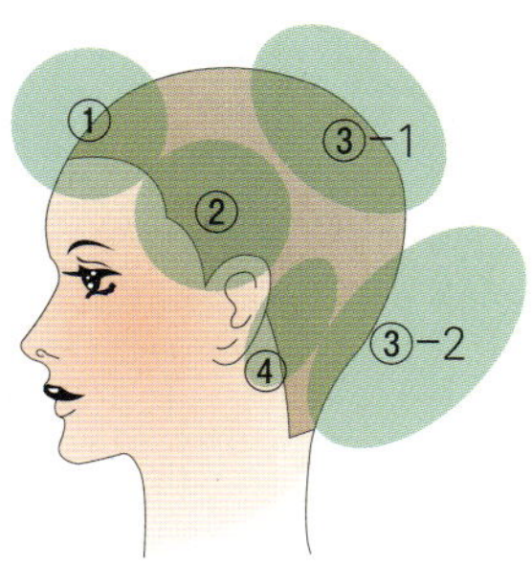

6. 앞과 전체적인 모발을 연결

7. 쳐내기

① 앞머리 표정만들기 : 라인틴닝

② 옆선만들기 : 라인틴닝

③-1. 중심축잡기 – 이너그라데이션틴닝과 볼륨만들기

③-2. 형태선확인, 모량제거 – 이너레이어 틴닝

④ 방향성제서 – 루트틴닝, 이너레이어틴닝

형태선만들기

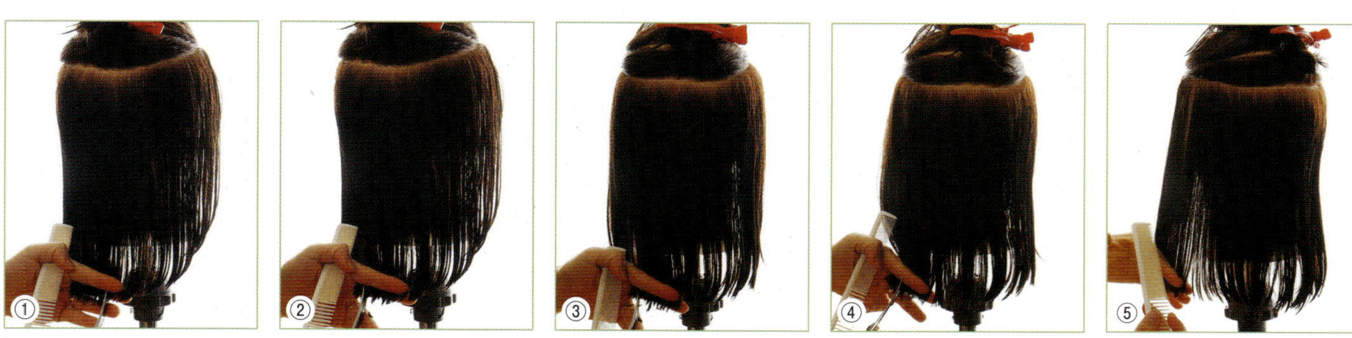

① N.P. 15cm 판넬을 수직으로 빗질하여 낫칭으로 시술한다.

② 중심축에서 1cm가이드만 가져와서 두상의 곡면대로 빗질하여 20~30°의 기울기로 낫칭 커트한다.

③④ 다음도 몸을 움직여서 두상의 곡면대로 빗질하여 20~30°의 기울기로 낫칭커트한다.

⑤⑥ 옆선의 기울기를 결정하고 함몰된 두상에 밀착하여 45°로 시술한다.

⑦ 반대쪽도 중심축의 1cm의 가이드를 가져와서 손가락의 기울기가 20~30°로 시술한다.

⑧ 반대쪽의 길이가이드와 동일하게 설정한다.

⑨ 옆선을 45°의 시술각으로 시술한다.

⑩ 옆선과 뒷선을 연결한다.

가로층

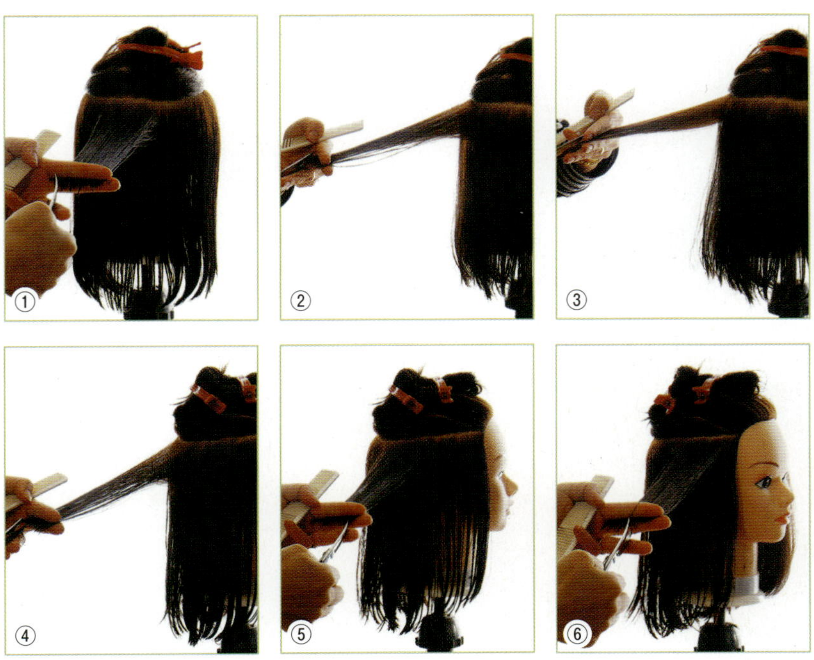

① 두상에 평평한 부분을 중심축에서 4cm 판넬을 가로로 떠서 일반시술각 90°로 낫칭커트한다.

② 다음 판넬도 몸을 움직여 온더베이스로 일반시술각 90°로 낫칭커트한다.

③ 두상의 곡면을 따라 몸을 움직여 다음 판넬로 중심축과 동일한 방법으로 시술한다.

④⑤⑥ 곡면을 형태선을 만들었던 판넬대로 나누어서 시술한다.

미들섹션

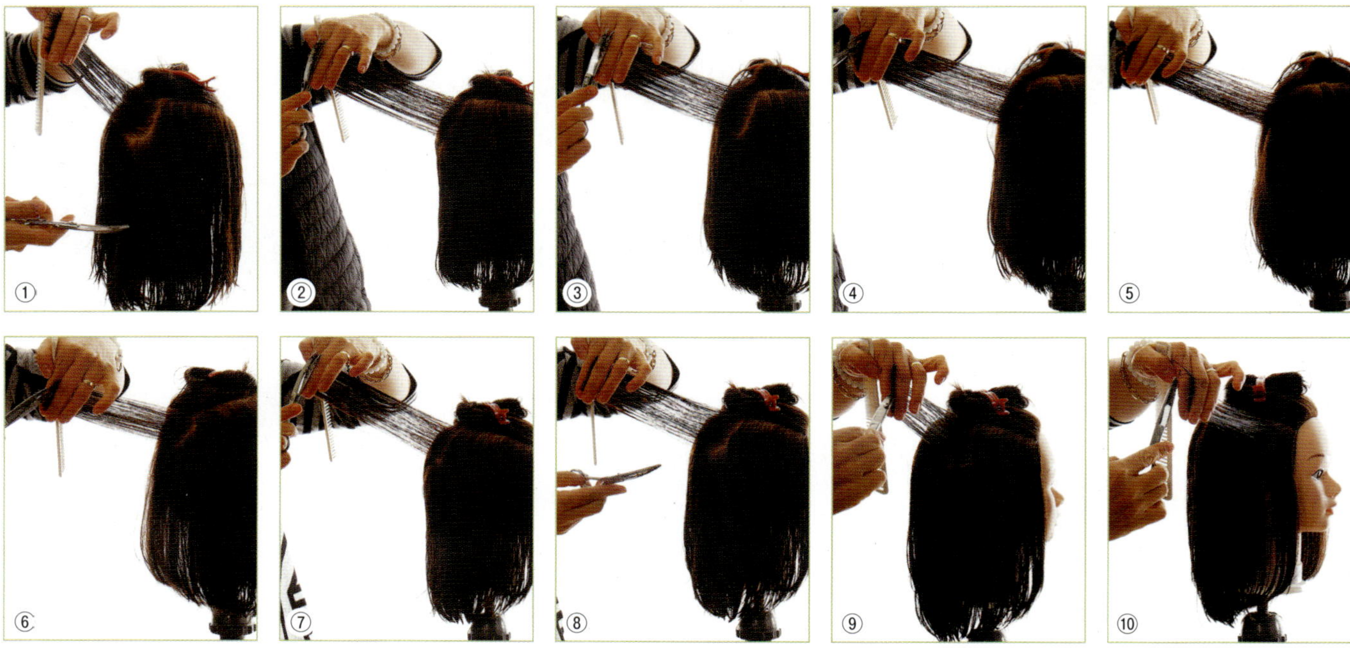

① 중심축에서 세로로 판넬을 떠서 온더베이스 일반시술각 90°로 시술한다.
② 두 번째로 세로로 판넬을 떠서 온더베이스 일반시술각 90°로 시술한다.
③ 사선으로 판넬을 떠서 온더베이스 일반시술각 90°로 시술한다.
④⑤ 형태선에서 나온 가이드와 시술각에서 나온 가이드를 사선 슬라이스를 떠서 연결한다.
⑥ 옆선에 가이드의 2cm 부분을 남기고 삼각코너를 떠서 뒷선에 온 가이드와 연결한다.
⑦⑧ 반대쪽도 세로 슬라이스로 뜨고 온더베이스 일반시술각 90°로 시술한다.
⑨⑩ 형태선에서 나온 길이가이드와 시술각에서 나온 가이드를 사선슬라이스를 떠서 연결한다.

앞머리

① F.S.P의 가이드를 가지고 슬라이스와 평행하게 하여 밑에서부터 위를 향해 낫칭커트한다.

② 밑 가이드에서 모발을 가지고 다음 판넬로 연결하여 낫칭으로 시술한다.

③ 반대쪽에서 가이드를 가져와 시술했던 길이가이드에 맞추어서 시술한다.

④⑤ 다음 판넬도 첫 길이가이드에 맞추어 시술한다.

후상부

① 세로 슬라이스를 떠서 자연시술각 90°로 시술한다. 일반시술각 up 45°로 온더베이스로 시술한다.

②③④ 중심축에 3판넬에 해당하는 시술각이 필요한 영역은 동일한 방법으로 자연시술각 90° 온더베이스로 시술한다.

⑤ 중심축의 시술각과 형태선에서 나온 가이드를 연결한다.

앞머리 질감

① 앞머리를 2cm 영역으로 나눈 후 모발 끝 10cm의 반 5cm 영역에서 틴닝을 사선으로 넣어 모량을 조절하여 C커브를 만든다.
② 이때 틴닝을 빼내면서 길이를 다시 조절하여 들어간다.
③ 다음 판넬의 모발을 잡아 모발을 앞쪽으로 밀어서 틴닝을 사선으로 넣어 C커브를 만든다.
④⑤ 틴닝을 빼내면서 모발의 길이를 다시 잡고 틴닝자국이 나지 않게 모량 조절을 하여 시술한다.

옆선 질감

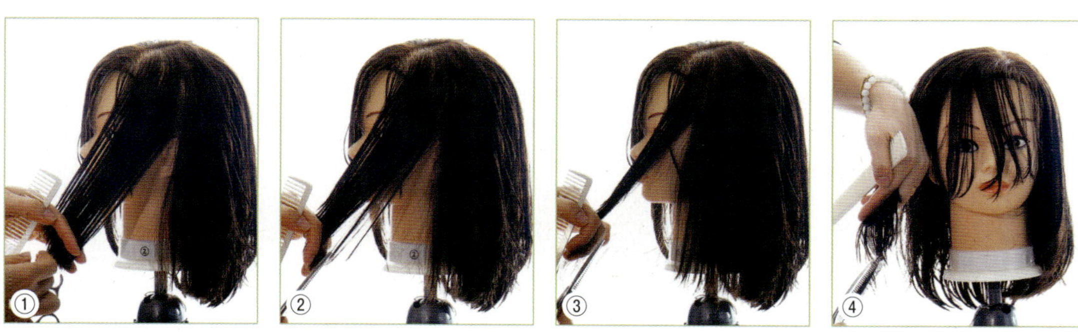

①②③ 시술했던 각도를 잡고 밑머리가 길고 윗모발의 길이가 짧게 틴닝을 넣어 모량을 조절한다.
④ 반대쪽도 동일한 방법으로 밑모발이 길고 윗모발이 짧게 틴닝을 넣어 조절한다.

중심축 질감

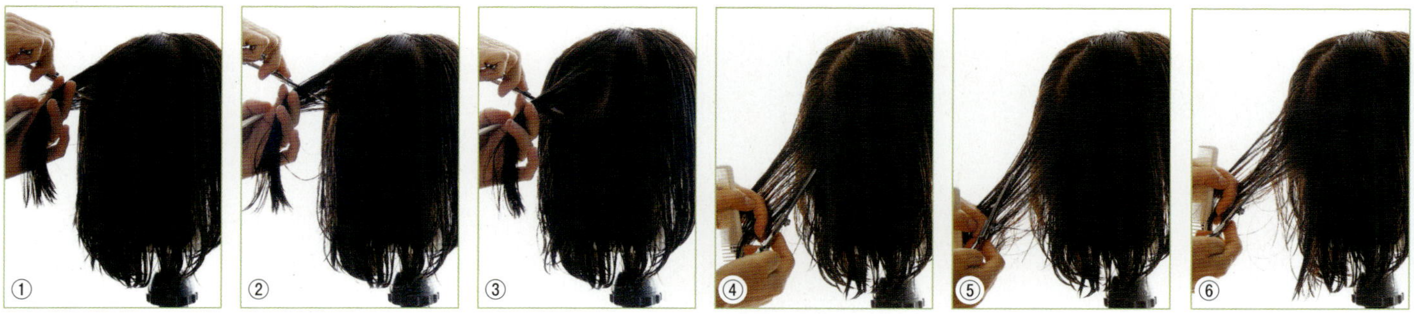

① 중심축에서 중심축잡기와 볼륨을 만들기 위한 이너그라데이션틴닝을 넣는다.

② 틴닝은 밑모발이 짧고 윗모발을 길게 하기 위해 손끝이 위를 향하게 판넬을 잡고 시술하여야 틴닝을 넣기가 쉽다.

③ 틴닝을 넣고 C커브를 그리면서 빠져야 길이를 다시 정리할 수 있다.

④ 모량제거를 하기 위한 이너레이어틴닝을 넣는다. 손끝이 아래를 향하게 판넬을 잡는다.

⑤ 이 부분에 모량이 많이 제거되어야 윗모발이 예쁘게 표현된다.

⑥ 윗부분의 모발이 거칠지 않게 보이도록 사선으로 C커브를 그리면서 시술하여야 한다.

방향성 제시

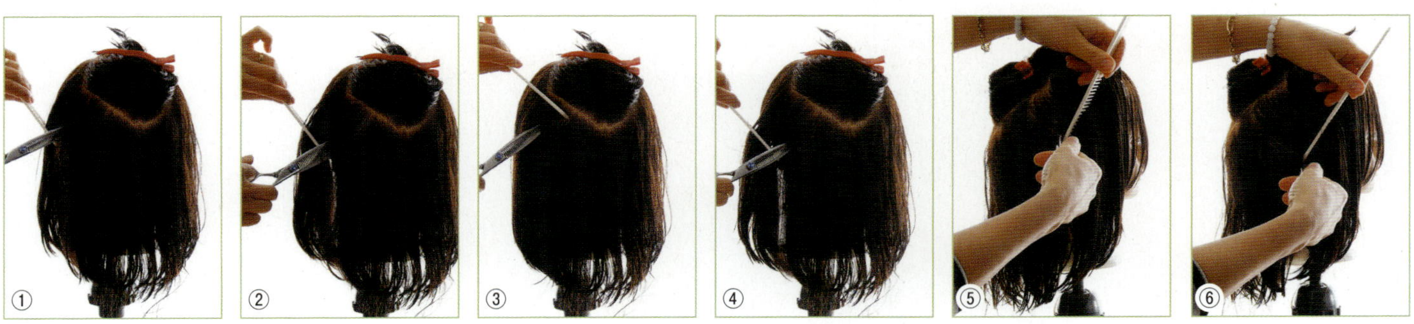

①② 중심축에 삼각틴닝을 떠놓고 나머지 부분은 모발을 앞쪽으로 빗질하여 앞쪽 모발의 길이는 짧게, 뒷쪽 모발의 길이는 길게 하여 귓바퀴 방향으로 모발이 흐르게 한다.

③④ 귀 뒷부분에는 볼륨이 형성되므로 이곳에는 좀 더 많이 시술한다.

⑤⑥ 반대쪽도 동일한 방법으로 시술한다.

인크리스 레이어(인크리스 레이어) 1

모발의 결을 가볍게 보이게 하고 층을 내어 율동감이 있는 롱헤어스타일 1

N.P 25cm의 형태선을 시술하고 B.G.M.P의 길이를 25cm를 설정하여 시술한다.

시술방법

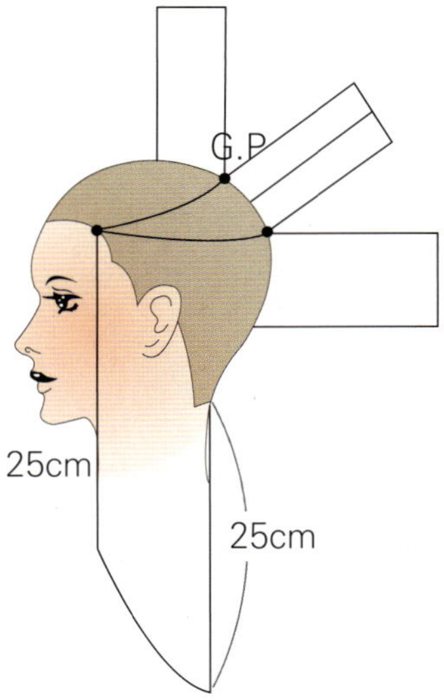

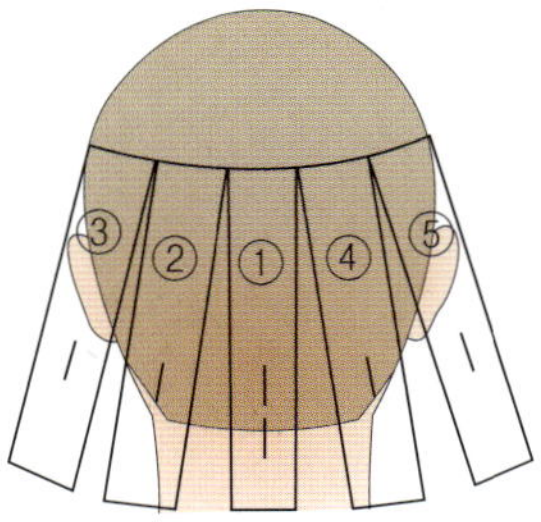

1. U라인브로킹

U라인브로킹을 타면서 고객의 얼굴형, 모질, 모량, 모류 등을 파악하여 스타일을 구상하여 디자이너가 먼저 결정하고 고객에게 제안하여 승낙했을 때 시술에 들어가야 한다.

2. 후하부에 25cm형태선 만들기

중심축에서 4cm 판넬을 떠서 일직선을 시술한 후 슬라이스와 평행하게 빗질한 후 ②③④⑤를 온더베이스로 몸을 움직여서 U라인의 형태선을 만든다.

■ 후하부의 시술각

G.B.N.P에서 25cm 길이가이드를 설정하여 ①②③중심축을 마저 형태선과 연결하고 두상이 함몰된 부분은 사선 슬라이스를 떠서 연결한다.

3. 후중부

· 길이가이드 : G.B.M.P.의 길이를 선택한다.
· 슬라이스 : ①②③세로, ④⑤사선(형태선과 시술각의 길이를 연결한다)
· 베이스 : 온더베이스로 시술한다.
· 시술각 : 일반시술각 90˚로 시술한다.

4. 후상부

· 길이가이드 : G.P에서 설정
· 슬라이스 : ①②③세로, ④⑤사선
· 베이스 : 온더베이스
· 시술각 : 자연시술각 90˚, 일반시술각 up 45˚

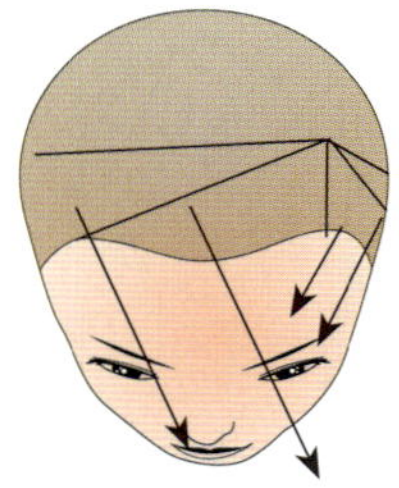

5. 앞머리

① 가르마를 나눈다. 사선으로 슬라이스를 한다.

② F.S.P에서 가이드를 가져와서 반대쪽으로 빗질하여 밑모발부터 낫칭으로 시술한다.

③ 먼저 시술한 가이드에 다음 판넬로 빗질하여 시술한다.

④ 반대쪽도 F.S.P의 길이가이드를 가져와서 반대쪽을 시술했던 가이드와 연결한다.

6. 옆머리, 뒷머리, 옆선 모발 등 전체적인 모발을 모발이 흐르는 대로 연결하여 튀어 나온 부분은 낫칭으로 시술한다.

형태선만들기

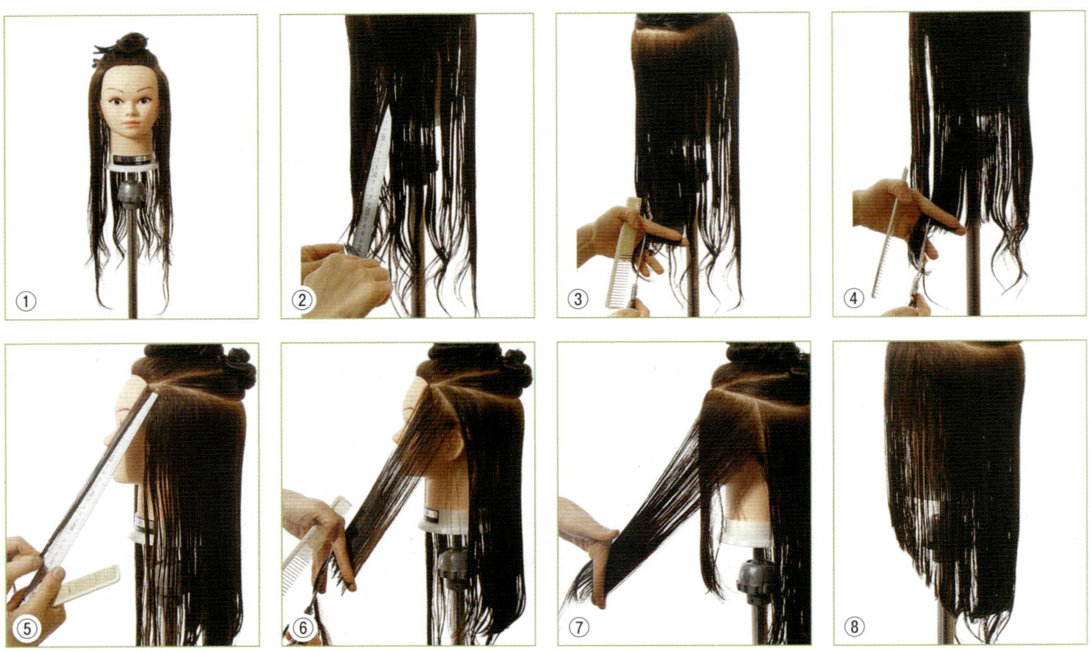

① 시술전

② N.P에서 25cm 길이가이드 설정한다.

③ 자연시술각 0°로 빗질하여 4cm 판넬을 낫칭으로 시술한다. 이 때 가슴은 판넬의 중심에 있어야 한다.

④ 슬라이스와 평행하게 빗질하여 낫칭으로 시술한다.

⑤ F.S.P에서 옆선으로 떨어질 길이가이드 30cm를 설정한다.

⑥ 슬라이스를 후대각으로 해서 슬라이스와 평행하게 낫칭으로 서술한다.

⑦ 옆선과 뒷선을 연결한다.

⑧ 한쪽에 시술이 끝난 상태라 F.S.P에서 떨어진 길이가이드가 옆선의 가이드가 되고 형태선의 기울기가 결정된다.

⑨ 반대쪽도 슬라이스와 평행하게 하여 밑에서부터 위를 향해 낫칭커트한다.
⑩ 시술된 쪽에 길이가이드를 가지고 시술되지 않는 쪽에 길이가이드를 설정한다.
⑪ 가이드를 먼저 설정하여 옆선을 시술한다.
⑫ 옆선과 뒷선의 길이가이드를 연결한다.

후하부의 시술각

① G.B.M.P에서 길이가이드를 설정한다(N.P와 동일한 길이 25cm를 설정).
② 세로로 판넬을 떠서 밑길이 5cm를 버리고 수평으로 빗질하여 아랫길이와 맞추어서 시술한다.
③ 다음 판넬도 수직으로 빗질하여 밑길이 5cm를 버리고 아랫길이와 연결하여 시술한다.
④ 중심축을 벗어나면 사선으로 빗질하여 형태선의 길이와 연결한다.
⑤ 반대쪽에 중심축의 모발로 세로로 떠서 빗질하여 동일한 방법으로 시술한다.
⑥ 중심축을 벗어나면 사선으로 판넬을 뜬다.
⑦⑧ 사선으로 판넬을 떠서 밑모발과 윗모발을 연결하여 시술한다.

후중부의 시술각

① 중심축에 세로로 판넬을 떠서 빗을 베이스의 중앙으로 넣어 온더베이스로 시술한다.

② 일반시술각 90°로 판넬을 들어서 빗질하여 시술한다.

③ 다음 판넬로 세로로 판넬을 떠서 온더베이스, 일반시술각 90°로 시술한다.

④⑤⑥⑦ 두상이 함몰된 부분에 오면 사선으로 판넬을 떠서 중심축(시술각에서 온 모발의 가이드)과 형태선에서 온 가이드를 연결한다.

⑧ 반대편에서도 중심축에 있는 모발을 세로로 판넬을 떠서 온더베이스, 일반시술각 90°로 시술한다.

⑨ 곡선을 표현하기 위해서 사선 슬라이스를 떠서 시술각에서 나온 가이드와 형태선에서 나온 길이가이드를 연결한다.

후상부

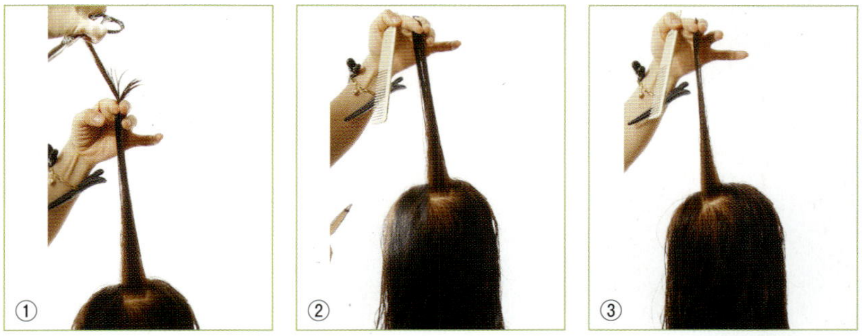

① 중심축에서 세로로 판넬을 떠서 자연시술각 90˚ 온더베이스로 시술한다.
② 그 다음 판넬로 세로로 판넬을 뜨고 온더베이스, 자연시술각 90˚로 시술한다.
③ 중심축에서 온 가이드와 G.P아래에서 온 갈이가이드를 연결한다.

앞머리

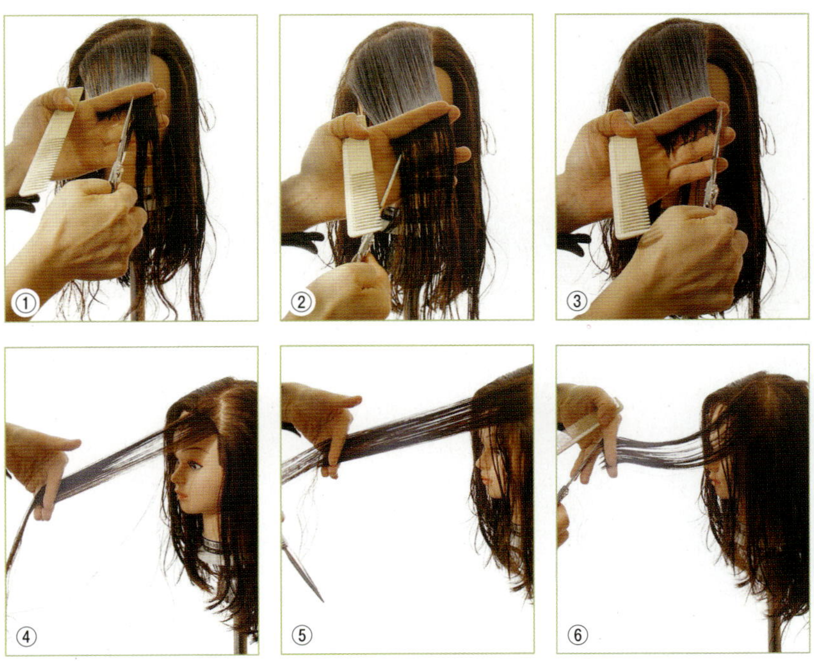

①②③ 7:3으로 가르마를 먼저 나눈 후 F.S.P선까지 사선으로 슬라이스를 나눈 후 반대쪽으로 빗질하여 슬라이스와 평행하게 하여 밑에서부터 위를 향해 낫칭으로 커트한다.
④ 반대쪽도 F.S.P에서의 가이드와 첫 번째에서 시술했던 가이드와 연결한다.
⑤⑥ 밑길이에 맞추어 다음 모발로 연결하여 시술한다.

연결

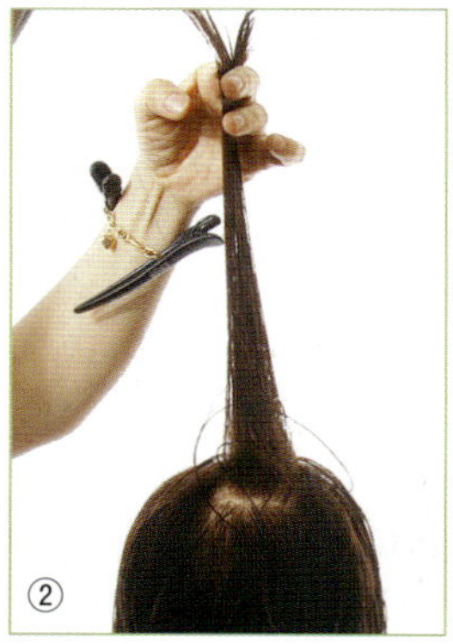

① 앞으로 떨어지는 모발과 뒤로 떨어지는 모발을 삼각판넬을 잡고 낫칭으로 튀어나온 모발을 정리한다.
② 앞과 뒤의 모발을 다시 한 번 잡고 연결되지 않는 모발을 연결한다.
③④ 곡면이 흐르는 대로 다시 한 번 체크하여 튀어나온 모발을 정리한다.

시술종료

인크리스 레이어(인크리스 레이어) 2

모발의 결을 가볍게 보이게 하고 층을 내어 율동감이 있는 롱헤어스타일 2

N.P 25cm의 형태선을 시술하고 B.G.M.P의 길이를 20cm로 설정하여 시술한다.

시술방법

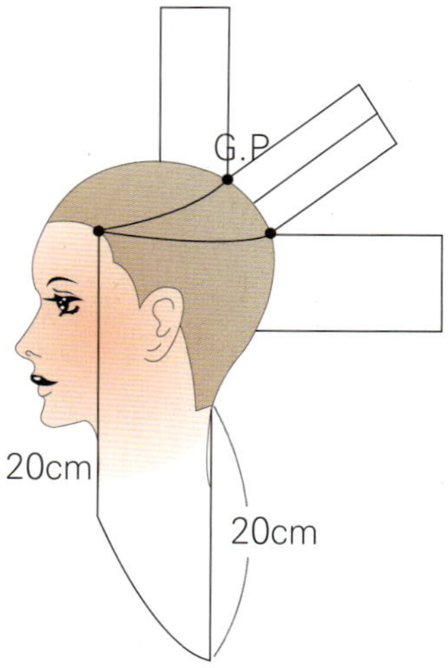

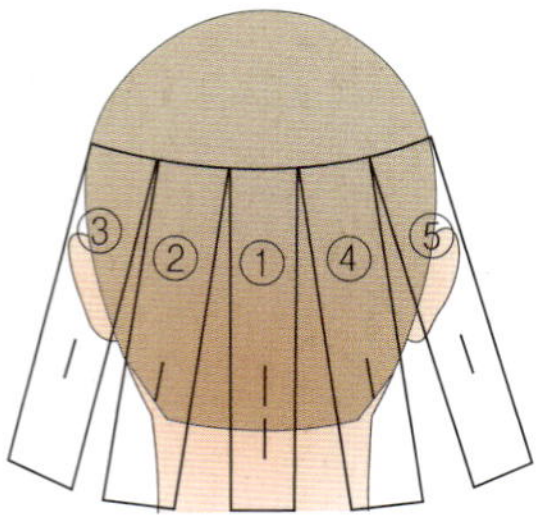

1. U라인브로킹

U라인브로킹을 타면서 고객의 얼굴형, 모질, 모량, 모류 등을 파악하여 스타일을 구상하여 디자이너가 먼저 결정하고 고객에게 제안하여 승낙했을 때 시술에 들어가야 한다.

2. 후하부에 25cm형태선 만들기

중심축에서 4cm 판넬을 떠서 일직선을 시술한 후 슬라이스와 평행하게 빗질한 후 ②③④⑤를 온더베이스로 몸을 움직여서 U라인의 형태선을 만든다.

■ 후하부의 시술각

G.B.N.P에서 20cm 길이가이드를 설정하여 ①②③ 중심축을 먼저 형태선과 연결하고 두상이 함몰된 부분은 사선 슬라이스를 떠서 연결한다.

3. 후중부

· 길이가이드 : G.B.M.P.의 길이를 선택한다.
· 슬라이스 : ①②③세로, ④⑤사선(형태선과 시술각의 길이를 연결한다)
· 베이스 : 온더베이스로 시술한다.
· 시술각 : 일반시술각 90°로 시술한다.

4. 후상부

· 길이가이드 : G.P에서 설정
· 슬라이스 : ①②③세로, ④⑤사선
· 베이스 : 온더베이스
· 시술각 : 자연시술각 90°, 일반시술각 up 45°

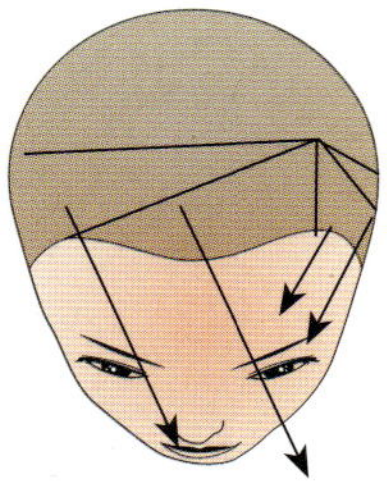

5. 앞머리

① 가르마를 나눈다. 사선으로 슬라이스를 한다.

② F.S.P에서 가이드를 가져와서 반대쪽으로 빗질하여 밑모발부터 낫칭으로 시술한다.

③ 먼저 시술한 가이드에 다음 판넬로 빗질하여 시술한다.

④ 반대쪽도 F.S.P의 길이가이드를 가져와서 반대쪽 시술했던 가이드와 연결한다.

6. 옆머리, 뒷머리, 옆선 모발 등 전체적인 모발을 모발이 흐르는 대로 연결하여 튀어 나온 부분은 낫칭으로 시술한다.

형태선 만들기

①

②

③

④

⑤

① 시술 전에 U라인 브로킹을 시술해 놓은 상태

② N.P에서 길이가이드 25cm를 설정한다.

③ 자연시술각 0°로 빗질하여 중심축에서 4cm를 낫칭으로 시술한 후 슬라이스와 평행하게 하여 U라인의 형태선을 만든다.

④ F.S.P에서 떨어지는 옆선의 길이가이드를 설정한다(20cm).

⑤ 후대각으로 슬라이스를 나누어서 손이 일직선이 되게 하여서 밑에서 위로 낫칭으로 시술한다.

⑥ 옆선에 모발과 뒷선의 모발을 연결하여 낫칭으로 시술한다.
⑦ 옆선의 윗 모발에 해당하는 F.S.P의 길이가이드를 반대쪽 길이 가이드에 맞춘다.
⑧ 아랫부분에 해당하는 S.C.P의 모발을 반대쪽 길이가이드에 맞춘다.
⑨ 옆선에서 나온 가이드와 뒷선 모발길이가이드를 연결한다.
⑩ 형태선을 전체적으로 시술해 놓은 상태이다.

후하부의 시술각

① G.B.M.P에서 옆선의 길이가이드와 동일한 20cm의 길이가이드를 설정한다.
② 형태선의 가이드와 G.B.M.P의 길이가이드를 세로 판넬을 떠서 연결한다.
③ 다음 판넬도 세로로 판넬을 떠서 형태선의 가이드와 G.B.M.P에서 온 가이드를 연결한다.
④ 중심축을 벗어난 곳은 사선슬라이스를 떠서 밑모발과 윗모발을 연결한다.
⑤ 사선으로 슬라이스를 떠서 형태선의 모발과 중심축의 모발을 연결한다.
⑥ 반대쪽도 동일한 방법으로 시술한다.

후중부의 시술각

① 중심축에서 세로로 판넬을 떠서 온더베이스, 일반시술각 90°로 시술한다.

② 다음 판넬로 세로로 판넬을 떠서 온더베이스 일반시술각 90°로 시술한다.

③ 사선으로 판넬을 떠서 온더베이스, 일반시술각 90°로 시술한다.

④ 형태선에서 가이드와 중심축에서 생긴 모발의 가이드를 사선슬라이스를 떠서 연결한다.

⑤⑥⑦ 이곳은 모류도 강하고 모질도 두껍기 때문에 낫칭으로 시술하는 것이 좋다.

⑧ 반대쪽 중심부쪽도 세로 판넬을 떠서 온더베이스, 일반시술각 90°로 시술하고 두상이 함몰되기 시작한 부분은 사선슬라이스를 떠서 온더베이스, 일반시술각 90°로 시술한다.

⑨⑩ 옆선의 길이가이드는 남겨두고 중심축에서 생긴 길이가이드를 이동하여 연결하여 낫칭커트한다.

앞머리

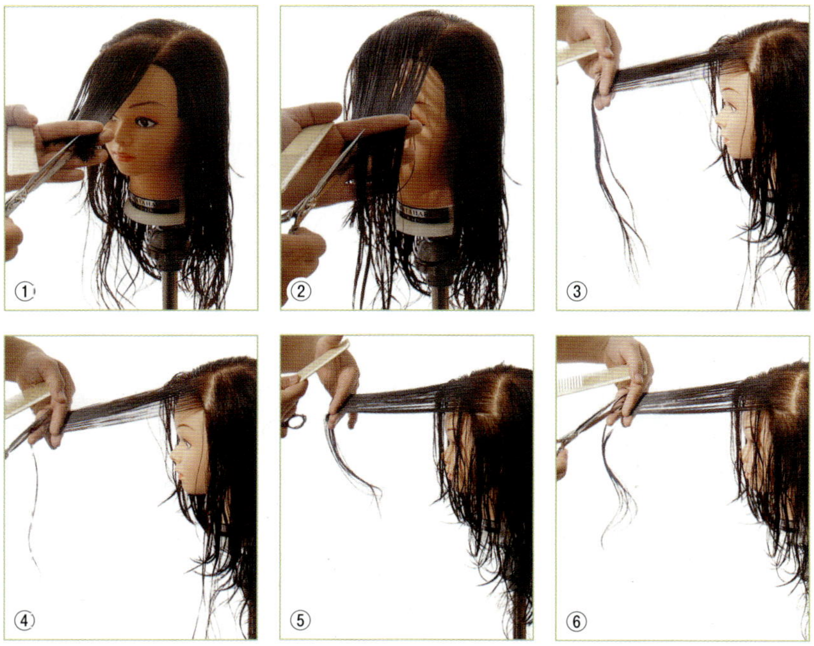

① 7:3으로 가르마를 나눈 후, F.S.P에서 가이드를 가져와서 슬라이스와 평행하게 낫칭으로 밑에서 위를 향해 시술한다.

② 다음 판넬로 빗질하여 밑길이에 맞추어 낫칭으로 시술한다.

③④ 반대쪽도 처음 시술했던 길이가이드에 맞추어 시술한다.

⑤⑥ 다음 모발도 앞의 길이에 맞추어 시술한다.

후상부와 앞머리 연결

① 세로로 판넬을 떠서 온더베이스, 자연시술각 90°로 시술한다.

②③ 2번째로 세로로 판넬을 떠서 온더베이스 자연시술각 90°로 시술한다.

④ G.P아래에서 나온 가이드와 중심축에서 온 가이드를 사선으로 연결하여 시술한다.

⑤⑥ 나머지 부분은 G.P아래에서 나온 모발과 중심축에서 나온 모발을 연결하여 시술한다.

시술종료

인크리스 레이어(인크리스 레이어) 3

모발의 결을 가볍게 보이게 하고 층을 내어 율동감이 있는 롱헤어스타일 3

N.P 25cm의 형태선을 시술하고 B.G.M.P의 길이를 17cm를 설정하여 시술한다.

시술방법

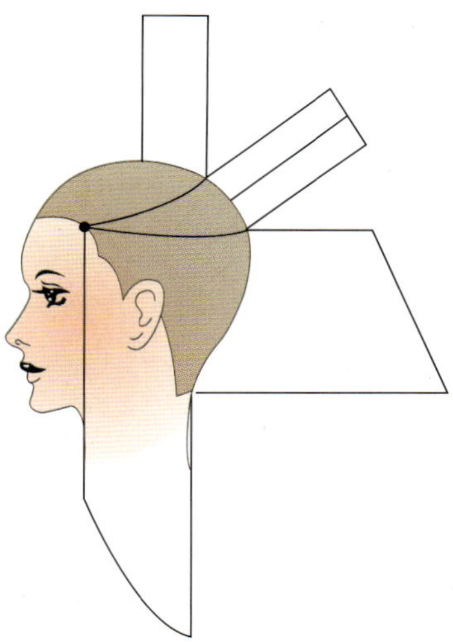

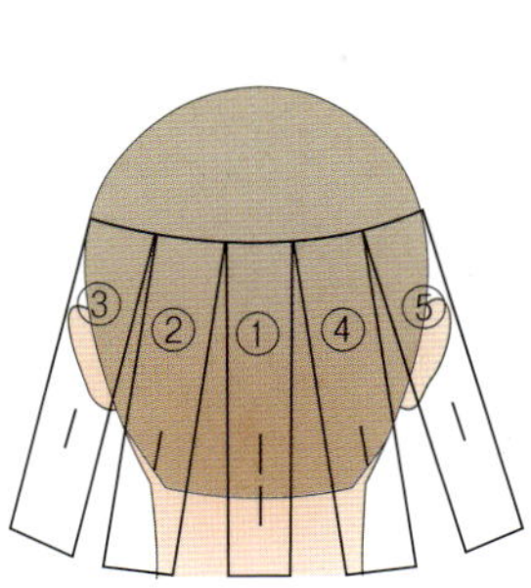

1. U라인브로킹

U라인브로킹을 타면서 고객의 얼굴형, 모질, 모량, 모류 등을 파악하여 스타일을 구상하여 디자이너가 먼저 결정하고 고객에게 제안하여 승낙했을 때 시술에 들어가야 한다.

2. 후하부에 25cm형태선 만들기

중심축에서 4cm 판넬을 떠서 일직선을 시술한 후 슬라이스와 평행하게 빗질한 후 ②③④⑤를 온더베이스로 몸을 움직여서 U라인의 형태선을 만든다.

■ 후하부의 시술각

G.B.N.P에서 17cm 길이가이드를 설정하여 ①②③ 중심축을 마저 형태선과 연결하고 두상이 함몰된 부분은 사선 슬라이스를 떠서 연결한다.

3. 후중부

· 길이가이드 : G.B.M.P.의 길이를 선택한다.
· 슬라이스 : ①②③세로, ④⑤사선(형태선과 시술각의 길이를 연결한다)
· 베이스 : 온더베이스로 시술한다.
· 시술각 : 일반시술각 90°로 시술한다.

4. 후상부

· 길이가이드 : G.P에서 설정
· 슬라이스 : ①②③세로, ④⑤사선
· 베이스 : 온더베이스
· 시술각 : 자연시술각 90°, 일반시술각 up 45°

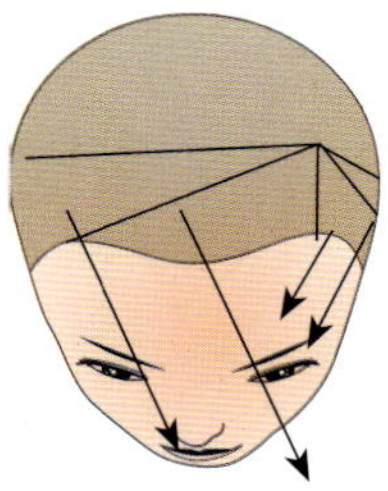

5. 앞머리

① 가르마를 나눈다. 사선으로 슬라이스를 한다.
② F.S.P에서 가이드를 가져와서 반대쪽으로 빗질하여 밑모발부터 낫칭으로 시술한다.
③ 먼저 시술한 가이드에 다음 판넬로 빗질하여 시술한다.
④ 반대쪽도 F.S.P의 길이가이드를 가져와서 반대쪽 시술했던 가이드와 연결한다.

6. 옆머리, 뒷머리, 옆선 모발 등 전체적인 모발을 모발이 흐르는 대로 연결하여 튀어 나온 부분은 낫칭으로 시술한다.

형태선 만들기

① F.S.P에서 떨어질 옆선에 해단하는 길이가이드 설정
② 옆선에 해당하는 부분은 45° 손가락의 기울기로 앞모발이 짧고 뒷모발이 길게 시술한다.
③④ 옆선에서 뒷선의 형태선을 만든다.
⑤ 반대쪽의 길이가이드를 옆선의 윗부분에서 떨어진 가이드를 먼저 설정한다.
⑥ S.C.P의 모발도 반대쪽의 길이가이드를 설정한다.
⑦⑧ 후대각 슬라이스를 타서 기울기가 심하게 손가락이 수직으로 하여 시술한다.
⑨⑩ 옆선, 뒷선의 형태선을 연결하여 U라인의 기울기를 결정한다.

후중부의 시술각

① 중심부에서 세로로 판넬을 떠서 온더베이스, 일반시술각 90°로 시술한다.

② 다음 판넬도 세로로 판넬을 떠서 온더베이스, 일반시술각 90°로 시술한다.

③ 오르막길의 두상의 판넬까지만 세로로 떠서 온더베이스 일반시술각 90°로 시술한다.

④ 두상이 함몰된 부분은 사선으로 판넬을 떠서 온더베이스 일반시술각 90°로 시술한다.

⑤⑥ 형태선의 길이가이드와 시술각에서 나온 중심부의 모발의 길이를 사선 슬라이스를 떠서 연결한다.

후하부의 시술각

① 길이가이드설정(길이가 짧으면 많은 층이 생기고, 길이가 길면 층이 적게 형성된다)

② 세로로 판넬을 떠서 형태선의 길이와 슬라이스 판넬을 들어서 연결한다.

③ 중심축에 3판넬은 세로로 판넬을 들어서 시술한다.

④ 중심축에 있는 가이드와 형태선을 연결하기 위하여 사선으로 판넬을 떠서 연결한다.

⑤ 형태선과 중심축에서 시술각에서 나온 모발의 길이가이드를 연결한다.

앞머리

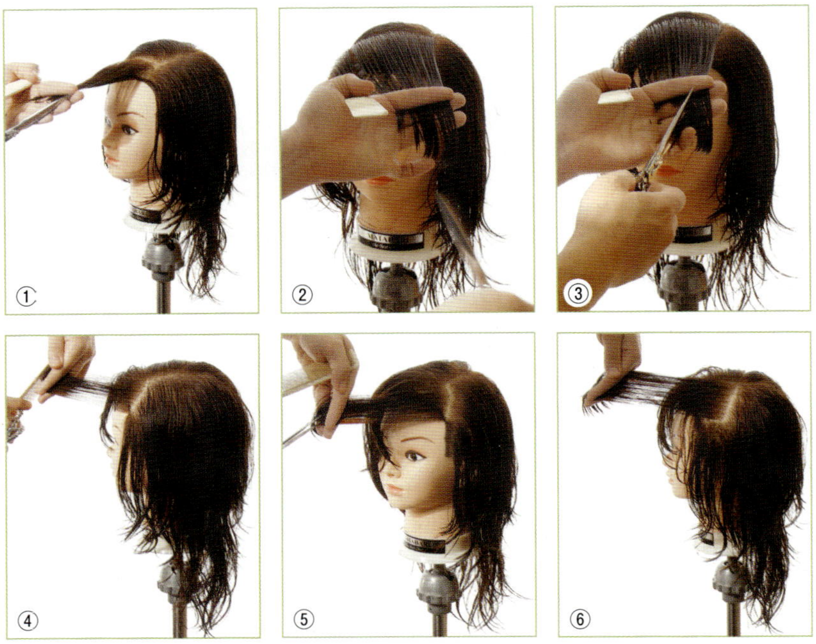

① 사선 슬라이스를 나눈 후 슬라이스와 평행하게 밑에서 위로 낫칭커트를 한다.

②③ 다음 판넬로 앞쪽으로 빗질하여 ①번 가이드에 맞추어 낫칭커트한다.

④ 사선 슬라이스를 나눈 후 반대쪽으로 빗질하여 먼저 자른 가이드에 맞추어서 낫칭으로 시술한다.

⑤⑥ 다음 모발로 반대쪽으로 빗질하여 낫칭커트한다.

연결

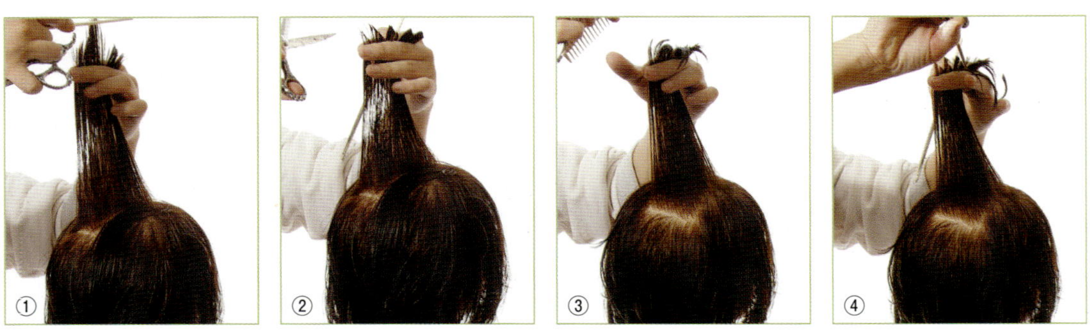

① 중심축에서 세로 슬라이스를 뜬 후 온더베이스, 자연시술각 90˚로 시술한다.

②③④ 중심축 ①②③번에 해당하는 시술각을 결정하는 부분은 세로 슬라이스를 뜬 후 온더베이스 자연시술각 90˚로 시술한다.

⑤

⑥

⑤⑥ 중심축을 제외한 양쪽에 모발은 G.P 아래에 모발과 시술각에서 나온 모발을 연결하여 시술한다.

시술종료

①

②

③

④

인크리스 레이어(인크리스 레이어) 4

모발의 결을 가볍게 보이게 하고 층을 내어 율동감이 있는 롱헤어스타일 4

N.P에서 25cm 형태선을 시술하고 G.P에서 20cm를 설정하여 시술한다.

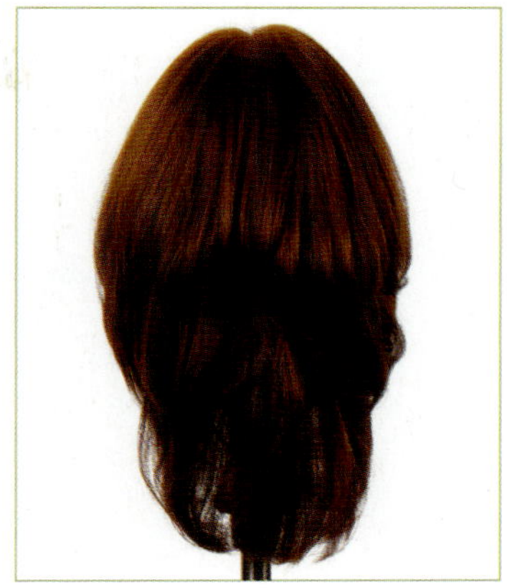

시술방법

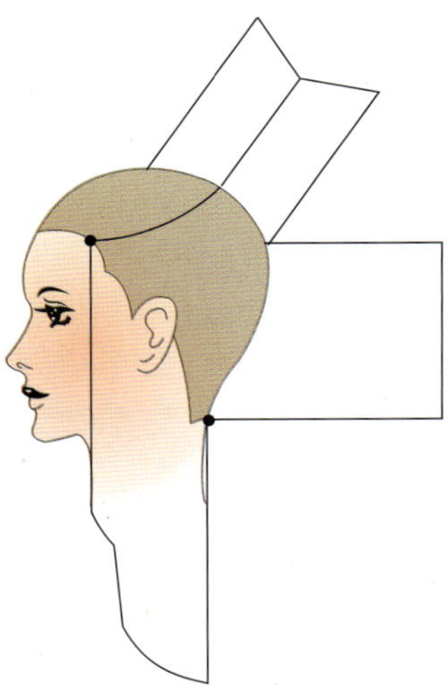

1. U라인브로킹

U라인브로킹을 타면서 고객의 얼굴형, 모질, 모량, 모류 등을 파악하여 스타일을 구상하여 디자이너가 먼저 결정하고 고객에게 제안하여 승낙했을 때 시술에 들어가야 한다.

2. 후하부에 25cm형태선 만들기

중심축에서 4cm 판넬을 떠서 일직선을 시술한 후 슬라이스와 평행하게 빗질한 후 ②③④⑤를 온더베이스로 몸을 움직여서 U라인의 형태선을 만든다.

■ 후하부의 시술각

G.B.N.P에서 17cm 길이가이드를 설정하여 ①②③ 중심축을 먼저 형태선과 연결하고 두상이 함몰된 부분은 사선 슬라이스를 떠서 연결한다.

3. 후중부

· 길이가이드 : G.P에서 20cm를 설정한다.
· 슬라이스 : ①②세로, ③④⑤사선
· 베이스 : 온더베이스
· 시술각 : G.P에서 일반시술각 90°

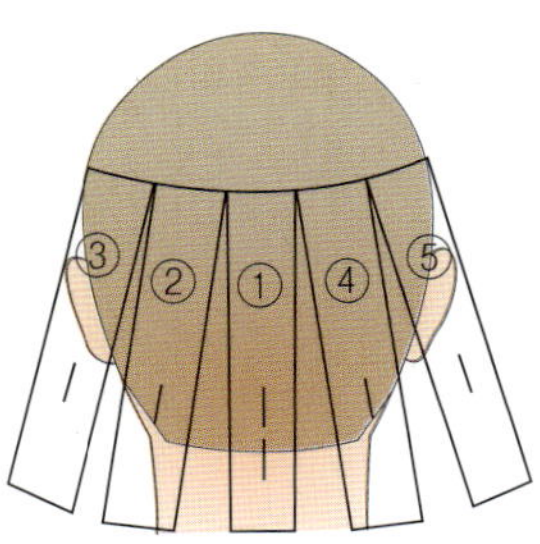

4. 후중부의 G.B.M.P와 형태선을 ①②③ 중심축은 세로로 연결하고 두상이 함몰된 부분은 사선으로 연결한다.

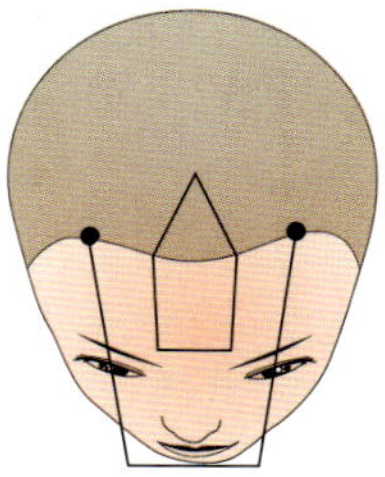

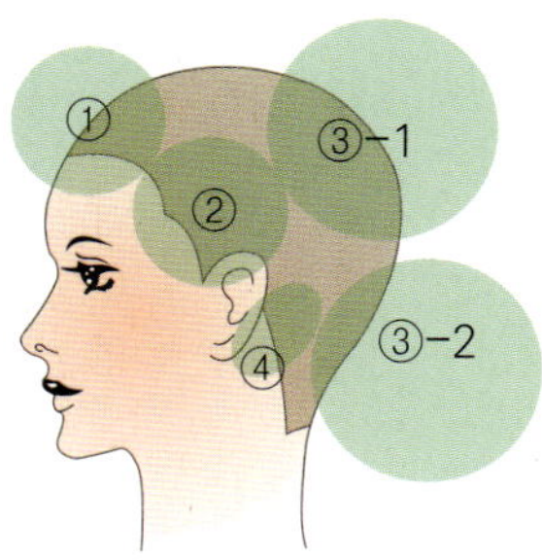

5. 후상부

· 길이가이드 : G.P에서 설정
· 슬라이스 : ①②③세로, ④⑤사선
· 베이스 : 온더베이스
· 시술각 : G.P에서 일반시술각 90°

6. 앞머리

① 영역나누기
② 긴길이 결정 : F.S.P의 길이 17cm
③ 짧은길이 결정 : 콧등에다 손을 대고 일직선(17cm)
④ 짧은길이, 긴길이 연결
⑤ 긴길이, 옆선 연결

7. 쳐내기

① 앞머리 표정 만들기 → 라인틴닝
② 옆선 → 라인틴닝
③-① 중심축잡기와 볼륨 → 이너그라데이션틴닝
③-② 형태선확인, 모량제거 → 이너레이어틴닝
④ 방향성제시 - 루트틴닝, 이너레이어틴닝

형태선 만들기

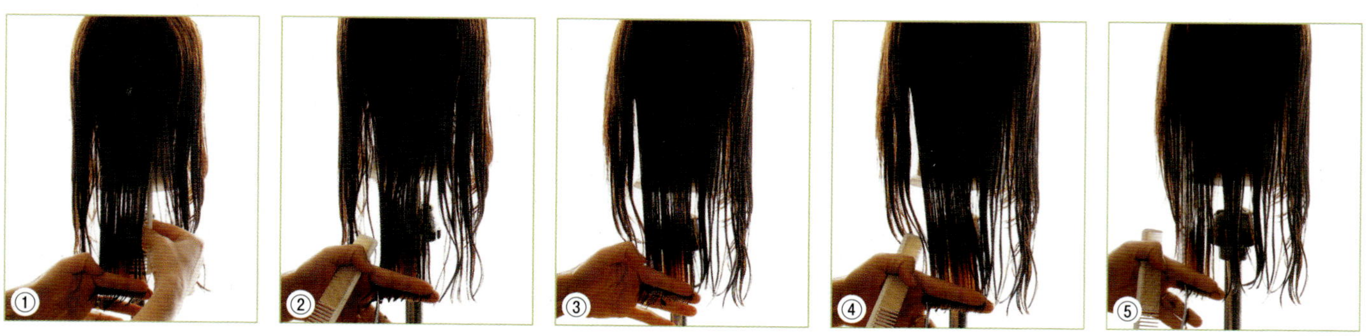

① U라인 브로킹을 시술한 후 N.P길이 25cm를 설정하여 U라인 형태선 만들기
② 중심축의 1cm를 가져와서 두상의 곡면대로 빗질하여 낫칭으로 시술한다.
③④ 두상의 곡면대로 빗질하여 가슴을 판넬의 중심부로 이동하여 낫칭으로 시술한다.
⑤ 손가락의 기울기를 전체의 U라인 형태선의 기울기를 생각하면서 시술한다. 반대편도 동일한 방법으로 시술한다.

미들섹션

① G.P에서 길이가이드를 설정한다(20cm).

② 중심축에서 세로 판넬을 떠서 온더베이스 G.P에서 일반시술각 90˚로 시술한다.

③④ 중심축에 해당하는 노란색 영역 ①②③은 세로 판넬을 떠서 온더베이스 G.P에서 일반시술각 90˚로 시술한다.

⑤ 두상에서 함몰된 부분은 사선으로 판넬을 떠서 온더베이스로 시술한다.

⑥ 중심축에 온 가이드와 형태선에서 온 길이 가이드를 연결한다.

⑦⑧ 반대쪽도 동일한 방법으로 세로판넬, 온더베이스, G.P에서 일반시술각 90˚로 시술한다.

⑨ 사선으로 판넬을 떠서 온더베이스로 시술한다.

⑩ 중심축에 길이가이드와 형태선의 가이드를 연결한다.

후하부 연결

①②③ G.B.M.P에서 나온 가이드와 형태선의 가이드를 세로로 판넬을 뜨고 두상이 함몰된 대로 빗질하여 커브가위로 연결한다.

④ 형태선에 온 가이드와 중심축에서의 길이가이드를 사선으로 판넬을 떠서 연결한다.

⑤ 반대쪽도 동일한 방법으로 시술한다.

⑥ 중심부에서 나온 길이가이드와 형태선에서 나온 가이드를 사선으로 판넬을 떠서 연결한다.

⑦ 커브가위로 끝모발의 붓끝모양처럼 남길 수 있게 커브가위 안쪽이 남는 모발로 시술한다.

⑧ 빠진 부분은 다시 한 번 체크한다.

옆선

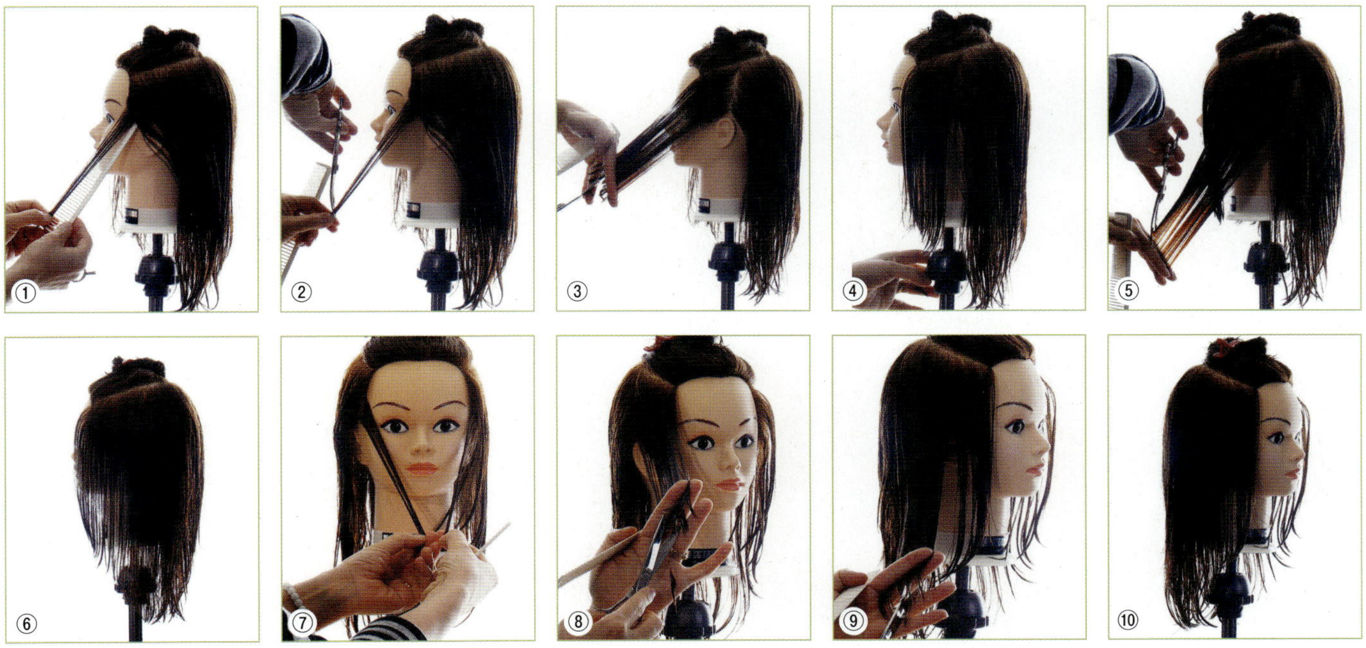

① S.C.P에서 옆선의 길이가이드 20cm를 설정한다.

② 길이가이드 설정은 위에서 아래를 향해 모발을 자른다.

③ 두상이 함몰된 대로 빗질하여 밑에서 위로 낫칭커트한다.

④ 옆선으로 떨어진 모발이다.

⑤ 옆선과 후하부의 형태선을 E.B.P까지 연결하여 시술한다.

⑥ 옆선과 후하부의 형태선을 연결해 놓은 상태이다.

⑦ 반대쪽과 동일한 길이가이드를 설정한다.

⑧ 옆선에 해당하는 모발을 두상이 함몰된 대로 빗질하여 낫칭으로 시술한다.

⑨ 옆선과 후하부의 형태선을 연결한다.

⑩ G.P아래의 모발을 시술해 놓은 상태이다.

후상부

① 중심축에서 세로로 판넬을 떠서 G.P에 일반시술각 90°로 시술한다.

② 다음 판넬도 세로로 판넬을 떠서 G.P에 일반시술각 90°로 시술한다(다시 판넬을 중심부에서 들어보면 일반시술각 70°로 생각하면 된다).

③④ 반대쪽에 중심부도 세로로 판넬을 떠서 G.P에 일반시술각 90°로 시술한다. 두상 윗부분에 볼륨을 주기 위한 방법이다.

⑤ 중심축에서의 가이드와 G.P 아래의 모발과 사선으로 연결한다.

⑥ 반대쪽도 중심축에서의 가이드와 G.P 아래의 모발과 사선으로 연결한다.

앞머리

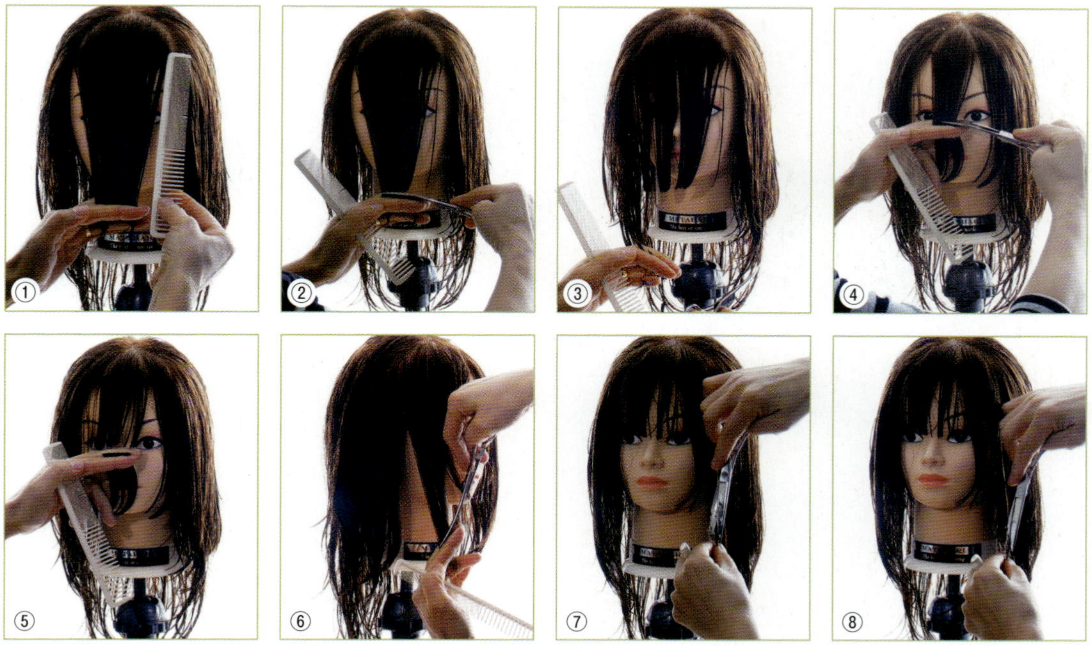

① F.S.P ~ F.S.P를 CL쪽으로 당겨서 F.S.P 17cm 긴 길이가이드를 설정한다.

② 손가락도 수평이 되게 가위로 수평이 되도록 하여 일직선을 시술한다.

③ 긴 길이 일직선을 시술해 놓은 상태이다.

④ 짧은 길이 가이드 설정(콧등에다 손가락을 대고 일직선을 시술한다).

⑤ 손가락 위로 시술하여 무거운 일직선이 표현되어야 하고 중심축에서 삼각으로 판넬을 뜨는데 5cm정도 시술한다.

⑥ 짧은 길이와 긴 길이를 연결한다.

⑦ 반대쪽도 짧은 길이와 긴 길이를 연결한다.

⑧ 긴 길이와 옆선을 다시 한 번 연결한다.

연결

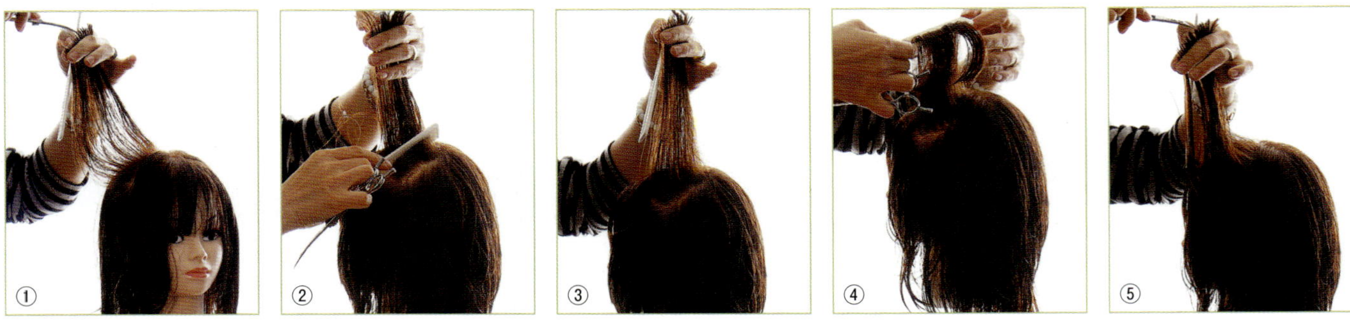

①②③④⑤ 모발이 떨어지는 곳에서 시작하여 G.P의 윗부분 오버섹션 영역을 모발이 흐르는 대로 빗질하여 튀어나온 부분을 낫칭으로 연결한다.

쳐내기

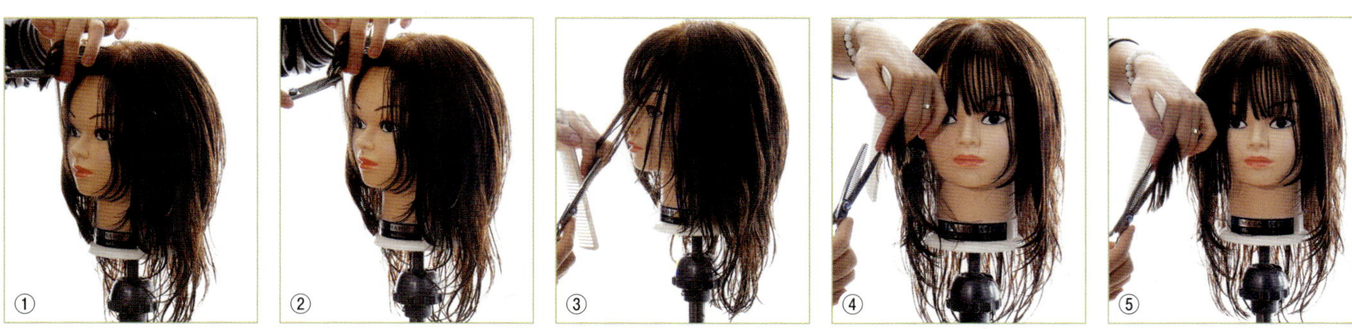

①② 앞머리 표정만들기(라인틴닝) - 모발의 끝부분은 남기고 속모발을 C컬을 만들면서 모량을 조절한다.
③ 아랫모발이 길고 윗모발이 짧아지게 틴닝을 사선으로 넣고 틴닝이 빠지면서 모발의 길이를 다시 한 번 조절한다.
④⑤ 반대쪽도 윗모발이 짧고 아랫모발이 길어지게 틴닝을 넣으면서 모량조절을 한다.

⑥ 중심축잡기와 볼륨을 주기위한 이너그라데이션 틴닝을 넣으면서 모량조절을 한다.

⑦⑧ 형태선을 다시 한 번 확인하고 모량을 제거하기 위한 이너레이어틴닝을 넣는다.

⑨⑩ 방향성을 제시하기 위해 처음 시작 모발이 짧고 뒷모발이 길어지도록 루트틴닝, 이너레이어틴닝을 넣는다.

⑪⑫ 반대쪽도 방향성 제시를 하기 위한 루트틴닝, 이너레이어틴닝을 넣는다.

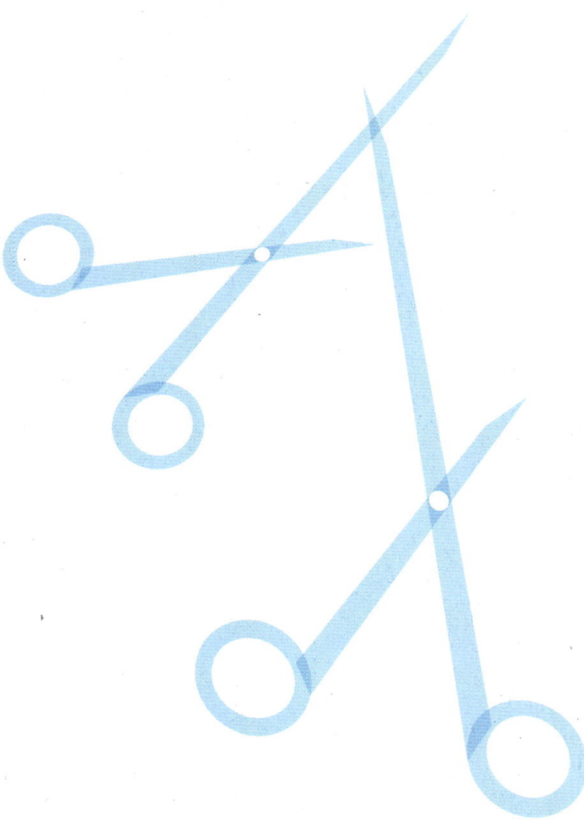

CHAPTER

04

오버다이렉션과 슬라이스 활용 (그래쥬에이션)

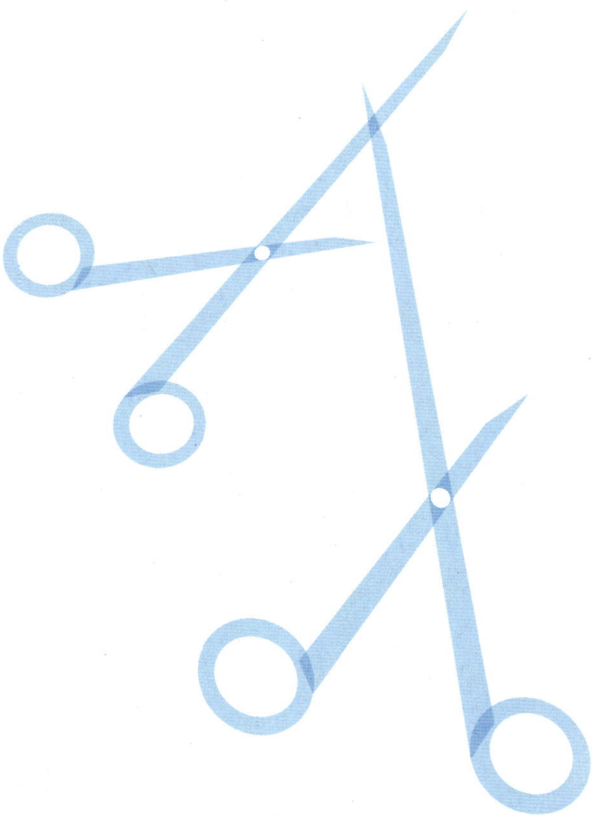

04 오버다이렉션과 슬라이스 활용(그래쥬에이션)

1. 슬라이스

두상이 둥근 곡면체이기 때문에 슬라이스와 손가락의 방향에 따라 원하는 헤어스타일이 다르게 표현된다.
헤어커트를 하기위한 한 판넬을 슬라이스라고 한다.

슬라이스의 변화를 헤어스타일에 활용하기

슬라이스 라인		슬라이스 라인 특징
가로		무겁고 가로에 볼륨있는 헤어스타일을 만들기 쉽다. 햄라인에 좌우되지 않고 라인을 설정하기 쉽다. 리프팅하기 쉽고 웨이트를 컨트롤하기 쉽다. 율동은 나타나지 않고 두께가 있는 무거운 모속감이 나타난다.
세로	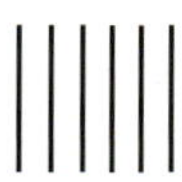	머리의 형태가 나타나기 쉬운 만큼 강약있는 스타일이 쉽다. 햄라인의 형태를 따라 아웃라인이 나타나기 쉽다. 단차를 컨트롤하기 쉽다. 세로로 긴 포름을 만들기 쉽다.
사선		앞으로 점점 올라가기, 앞으로 점점 내려가기를 컷하기 쉽다. 둥글고 곡선적인 샤프한 디자인을 만들기 쉽다. 슬라이스를 복합할 때 연결하는 방법으로 많이 활용한다. 슬라이스를 취하는 방법으로 웨이트의 위치를 조정하기 쉽다. 햄라인에 좌우되지 않고 사선의 아웃라인을 나타낼 수 있다.
복합		가로, 세로, 사선 등을 섹션마다 다르게 활용하는 사례 필요한 곳에 필요한 이미지를 만들기 위해 혼합하여 활용 한번 기본슬라이스를 활용하고 다른 방향으로 뒤집어서 활용하는 방법 등이 있지만 슬라이스를 조합했을 때는 반대쪽에 시술할 때 동일한 각도가 실행되지 않으므로 주의가 필요하다.

2. 오버다이렉션 & 논 다이렉션

모발 한 패널을 앞으로 뒤로 원하는 방향으로 당겨서 커트하는 테크닉을 오버다이렉션 이라고 하며, 당겨지는 방향에 의해서 모발의 길이가 남는다.

가이드를 설정한 후에 패널을 원하는 만큼 길이가 발생한다.

가이드를 향해서 멀면 멀수록 길이가 길어진다.

또한, 슬라이스 한 가운데로 패널을 당기는것을 논 다이렉션 이라고 한다.

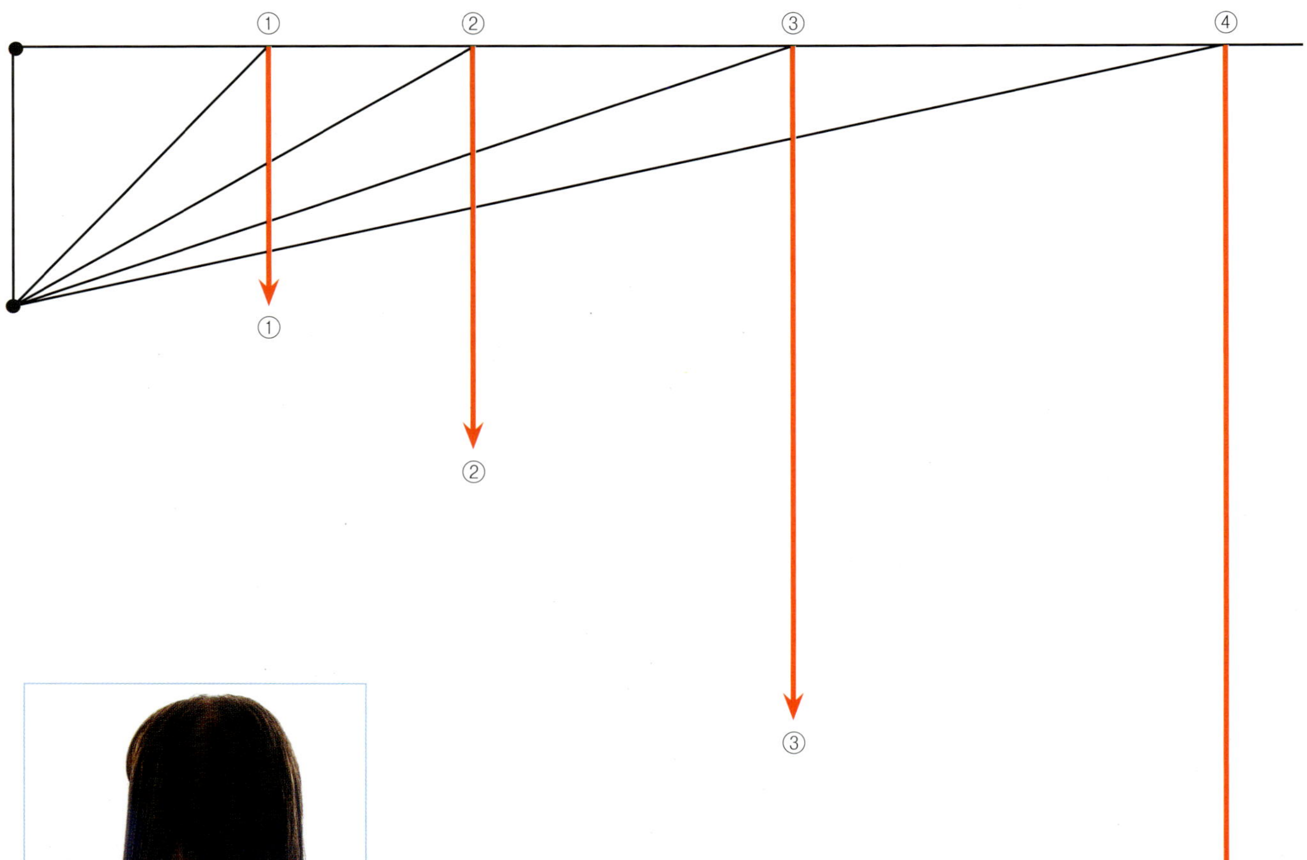

인크리스레이어 시술시 많이 활용

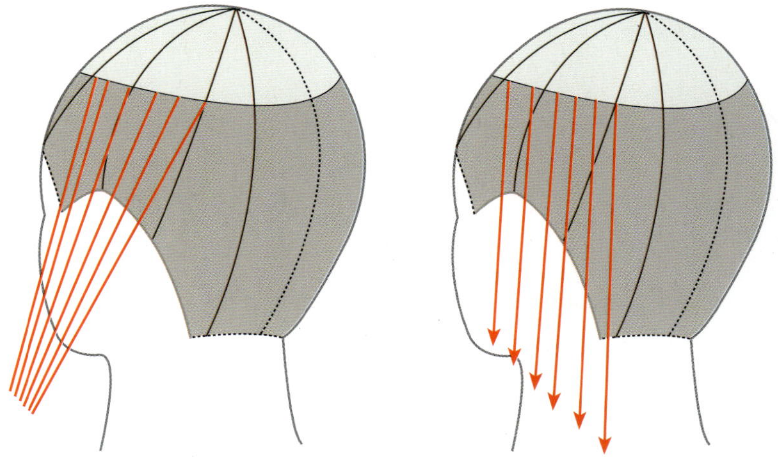

전방 오버 다이렉션

그래쥬에이션 시술시 많이 활용

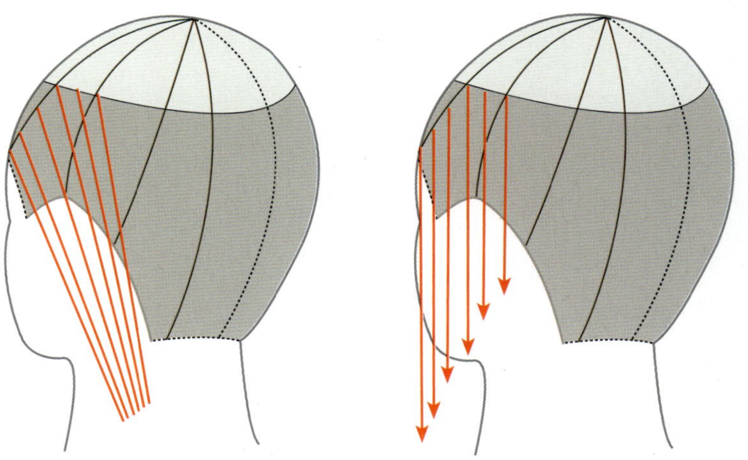

후방 오버 다이렉션

앞머리 시술시 많이 활용

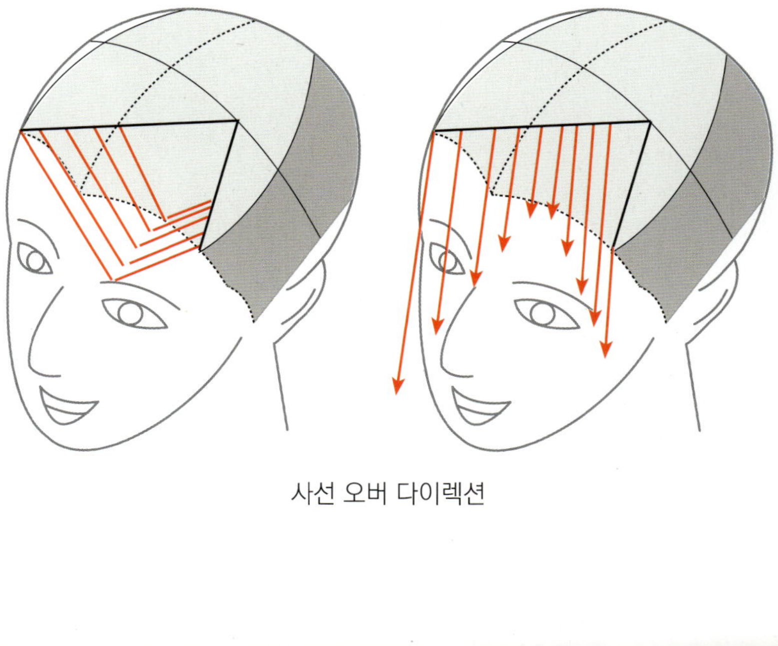

사선 오버 다이렉션

그래쥬에이션 1

목선이 보이고 부드러운 볼륨이 표현되고 뒷손질이 편한 기본형 그래쥬에이션 1

B.P에서 9cm의 길이가이드를 설정하여 자연시술각 45°로 시술하고 G.P아래는 자연시술각 90°로 C.L쪽으로 베이스를 이동하여 시술하고 G.P윗부분에는 G.P에서 일반시술각 90°로 시술한 그래쥬에이션형

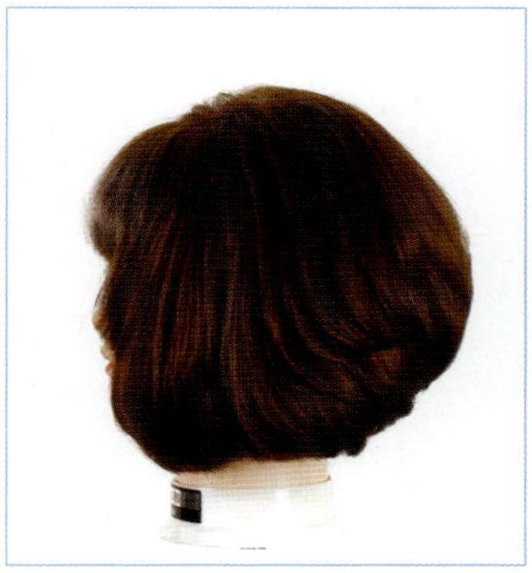

시술방법

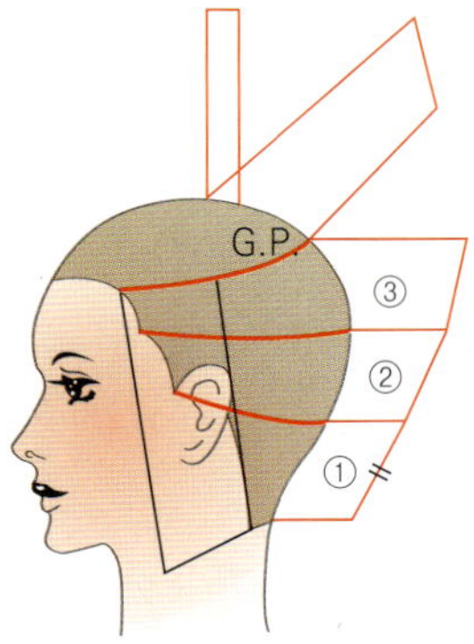

1. U라인 브록킹을 시술한다(U라인 브록킹을 시술하면서 모질, 모량, 모류 등을 파악하여 고객에게 맞는 헤어스타일을 디자이너가 먼저 결정한 후 스타일을 제안하여 OK하면 시술한다).
2. ①선에 해당하는 A라인 형태선을 만든다. 일직선을 먼저 시술한 후 중심축에서 B.P에서 9cm를 설정하여 자연시술각 45°로 커트하여 짧은 길이와 일직선에 온 긴 길이를 연결한다.
3. ②선에서 A라인 슬라이스를 나눈 후 중심축에서 자연시술각 45°로 시술하고 나머지 부분은 베이스를 C.L쪽으로 이동하며 A라인의 흐름을 만든다.
4. 3선에서 두상이 함몰되어 있기 때문에 자연시술각 70°로 시술한다. 다음 판넬부터는 C.L쪽으로 이동하며 시술한다. 여기까지 A라인의 형태선을 다듬는다.
5. S.C.P에서 옆선의 길이를 설정한 후 뒷선과 연결한다.
6. 후상부부분은 G.P에서 일반시술각 90°(일반시술각 70°)로 시술한 후 모발이 떨어지는 부분에서 자연시술각 90°로 다시 한 번 체크한다.

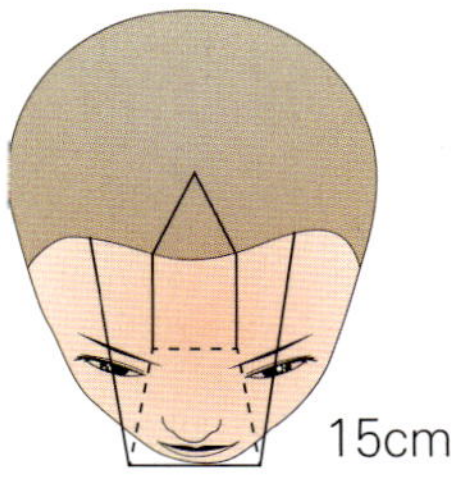

7. 앞머리 표정 만들기

영역 나누기를 먼저 한다.
긴 길이를 설정한다(F.S.P에서 15cm 길이 결정).
짧은 길이를 설장한다(중심축에서 삼각형).
5~7cm 정도 더 짧게 설정한다.
긴 길이, 짧은 길이를 연결한다.

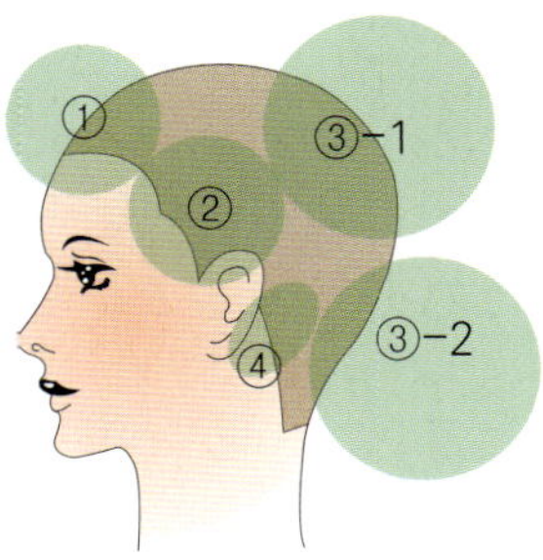

8. 쳐내기

① 앞머리 표정 만들기 → 모발 끝부분에 라인틴닝
② 옆선만들기 → 모발 끝 부분에 라인틴닝
③-1. 중심축잡기와 볼륨과 입체감 만들기. 이너그라데이션 틴닝
③-2. 모량제거와 형태선 확인. 이너레이어 틴닝
④방향성 제시 - 귓바퀴 방향으로 모발의 흐름을 주기 위한 루트틴닝, 이너레이어틴닝을 시술한다.

형태선 만들기

① 시술전의 상태
② U라인 브록킹을 나누고 일직선을 커트한 후 내리막길에 A라인 슬라이스를 나눈 후 길이가이드를 9cm 설정한다.
③ 밑 길이가 짧아지도록 모발에 제일 윗길이가 자연시술각 45°가 되게 시술한다.
④ 슬라이스와 평행하게 하여 가운데 모발은 시술각이 들려지고 양쪽에 모발이 길어지는 A라인 형태선을 만든다.
⑤ 반대쪽도 동일한 방법으로 슬라이스하여 시술한다.

1선

① 2선에 A라인 슬라이스를 나눈 후 윗모발에 대해 자연시술각 45° 판넬을 잡아 중심축에 길이 가이드를 설정한다.
② 자연시술각 45°로 빗질하고 가위가 들어가는 방향도 45°로 들어가서 시술한다.
③ 슬라이스는 세로로 한 판넬을 뜨고 베이스는 C.L쪽으로 이동하여 시술한다.
④⑤ 첫 번째 시술했던 중심부의 길이 가이드에 맞추어서 다음 판넬로 C.L쪽으로 베이스를 이동하여 시술한다.

후중부

① 두상이 함몰된 이 부분에서는 중심축에서 세로로 판넬을 떠서 자연시술각 70°가 되게 시술한다.
② 베이스를 C.L쪽으로 이동하여 중심의 가이드에 맞추어서 자연시술각 70°로 시술한다.
③ 반대쪽도 동일한 방법으로 시술한다.
④ 베이스를 이동하여 A라인의 길이가 만들어진다.
⑤ 시술해 놓은 상태이다.

∩ 형태선 다듬기

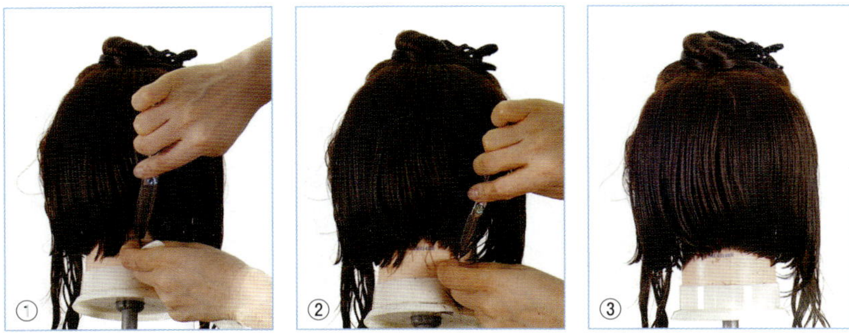

① 틴닝으로 길이를 먼저 3번에 나누어 혼합한다.

② 커브가위를 이용하여 위에서 아래를 향해 라인을 다듬는다.

③ 시술해 놓은 상태이다.

옆선

① 원하는 옆선의 길이가이드를 설정한다.

② 뒷 선과 옆선을 연결하여 낫칭으로 시술한다.

③ 반대쪽에 길이가이드에 다른 쪽 길이를 설정한다.

④ 뒷 선과 옆선을 낫칭으로 연결한다.

⑤ 옆선까지 시술이 된 상태이다.

후상부

① G.P에서 일반시술각 90°가 되게 시술한다.

② 다음 판넬로 G.P의 일반시술각 90°가 되게 시술한다(전체적인 각도의 느낌은 일반시술각 70°가 된다).

③ 똑바른 수직으로 당기면 20cm의 길이가 된다.

④ 두상 윗부분에서 면에 대한 90°로 시술한다.

⑤ 앞머리의 모발은 일반시술각 90°로 시술한다.

앞머리

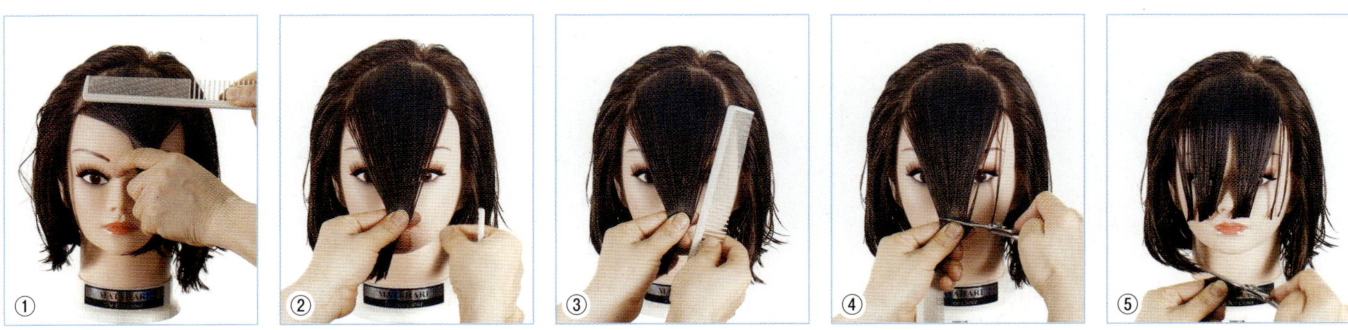

① 앞머리 영역을 결정한다.

② 앞머리 영역에 해당하는 모발을 코를 향해 빗질한다.

③ F.S.P에서 15cm정도의 길이가이드를 설정한다.

④ 그 길이에 맞추어서 일직선으로 시술한다.

⑤ 당긴 만큼 양쪽이 길고 중심부가 살짝 짧은 형태가 표현된다.

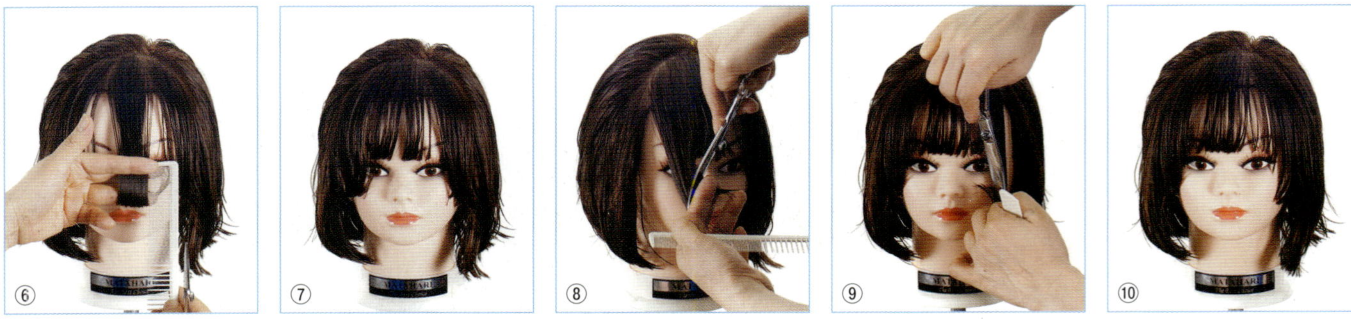

⑥ 짧은 길이를 설정한다.(중심축에서 삼각으로 5cm가 되게 한다)

⑦ 짧은 길이를 일직선으로 시술해 놓은 상태이다.

⑧ 짧은 길이와 긴 길이를 연결한다. 짧은 길이 0.5cm길이와 긴 길이에서 형태선을 남긴 길이를 남기고 1cm만 선택하여 연결하는 것이 중요하다.

⑨ 반대쪽도 짧은 모발과 긴 모발을 연결한다.

⑩ 앞머리와 옆선의 모발을 연결해 놓은 상태이다.

쳐내기

① 앞머리에 라인틴닝을 시술한다.

② 판넬을 평면으로 그대로 끌어당겨서 수직의 판넬을 잡고 윗모발이 길고 아래모발이 짧게 하기 위해 틴닝을 사선으로 넣어 시술한다.

③ 윗모발이 짧고 아랫 모발이 길게 틴닝을 사선으로 넣고 모량을 조절하여 쳐내기를 한다.

④ 옆선에도 빗질을 모발이 떨어지는대로 하여 겉모발이 길고 속모발이 짧게 틴닝을 사선으로 넣어 C커브로 빼내면서 시술한다.

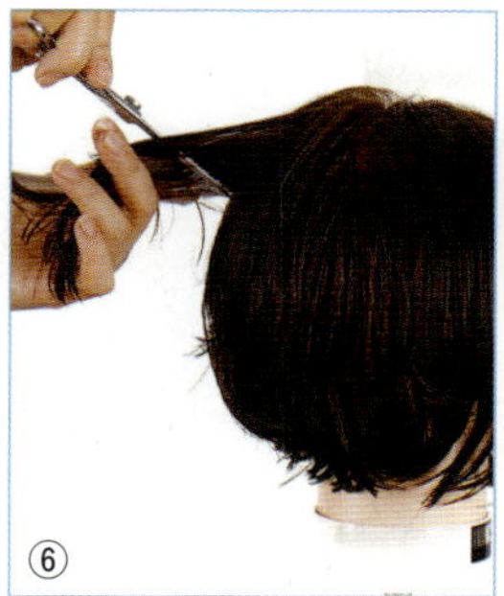

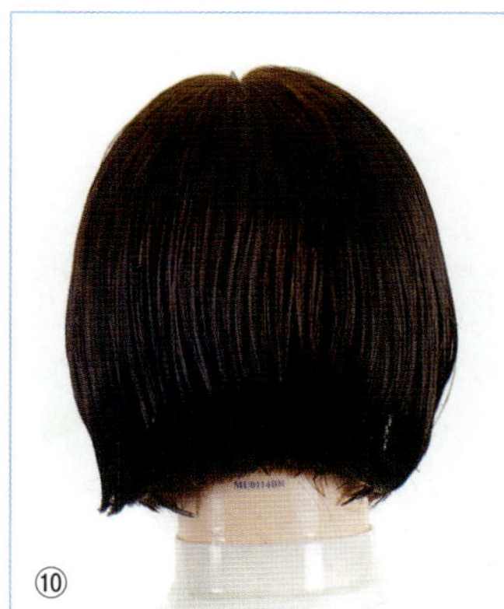

⑤ 반대쪽도 동일하게 시술한다.

⑥ 중심축에서 윗모발이 길고 아래모발이 짧게 이너그라데이션틴닝을 넣는다.

⑦ 중심축에서 다음 판넬로 이너그라데이션틴닝을 넣는다.

⑧ 모량을 제거하기 위해 이너레이어틴닝을 넣는다. 중심축에 3판넬을 넣으면 모량조절을 한다.

⑨ 시술종료. 앞머리

⑩ 시술종료. 뒷머리

그래쥬에이션 2

목선이 보이고 볼륨이 있어 뒷손질이 편한 기본형 그래쥬에이션 2

그래쥬에이션의 기본형 1번과 시술방법은 비슷하나 앞머리표정과 옆선의 느낌을 다르게 한 그래쥬에이션형

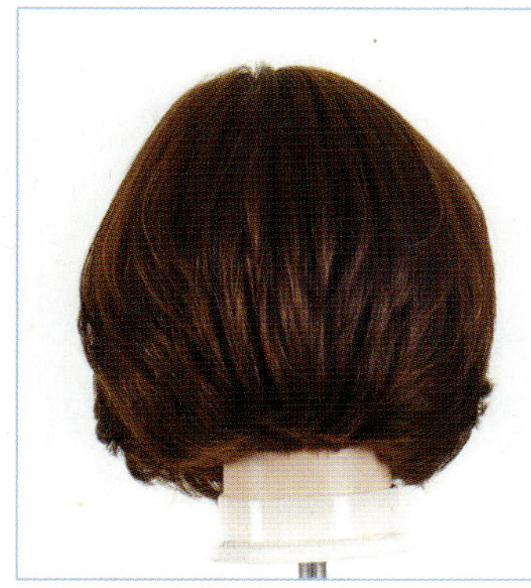

시술방법

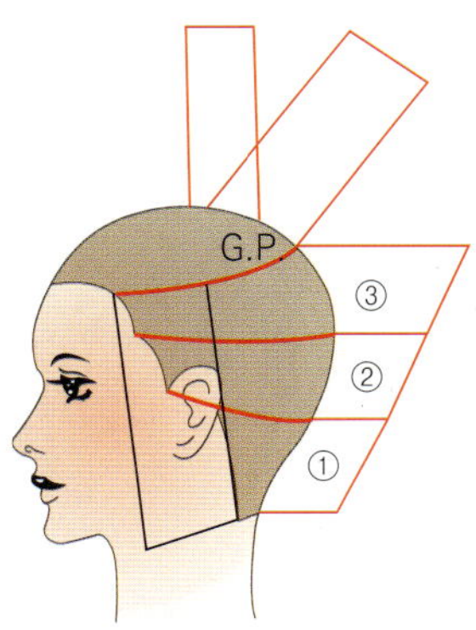

1. U라인 브록킹을 시술한다(U라인 브록킹을 시술하면서 모질, 모량, 모류 등을 파악하여 고객에게 맞는 헤어스타일을 디자이너가 먼저 결정한 후 스타일을 제안하여 OK하면 시술한다).
2. ①선에 해당하는 A라인 형태선을 만든다. 일직선을 먼저 시술한 후 중심축에서 B.P에서 9cm를 설정하여 자연시술각 45°로 커트하여 짧은 길이와 일직선에 온 긴 길이를 연결한다.
3. ②선에서 A라인 슬라이스를 나눈 후 중심축에서 자연시술각 45°로 시술하고 나머지 부분은 베이스를 C.L쪽으로 이동하며 A라인의 흐름을 만든다.
4. 3선에서 두상이 함몰되어 있기 때문에 자연시술각 70°로 시술한다. 다음 판넬부터는 C.L쪽으로 이동하며 시술한다. 여기까지 A라인의 형태선을 다듬는다.
5. S.C.P에서 옆선의 길이를 설정한 후 뒷선과 연결한다.
6. 후상부 부분은 G.P에서 일반시술각 90°(일반시술각 70°)로 시술한 후 모발이 떨어지는 부분에서 자연시술각 90°로 다시 한 번 체크한다.

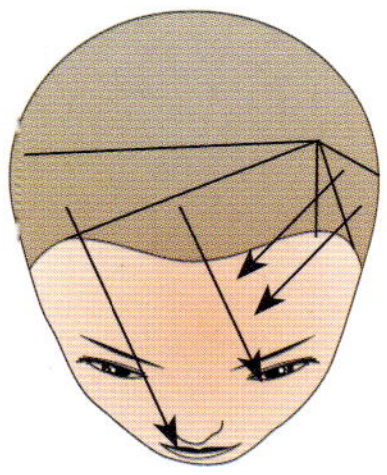

7. 앞머리 표정 만들기

영역나누기를 먼저 한다(가르마를 탄 후 사선 슬라이스로 나눈다. F.S.P에서 가이드를 설정하여 슬라이스와 평행하게 하여 낫칭한다. 반대쪽도 가이드에 맞추어 시술한다).

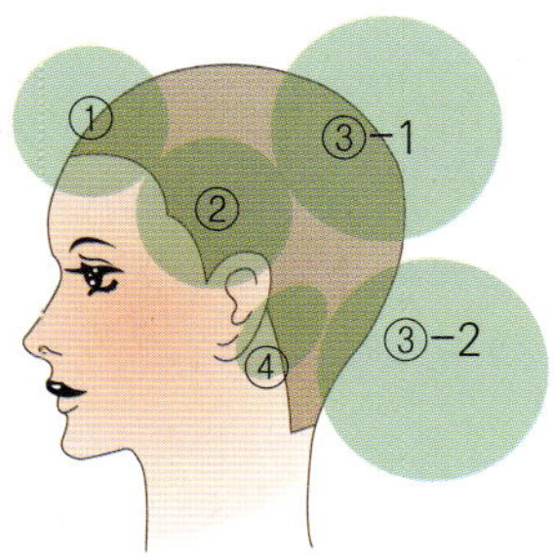

8.쳐내기

① 앞머리 표정 만들기 → 모발 끝부분에 라인틴닝

② 옆선만들기 → 모발 끝 부분에 라인틴닝

③-1. 중심축잡기와 볼륨과 입체감 만들기. 이너그라데이션 틴닝

③-2. 모량제거와 형태선 확인. 이너레이어 틴닝

④방향성 제시 - 귓바퀴 방향으로 모발의 흐름을 주기위한 루트틴닝, 이너레이어틴닝을 시술한다.

U블로킹 타기, 모류보정, 일직선 형태선 만들기

① N.P의 5cm이하는 모류와 모량조절을 하여 모발이 일직선으로 표현될 수 있는 기초 작업을 시술한다.

② 반대쪽도 동일한 방법으로 모류보정을 시술한다.

③ 두상이 함몰된 부분에서부터는 아래 빗살이 보이게 밀착하여 빗질하다가 원하는 길이가이드에서는 윗 빗살이 보이게 수평을 잡고 빗과 가위로 수평이 되게 시술한다.

④ 양쪽은 베이스를 중심축으로 이동하여 일직선을 시술해야 곡면이 들어간 만큼 길게 되어 일직선이 표현된다.

⑤ 일적선의 형태를 시술해 놓은 상태이다.

A라인 형태선 만들기

① 내리막길에서 길이가이드를 먼저 설정한다(8, 9cm).

② 윗모발에서 일반시술각 90°가 되게 빗질하여 아랫모발을 커트한다.

③ 중심축에 짧은 모발과 일직선에서 설정한 가이드와 연결한다.

④ 반대쪽도 중심축에 짧은 길이와 긴 길이를 연결한다.

⑤ 두상에 수직인 부분에 일반시술각 90°; 자연시술각 45°로 두상이 함몰된 대로 빗질하여 아랫모발의 길이와 연결한다.

⑥⑦ 베이스를 C.L쪽으로 당겨서 시술한다.

⑧ 뒷부분에 시술을 해 놓은 상태이다.

미들섹션, 형태선 정리

① 두상이 함몰된 부분은 아랫부분의 자연시술각 70°도 손가락 각도로 70°가 되게 시술한다.
② C.L쪽으로 베이스를 이동하여 중심축과 동일한 방법으로 시술한다.
③ 형태선을 A라인으로 마무리하기 위해 먼저 틴닝으로 길이를 혼합한다.
④ 틴닝으로 길이를 혼합한 후 커브가위로 A라인을 만든다.
⑤ 형태선을 마무리한 뒷모습이다.

옆선 만들기

① S.C.P에서 길이가이드 17cm를 설정한다.
② 길이가이드를 위에서 아래를 향해 도려낸다.
③ 뒷선에서 나온 가이드와 S.C.P의 가이드를 연결한다.
④ A라인의 형태를 시술해 놓은 상태이다.

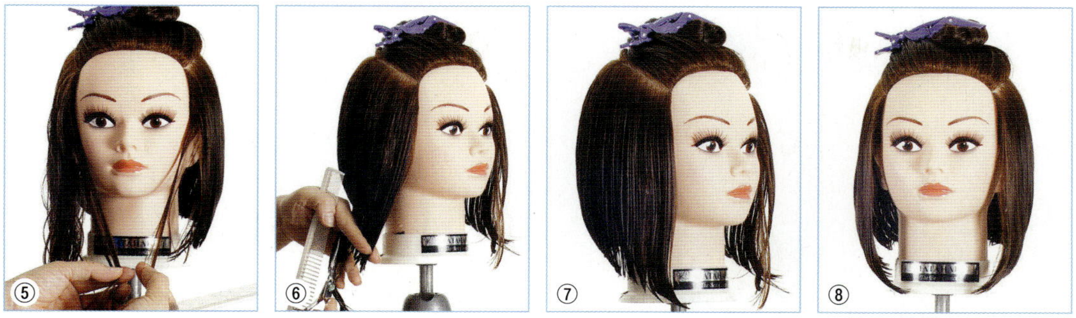

⑤ 반대쪽도 길이가이드를 설정한다.

⑥ 뒷선과 옆선의 길이가이드를 설정한다.

⑦⑧ G.P아래에 모발이 떨어지는 전체적인 형태의 시술이 끝난 상태이다.

앞머리 만들기

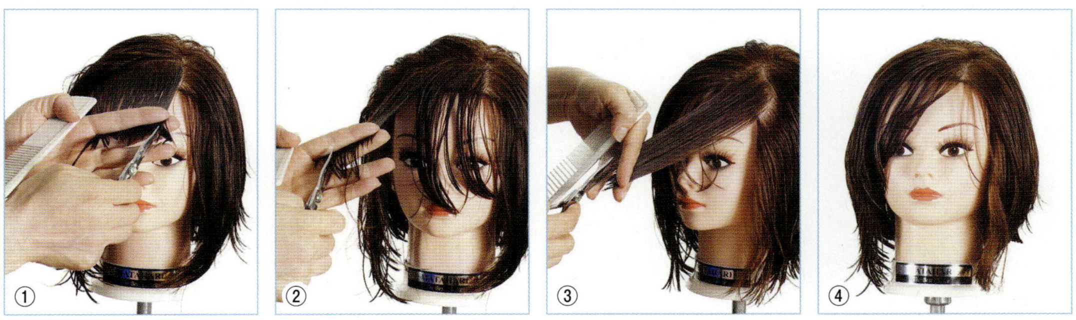

① 가르마를 나눈 후 사선슬라이스를 타고 슬라이스와 평행하게 하여 낫칭으로 시술한다.

② 다음 판넬을 앞쪽으로 빗질하여 밑모발과 낫칭으로 연결한다.

③ 반대쪽에 모발을 가져와서 가르마의 길이가이드와 연결한다.

④ 앞머리의 시술이 종료된 상태이다.

후상부

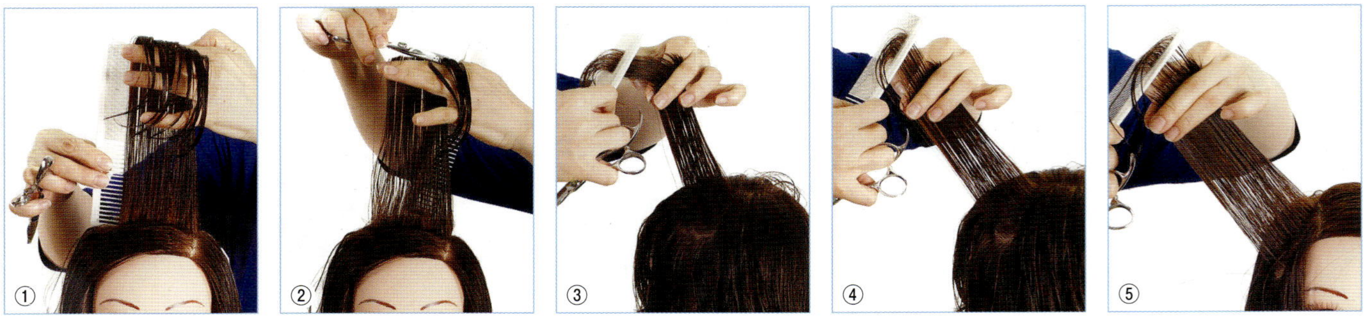

① 두상이 제일 튀어나온 부분에서 20cm 길이가이드를 선정한다.
② 설장한 길이가이드에 맞추어서 시술한다.
③ G.P까지 설정했던 길이가이드와 튀어나온 부분에서 설정한 길이가이드를 연결한다.
④ 중심축에 시술각에 해당하는 3개의 판넬은 동일한 방법으로 시술한다.
⑤ G.P의 아래모발과 윗부분에서 떨어진 모발과 연결한다.

쳐내기, 앞머리 질감, 옆머리 질감

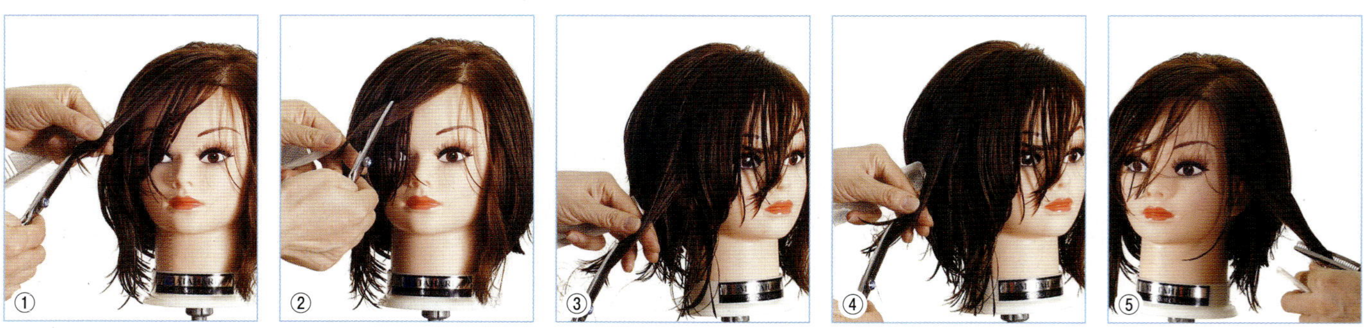

① 모발 끝 6cm에서 엄지로 모발을 앞쪽으로 밀어서 틴닝을 사선으로 넣어 C커브를 만들면서 모발을 뺀다.
② 다음 판넬도 윗부분이 짧게 틴닝을 넣어 모발을 빼내면서 모량조절을 한다.
③ 옆선과 모발 끝에 라인틴닝을 시술하여 머리카락 표정만들기를 한다.
④ 엄지도 모발을 앞쪽으로 밀고 틴닝을 시선으로 넣어 C커브를 그리면서 모발을 빼내고 모량조절을 한다.
⑤ 반대쪽도 동일한 방법으로 시술한다.

중심축 질감

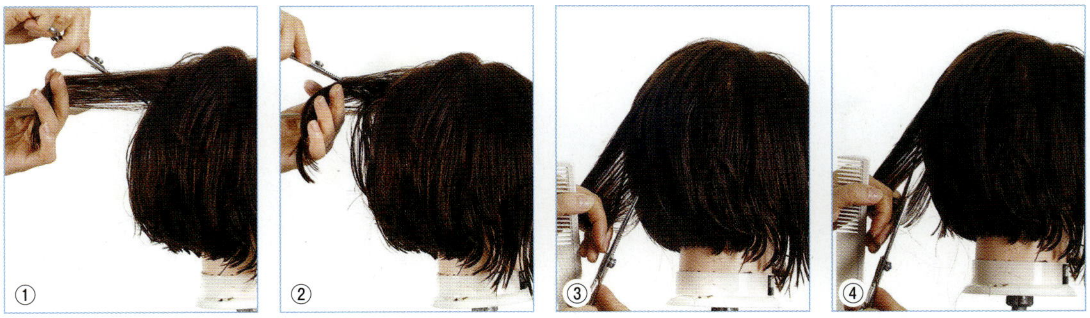

① 중심축에서 언더섹션에 해당하는 모발을 제외하고 이너그라데이션틴닝을 넣는다. 밑모발은 1cm, 윗모발 9cm가 되게 시술한다.

② 중심축에 세로 3판넬 시술각에 관여하는 모발은 모두 이너그라데이션 틴닝을 넣는다.

③ 모량제거를 위해 이너레이어틴닝을 넣는다.

④ 틴닝을 밑모발은 길고 윗모발을 짧게 하여 사선으로 넣고 이너레이어틴닝을 넣는다.

방향성 제시

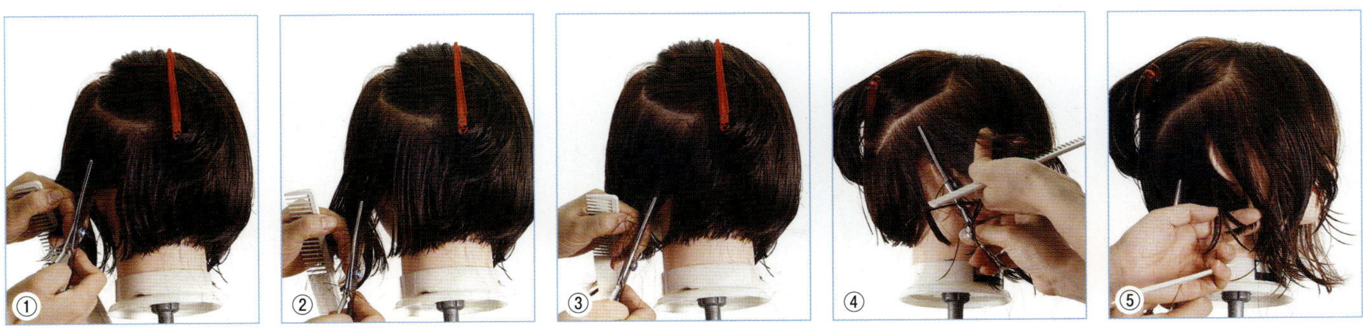

① 중심축에서 역삼각형의 모발을 핀셋으로 고정하고 밑모발을 앞쪽으로 당겨서 앞모발이 짧고 뒷모발이 길어지게 틴닝으로 시술한다.

② 모발을 앞쪽으로 당겨서 3번에 나누어 틴닝을 사선으로 넣는다.

③ 모발 끝부분에 또 다시 틴닝을 사선으로 넣어 시술한다.

④⑤ 반대쪽도 동일한 방법으로 시술한다.

시술종료

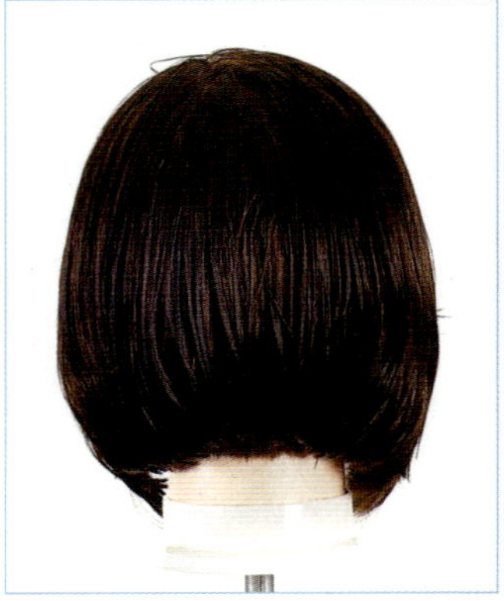

그래쥬에이션 3

목선이 보이고 볼륨이 있어 뒷손질이 편한 기본형 그래쥬에이션 3

두상영역 나누기를 하여 길이의 변화와 슬라이스를 이용해 쉽고 빠르게 진행한 그래쥬에이션

시술방법

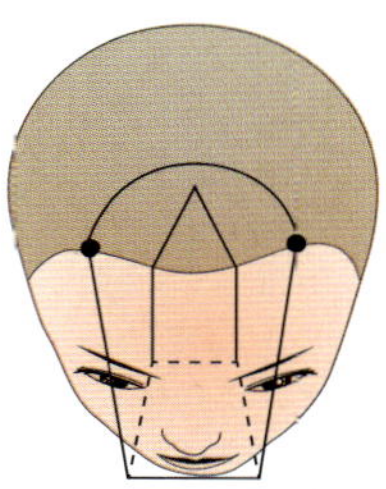

1. 앞머리 표정 만들기

① 영역 나누기를 한다.

② F.S.P~F.S.P까지 중심으로 빗질하여 긴 길이 15cm를 설정하여 일직선으로 커트한다.

③ 중심축에서 삼각형으로 판넬을 떠서 짧은 길이를 설정한다.

④ 긴 길이와 짧은 길이를 연결한다.

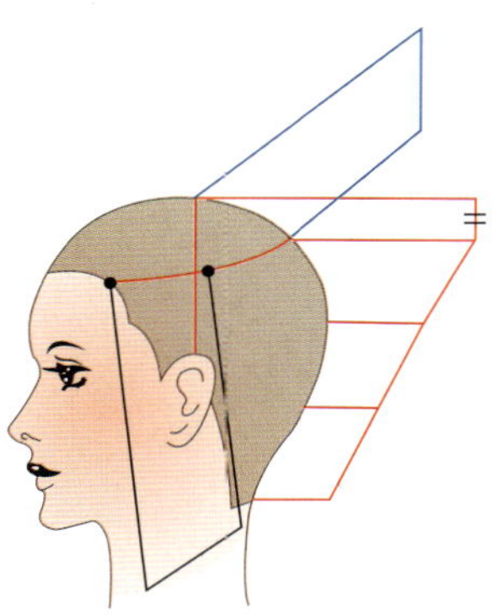

2. 옆선 만들기

S.C.P에서 17cm 길이가이드를 설정한다. 측두부의 영역을 전대각으로 빗질하여 시술한다.

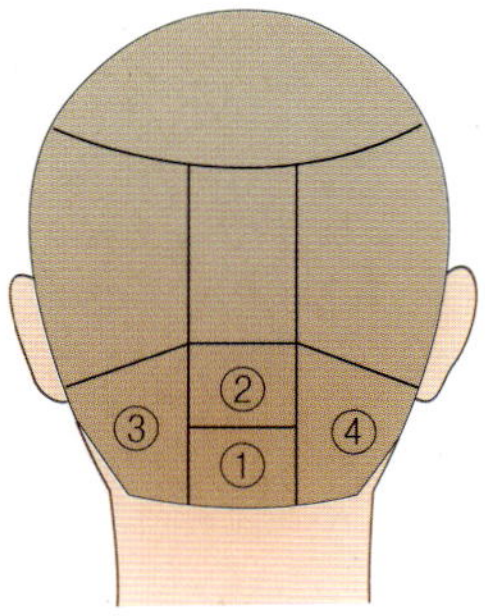

3. 중심축과 후하부에서 ∩ 라인의 형태선을 만들기 위해 짧은 길이를 설정한다. ①에서 길이를 설정한 후 시술각을 들어서 시술하고 그 가이드에 맞추어 ②의 모발을 내려서 ①번의 길이가이드에 맞추어 낫칭한 후 ③과 연결하여 A라인을 만든다. ③번을 시술한 후 반대쪽도 동일한 방법으로 ④번을 시술한다.

4. 후중부 중심축에 시술각 결정

두상이 함몰된 오르막길을 세로로 판넬을 떠서 중심축에서 판넬의 제일 밑모발은 자연시술각 90°, 전체적인 각도는 자연시술각 70°가 되게 시술한다. 그런 다음 판넬을 C.L쪽 베이스를 이동하여 시술한다.

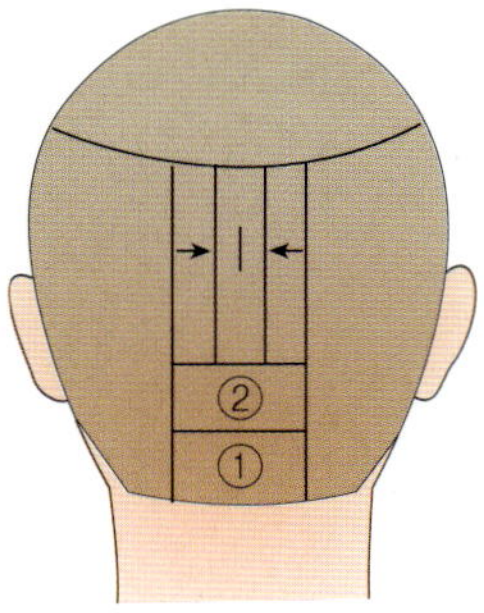

5. 후상부

· 길이가이드 : G.P
· 슬라이스 : ①②③세로, ④⑤연결
· 베이스 : 온더베이스
· 시술각 : 자연시술각 90°, 일반시술각 45°

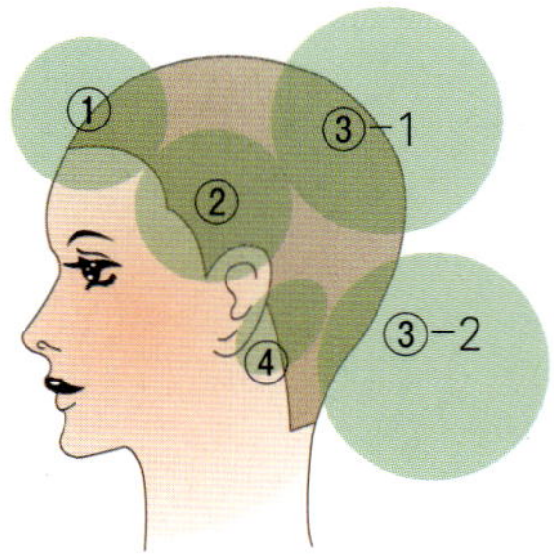

6. 쳐내기

① 앞머리 표정 만들기 → 모발 끝부분에 라인틴닝
② 옆선만들기 → 모발 끝부분에 라인틴닝
③-1 중심축잡기와 볼륨과 입체감만들기 이너그라데이션 틴닝
③-2 모량제거와 형태선 확인 이너레이어 틴닝

앞머리

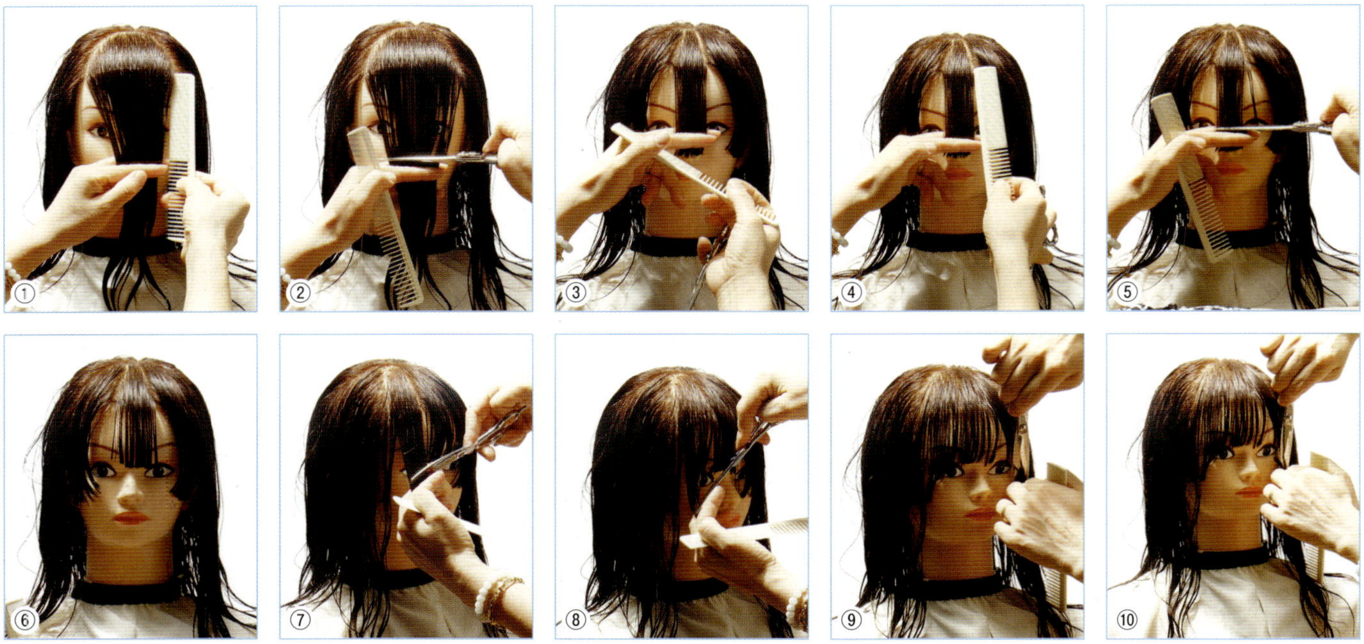

① 전두부 영역 나누기를 하여 F.S.P에서 15cm 길이가이드를 설정한다(긴 길이 결정).

② 가위를 수평으로 하여 일직선을 시술한다.

③ 다시 짧은 길이를 설정한다(속에서 삼각으로 4cm판넬을 떠서 빗질한다).

④ 짧은 길이가이드 7cm를 설정한다.

⑤ 코 등에다 손가락을 지지하고 7cm 일직선을 시술한다.

⑥ 긴 길이 결정해서 시술하고 짧은 길이 결정해서 시술해 놓은 상태이다.

⑦ 짧은 길이와 긴 길이를 연결한다.

⑧ 이때 길이가이드는 0.5cm와 밑모발의 가이드는 충분히 남긴 후에 연결한다.

⑨ 반대쪽도 긴 길이와 짧은 길이를 연결한다.

⑩ 이때 커브가위를 연결하면 쉽게 연결되고 모발의 연결이 자연스럽다.

옆선만들기

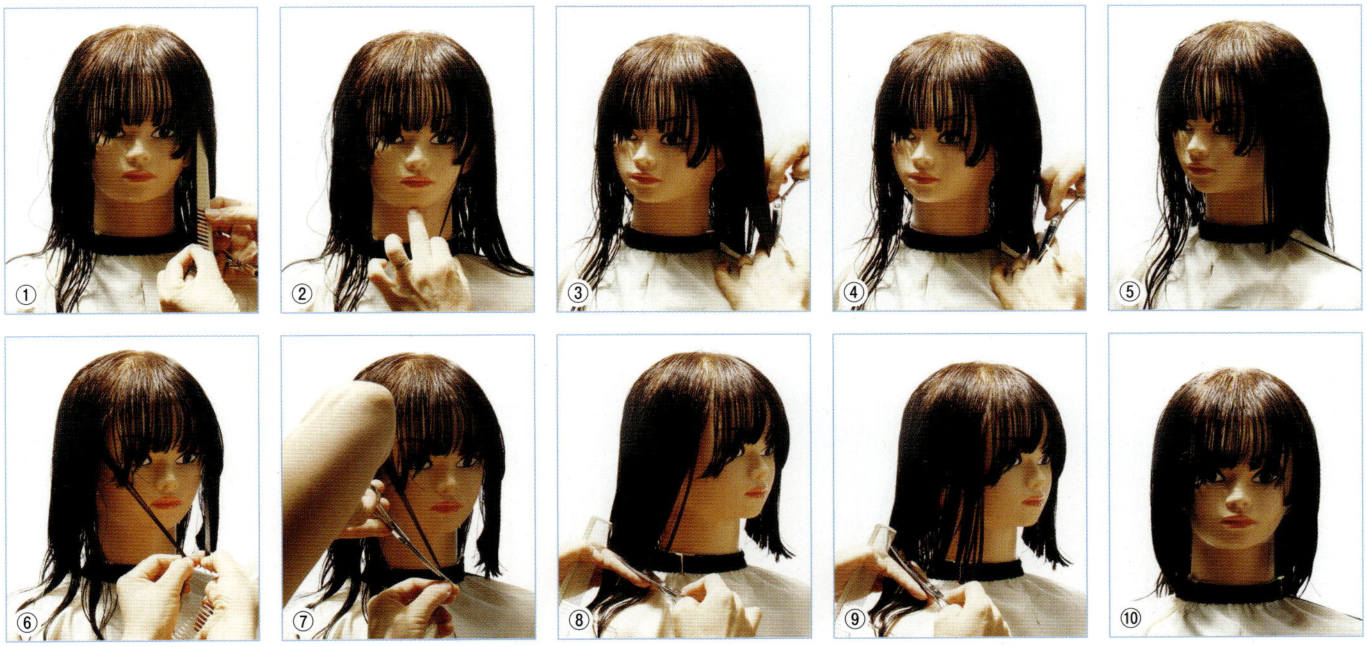

① 축두부에 옆선의 길이가이드를 S.C.P에서 17cm를 정한다.

② 가이드는 모발 위에서 아래로 커트한다. 17cm는 중심에 손가락을 맞출 때 5cm정도로 된다.

③④ 전대각슬라이스로 앞모발이 길고 뒷모발이 짧게 하여 커브가위로 연결한다.

⑤ 옆선을 시술해 놓은 상태이다(길이의 변화로 옆선의 이미지를 결정하면 쉽게 헤어스타일을 복제할 수 있다).

⑥ 반대쪽 S.C.P의 모발을 시술해 놓은 가이드에 중심에 당겨서 맞춘다.

⑦ 길이가이드는 가위가 위에서 아래를 향해 커트한다.

⑧ 커브가위를 위에서 아래로 시술하면 커트의 흐름이 생긴다. 여기에서는 빗질한 대로 전대각에 맞추어서 시술한다.

⑨ 전대각 슬라이스로 시술해 놓은 상태이다.

⑩ 전두부, 측두부까지 시술이 끝난 상태이다.

중심축과 형태선 만들기

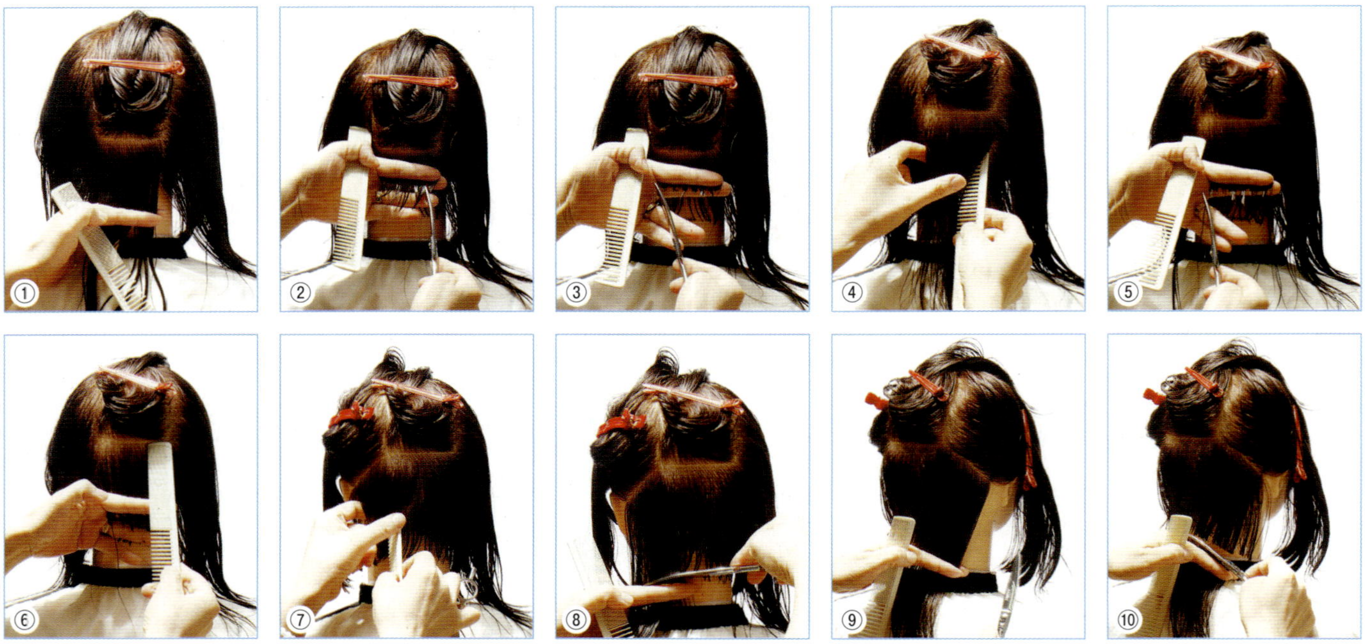

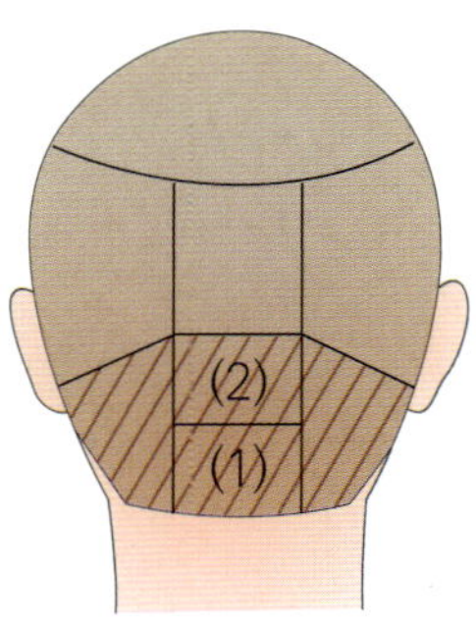

① 중심축에서 (1)번의 판넬을 떠서 길이가이드를 설정한다.
② 슬라이스와 평행하게 손가락을 들어서 낫칭으로 시술한다.
③ 이때 가운데 손바닥이 보이게 하여 시술한다.
④ (2)에 해당하는 중심부의 판넬을 뜬다.
⑤ 아래 슬라이스 판넬에 손가락을 내려서 시술한다.
⑥ 이때 모발의 길이가 8~9cm를 형성한다.
⑦ E.B.P까지 전대각으로 피팅을 나눈 후 슬라이스 판넬을 떠서 시술한다.
⑧ 전대각 형태선을 다시 한 번 시술한다.
⑨ 반대쪽도 E.B.P까지 전대각 슬라이스를 해서 판넬을 들어서 시술한다.
⑩ 아래 떨어진 모발은 다시 한 번 전대각을 확인한다.

중심축 시술각 결정

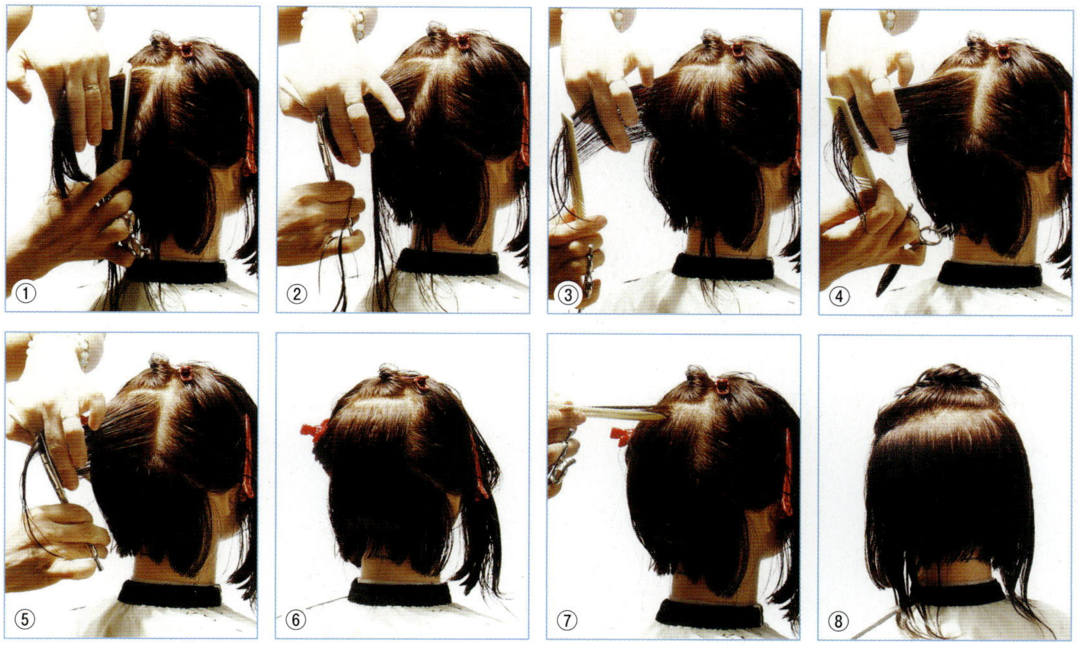

① 곡면이 함몰이 되어 있기 때문에 이곳은 세로로 판넬을 떠서 한 판넬의 맨 밑에 자연시술각 90°로 빗질한다.

② 한 판넬의 맨 밑 모발의 자연시술각 90°를 잡으면 자연시술각 70°의 상태가 된다.

③ C.L쪽으로 베이스를 이동시켜 손가락각도는 자연시술각 70° 판넬의 맨 밑 모발의 자연시술각 90°가 되게 시술한다.

④ 반대쪽에서도 C.L쪽으로 당겨서 빗질한다.

⑤ C.L쪽으로 당겨서 손가락각도 자연시술각 90° 되게 시술한다.

⑥ 중심축 시술각의 영역만 커트가 된 상태이다.

⑦ G.P의 길이가이드를 확인한다.

⑧ 중심축의 시술각의 필요한 곳에 헤어커트가 된 상태이다.

연결

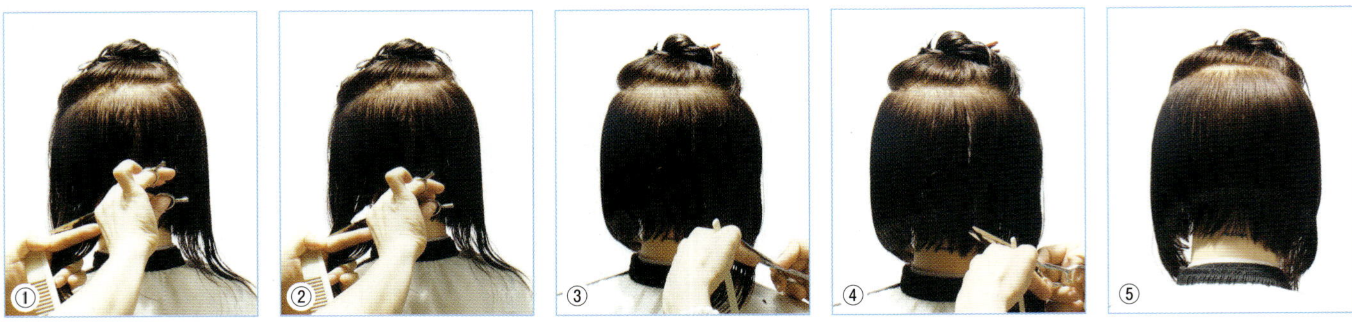

① 중심축에서 온 가이드와 E.B.P와 연결하여 ∩ 라인을 연결한다.
② 커브가위로 ∩ 라인의 흐름을 만든다.
③ 반대쪽도 동일한 방법으로 ∩ 라인의 흐름을 만든다.
④ 커브가위로 중심축과 E.B.P를 연결한다.
⑤ 시술이 종료된 상태이다.

후상부

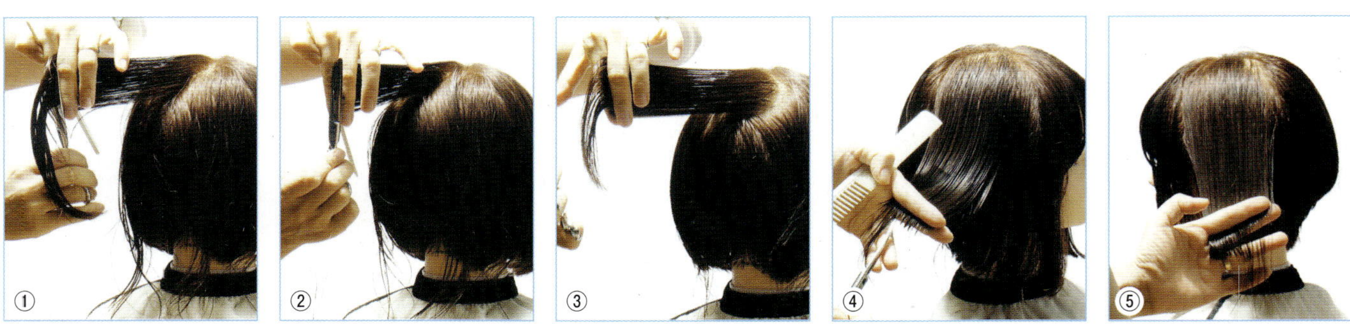

① G.P에서 면에 대한 자연시술각 90˚로 시술한다.
② 중심축에서 손가락이 수직이 되게 하고 일직선으로 시술한다.
③ 시술각에 해당하는 3판넬은 C.L쪽으로 당겨서 시술한다.
④ 옆선에 해당하는 모발과 연결하여 A라인을 만든다.
⑤ 반대쪽도 동일하게 시술한다.

쳐내기-앞머리

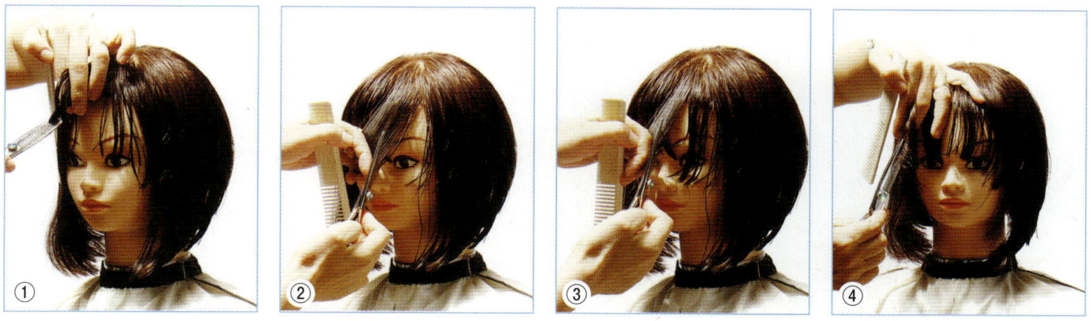

① 앞머리의 중심에서 삼각으로 판넬을 떠서 수직으로 판넬을 잡은 후 겉모발은 자르지 않고 속모발만 틴닝을 사선으로 넣어 C커브를 그리면서 뺀다.

② 중심에서 벗어난 긴 모발과 짧은 모발의 연결선 모발은 윗모발이 짧고 아랫모발이 길어지게 틴닝을 사선으로 넣고 C 커브를 그리면서 빼고 또 넣는다.

③ 다음 판넬도 ②번과 동일한 방법으로 시술한다.

④ 반대쪽도 윗모발이 짧고 아랫모발이 길게 틴닝을 넣어서 모량조절을 한다.

옆선 질감

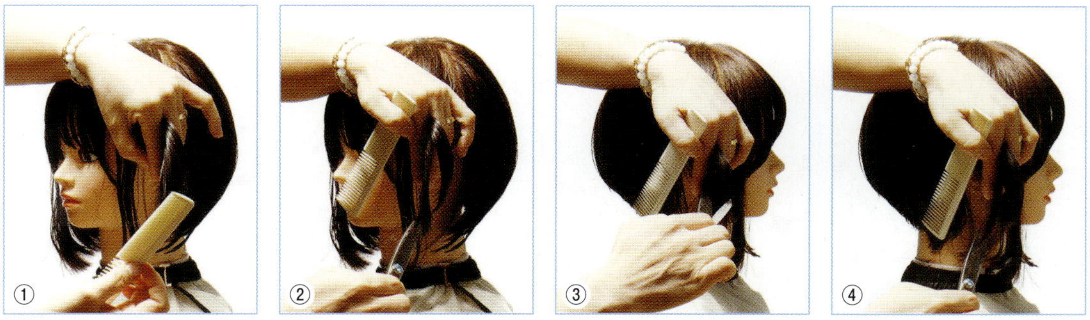

① 모발이 흐르는 대로 사선으로 판넬을 시술했던 각도에 맞추어 판넬을 잡는다.

② 판넬 3개로 나누어서 제일 윗모발은 빼고 두 번째 모발부터 윗모발이 길고 속모발이 짧아지게 틴닝을 그라데이션으로 넣는다.

③ 마지막에 남은 모발은 윗모발보다 틴닝을 더 넣는다.

④ 모량조절을 하여 모발의 무게를 없앤 후 반대쪽도 동일한 방법으로 시술한다.

중심축

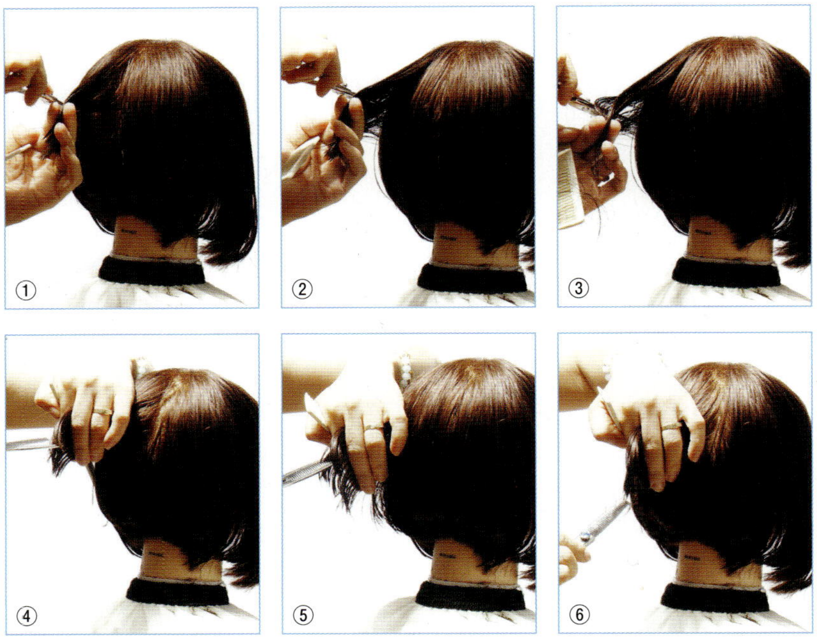

① 중심축잡기와 볼륨을 만들기 위한 이너그라데이션틴닝을 넣는다.

② 중심축에 있는 다음 판넬 또한 이너그라데이션틴닝을 넣는다.

③ 속에 모발은 한 번 더 틴닝을 넣어 모량조절을 한다.

④ 시술각도가 다르면 틴닝을 넣은 곳이 마팅하지 않는다.

⑤ 시술각도로 판넬을 짧아 5cm안쪽에 윗모발은 두고 아랫모발이 짧아지게 틴닝을 사선으로 하여 시술한다.

⑥ 중심축에 있는 모발이 뭉치는 부분에는 확인하여 라인틴닝을 시술한다.

형태선 마무리

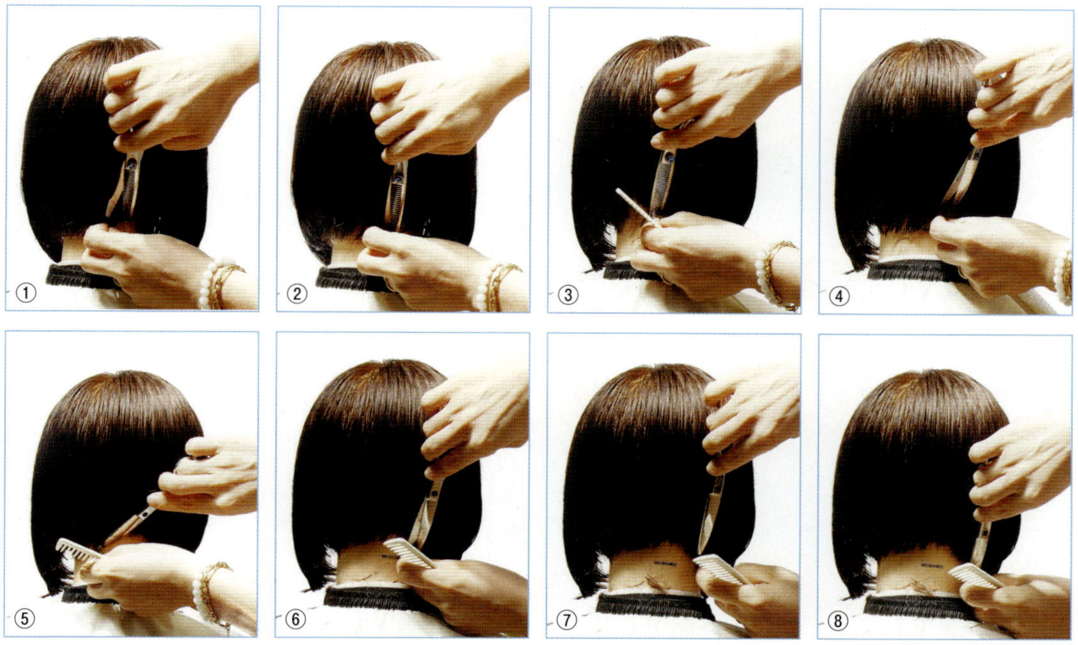

① 중심축에서 틴닝으로 길이를 혼합한다.

② 1cm를 중심축으로 이동하여 틴닝을 넣어 길이를 혼합한다.

③ 또 1cm를 중심축으로 이동하여 틴닝을 넣어 길이를 혼합한다.

④ 커브가위로 길이가이드를 설정한다. 이 때 모질이 두꺼우므로 위에서 아래로 길이가이드를 설정한다.

⑤ 반대쪽애 동일한 방법으로 틴닝으로 길이를 혼합한다.

⑥⑦⑧ 커브가위를 이용하여 ∩라인 형태선을 시술한다.

시술종료

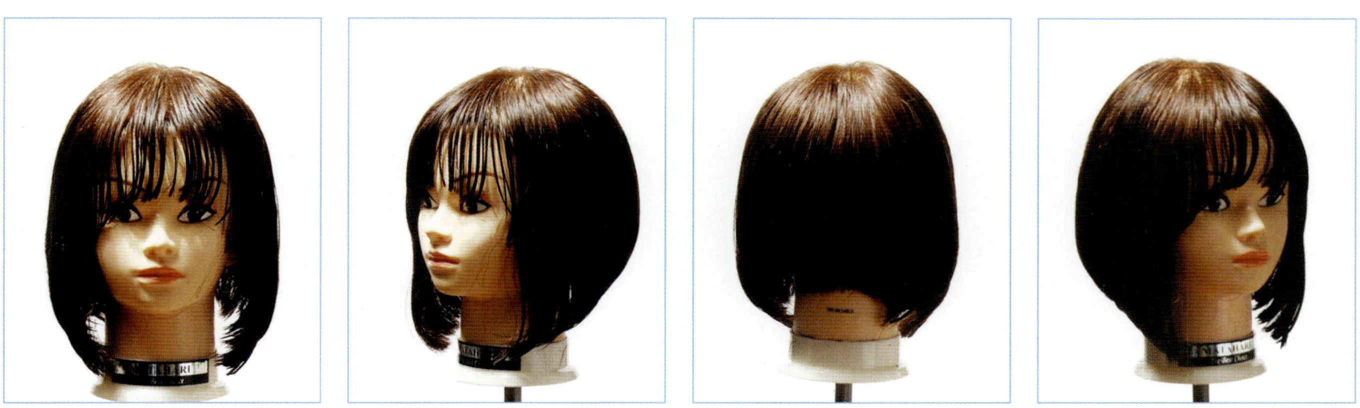

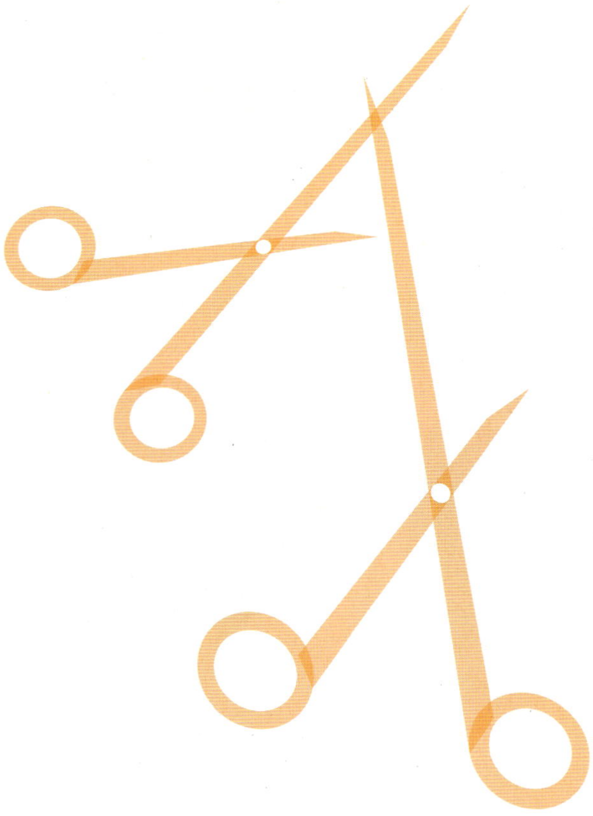

CHAPTER

05

쳐내기 방법 (그래쥬에이션)

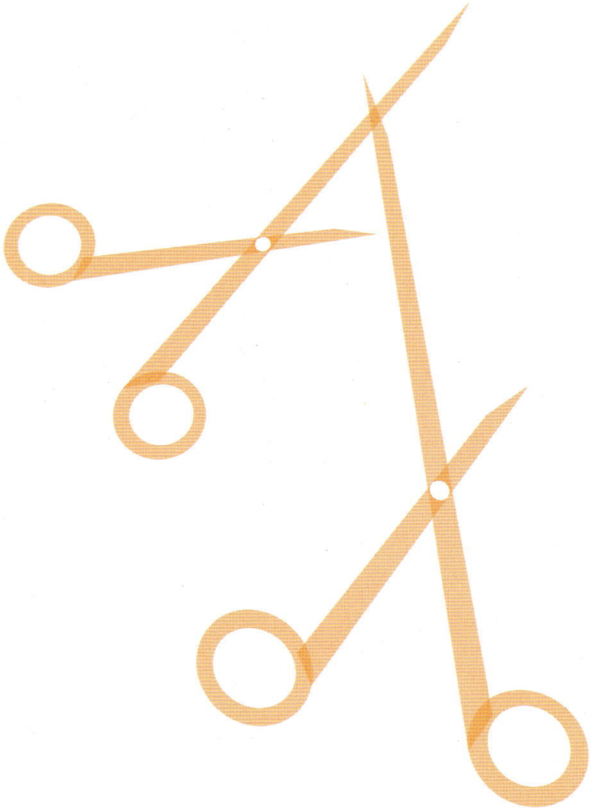

05 쳐내기 방법(그래쥬에이션)

1. 드라이 한 것처럼 뒷손질이 편한 쳐내기 방법

두상을 보정하기 위한 질감처리 방법

양감조절 (양이 있는 느낌) = 이너틴닝 영역
 모량을 죽여서 베이스가 되는 포름에 볼륨을 조절하거나 강약을 조절하는 것.
질감조절 (재질에서 받는 느낌) = 라인틴닝 영역
 모량을 줄이거나 모발 끝에 장단을 주어 모발에 공기감이나 모속감 모발 끝에 방향성을 주는 것.

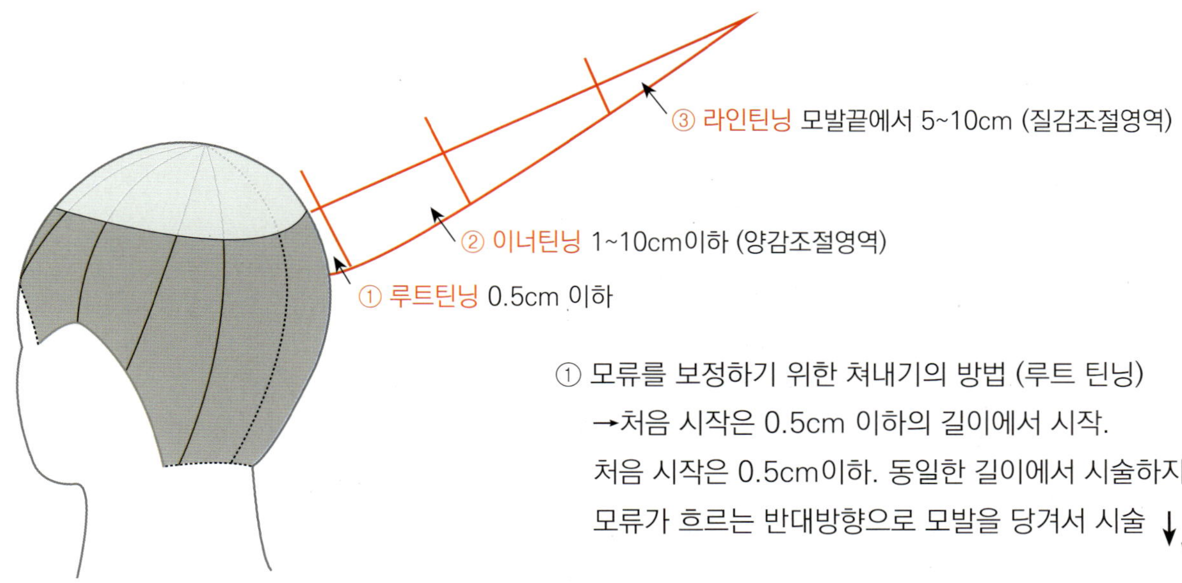

① 모류를 보정하기 위한 쳐내기의 방법 (루트 틴닝)
→처음 시작은 0.5cm 이하의 길이에서 시작.
처음 시작은 0.5cm이하. 동일한 길이에서 시술하지 말 것
모류가 흐르는 반대방향으로 모발을 당겨서 시술

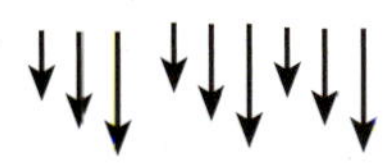

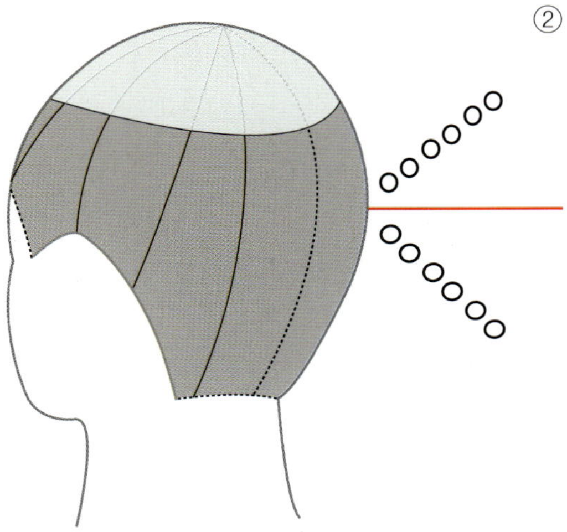

② 골격을 보정하기 위한 쳐내기의 방법 (이너 틴닝)
볼륨을 주기위한 방법 (이너 그라데이션 틴닝)
두상의 오르막길에 모질이 가늘어서
볼륨이 필요한경우가 많다.

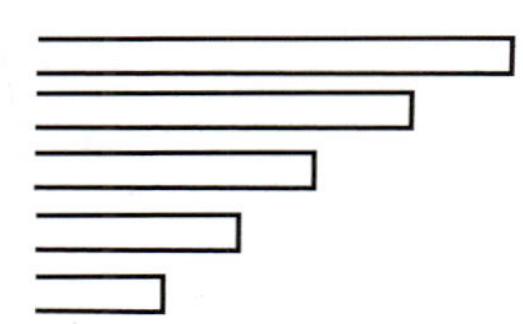

(이너 그라데이션 틴닝)

모량제거와 두상을 함몰시키기 위한 방법 (이너 레이어 틴닝)
모질이 두껍고 모류가 강하여
모량을 제거하는 이너 레이어 틴닝이 필요하다.

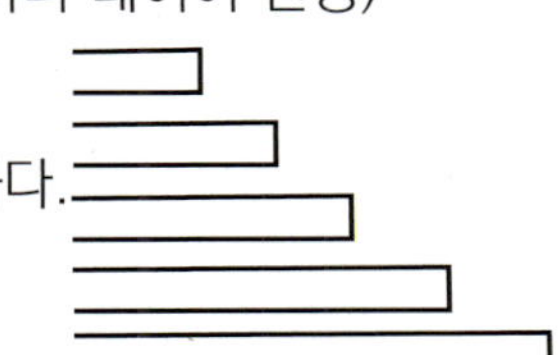

(이너 레이어 틴닝)

③ 머리카락을 표현하기 위한 방법 (라인 틴닝)

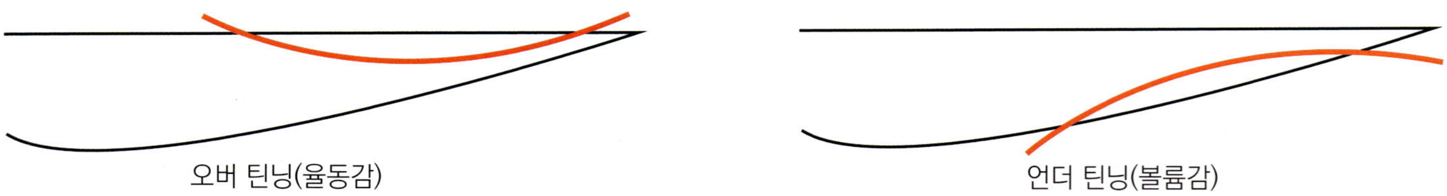

모발 끝의 무게를 아래가 짧게 하면 모발이 떨어지면서 볼륨이 만들어지기 쉽고 윗모발을 짧게 하면 모발의 율동감이 표현된다.

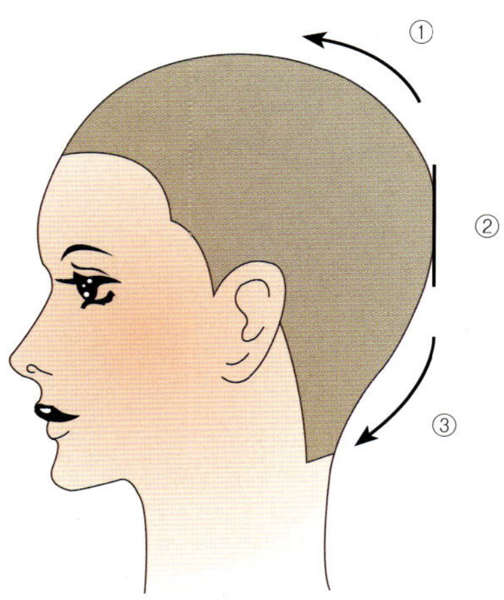

두상 영역에 따른 모발의 성질과 모질의 굵기

① 후상부-위로 올라가는 오르막길(모질이 가늘다).
② 후중부-모발이 겹쳐서 떨어지는 수직.
③ 후하부-안쪽으로 들어가는 내리막길(모질이 굵다).

두상의 곡선에 의해서 모발에 쌓아지는 영역이 다르다.
① 오르막길에는 모질도 가늘고 포름의 표면에 해당하므로 짧은 길이가 표현되면 안 되고 ③ 내리막길 에는 모질이 굵고 모류도 강하여 모량을 최대한 제거하여 ②,① 이 잘 표현되도록 질감 처리한다.

U라인 그래쥬에이션 1

얼굴선을 C컬의 볼륨으로 연결한 멋진 헤어스타일 1

U라인의 형태선을 시술한 후 전체적으로 자연시술각 70°로 G.P 윗부분의 모발을 일반시술각 70°로 시술한 그래쥬에이션이다.

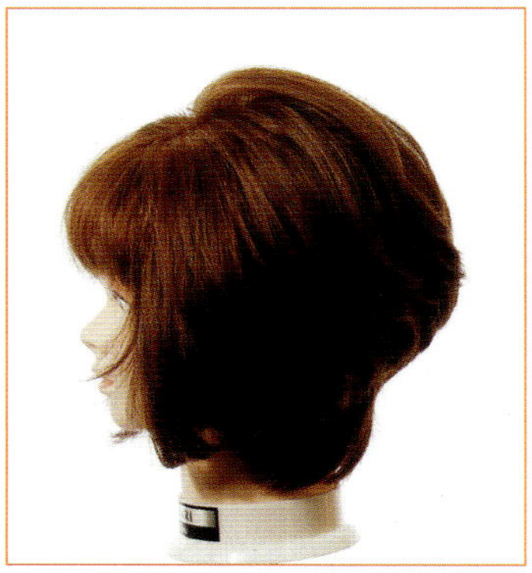

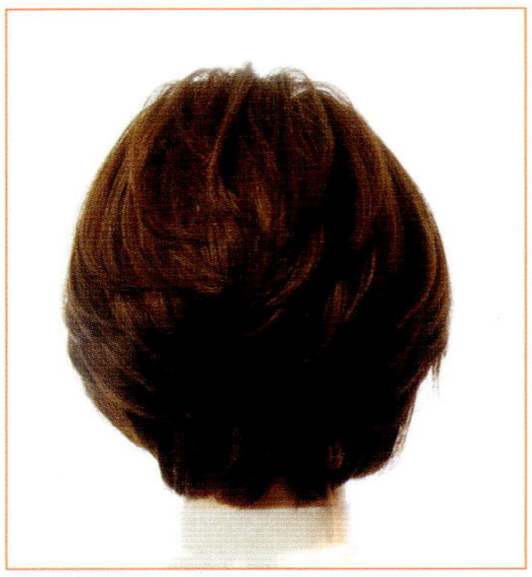

시술방법

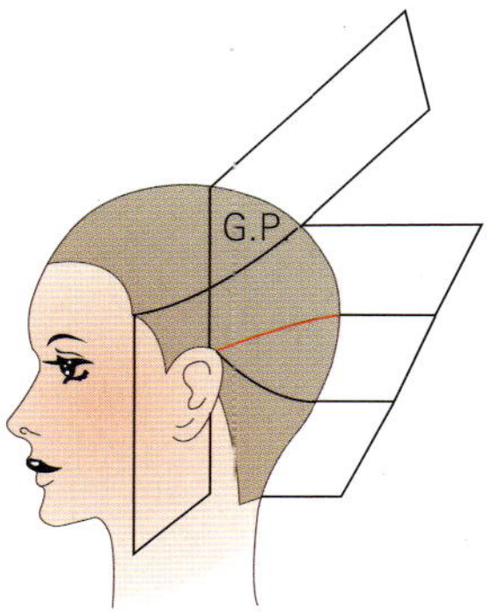

1. U라인 브록킹 시술하면서 고객의 얼굴형 모류, 모질, 모량을 파악한 후 디자이너가 스타일을 먼저 결정하고 고객에게 제안하여 OK하면 시술한다.
2. 후하부에게 U라인 형태선 만들기.
3. U라인 형태선 만들기의 모발을 세로로 온더베이스로 중심축은 자연시술각 70°로 시술. 함몰된 사이드는 중심축에서 온 가이드와 사선으로 연결
4. G.B.M.P아래부분까지 중심축은 온더베이스 자연시술각 70°로 시술한다.

5. 후중부

· 길이가이드 : G.B.M.P

· 슬라이드 : ①②③세로, ④⑤연결

· 베이스 : 온더베이스

· 시술각 : 제일 밑 모발에서 자연시술각 90°(전체 판넬의 각도는 자연시술각 70°)

6. 옆선 만들기

U라인 슬라이스와 평행하게 옆선의 코발의 판넬을 잡고 중앙의 모발이 일반시술각 90°가 되게 가로로 시술한다.

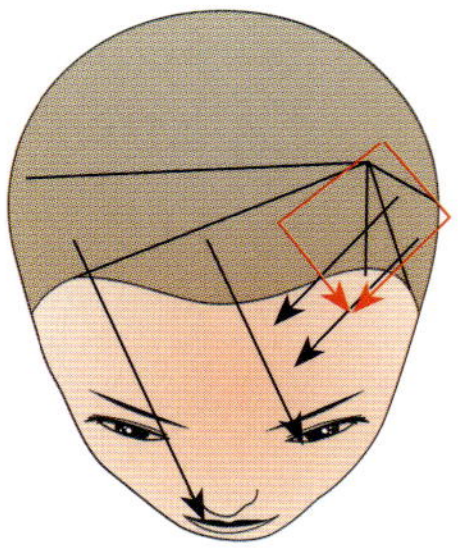

7. 앞머리

영역나누기

F.S.P에서 길이가이드를 설정하여 슬라이스와 평행하게 낫칭으로 시술한다(긴 길이결정).

반대쪽에서도 F.S.P의 길이가이드를 설정하여 가이드와 연결한다.

길이가이드보다 ½의 판넬을 다시 뜨고 5cm를 짧게 하여 시술한다.

반대쪽도 동일한 방법으로 시술한다.

8. 후상부

· 길이가이드 : G.P

· 슬라이드 : ①②③세로, ④⑤연결

· 베이스 : 온더베이스

· 시술각 : G.P에서 일반시술각 90°(전체 판넬의 각도는 일반시술각 70°)

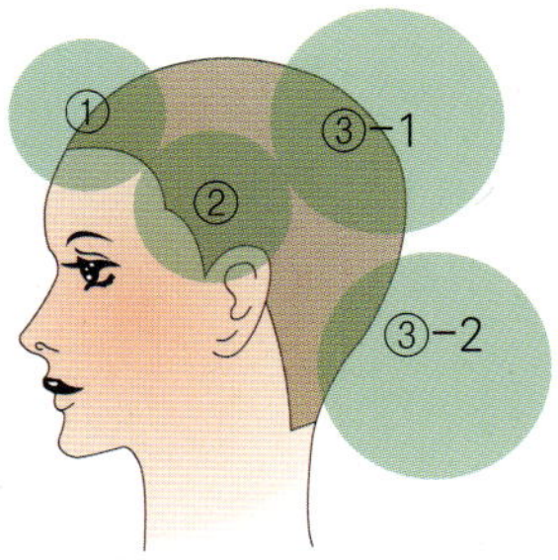

9. 쳐내기

① 앞머리 표정 만들기 → 모발 끝부분에 라인틴닝

② 옆선만들기 → 모발 끝부분에 라인틴닝

③-1 중심축잡기와 볼륨과 입체감만들기 이너그라테이션 틴닝

③-2 모량제거와 형태선 확인 이너레이어 틴닝

형태선 만들기

① 시술전의 상태

② N.P.3cm의 U라인의 형태선을 만들기 위한 중심축을 잡는다.

③ U라인의 형태선을 만든다.

④⑤ 반대쪽도 U라인 형태선을 만들다.

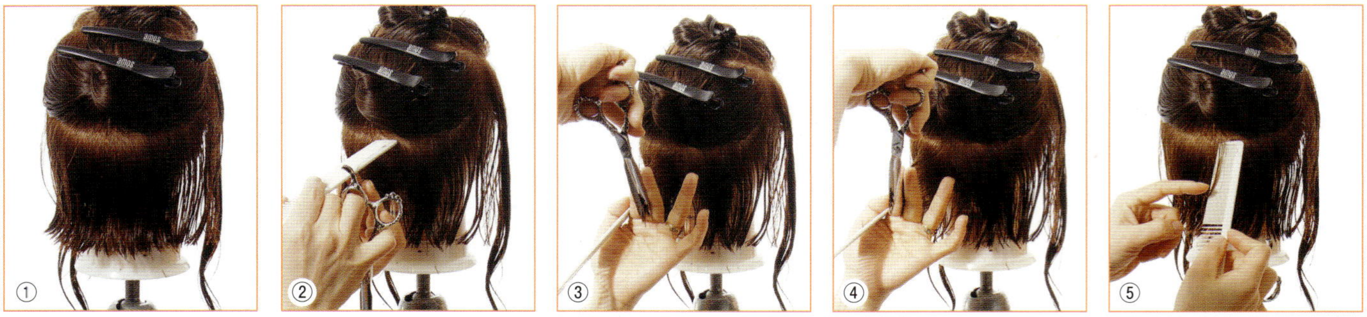

① 후하부의 형태선을 U라인을 시술해 놓은 상태이다.
② B.P에서 7.8cm 길이가이드를 설정한다.
③ 자연시술각 70°로 시술한다.
④ 온더베이스로 이동하여 두상하고 그대로의 U라인을 연장한다.
⑤ 시술한 후 길이가이드를 다시 한 번 체크한다.

시술각 결정

① 두상에서 제일 튀어나온 G.B.M.P에서 E.P까지 A라인 슬라이스를 한다.
② 세로로 판넬을 떠서 온더베이스, 자연시술각 70°(판넬의 제일 밑 모발의 90°)로 시술한다.
③ 이렇게 시술했을 때 G.B.M.P의 길이가이드가 10cm에 가까워야 C컬의 볼륨을 형성할 수 있다.
④ 모질이 두껍기 때문에 위에서 아래로 커브가위로 시술하면 모발 끝의 표현이 자연스럽다.
⑤ 중심축에 모발이 겹치는 부분은 세로로 판넬을 뜨고 온더베이스 자연시술각 70°로 시술한다.

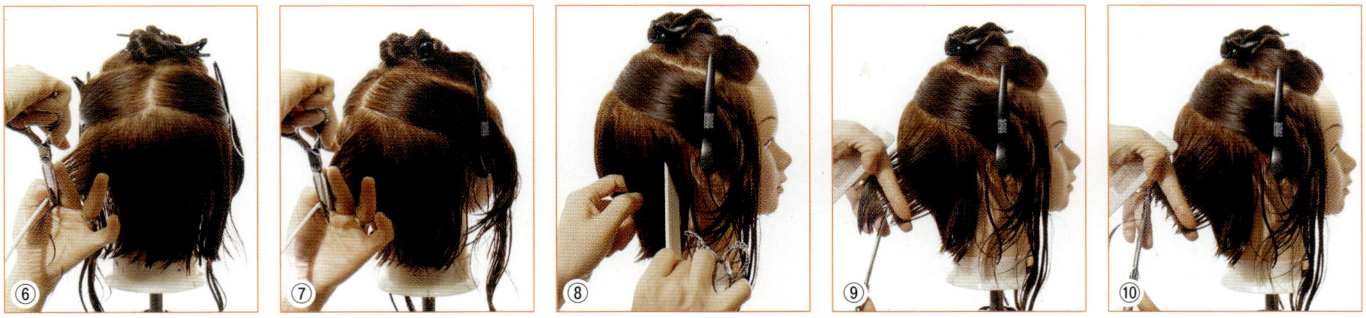

⑥ 사이드부분은 사선으로 판넬을 떠서 시술한다.

⑦ 반대쪽도 세로 슬라이스, 온더베이스, 자연시술각 70°로 시술한다.

⑧⑨⑩ 사이드부분은 사선으로 연결하여 낫칭으로 시술한다.

후중부

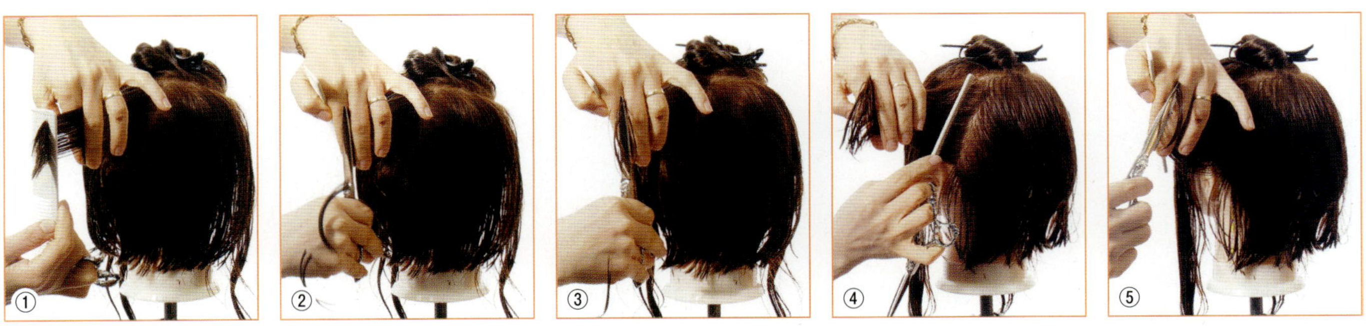

① 두상의 함몰된 오르막길의 영역은 세로로 판넬을 떠서 아랫모발의 자연시술각 90°(손가락각도70°)가 되게 온더베이스로 시술한다.

② 두 번째 판넬로 세로로 판넬을 뜨고 온더베이스 자연시술각 70°가 되게 시술한다.

③ 두상이 함몰된 부분은 사선으로 판넬을 떠서 온더베이스로 중심축의 가이드와 형태선의 길이가이드를 연결한다.

④ 사선으로 판넬을 떠서 온더베이스를 중심축의 가이드와 형태선의 길이가이드를 연결한다.

⑤ 슬라이스와 손가락이 평행하게 시술된다.

반대 미들섹션

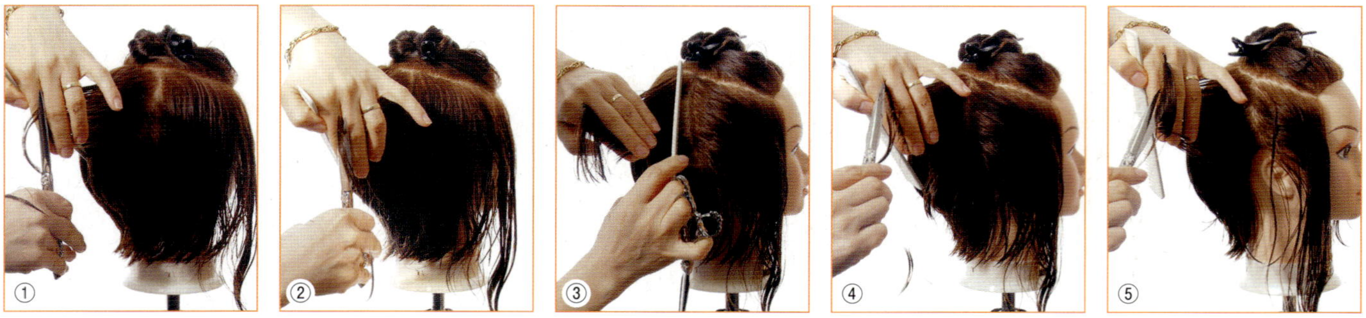

① 반대쪽도 세로로 판넬을 떠서 온더베이스 자연시술각 70°로 시술한다.
② 제일 밑 모발에서 자연시술각 90°, 손가락각도 70°가 되게 시술한다.
③ 중심축에 3판넬은 세로로 온더베이스 자연시술각 70°가 되게 시술한다.
④⑤ 형태선에서 온 가이드와 중심축에서 온 가이드를 사선슬라이스로 연결한다.

옆선만들기

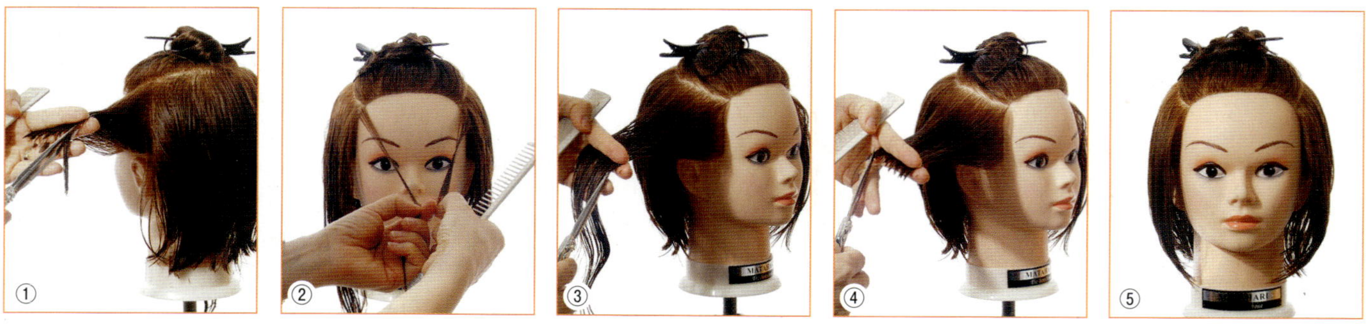

① 가로로 U라인에서 슬라이스와 평행하게 하고 뒤에서 온 길이가이드를 설정하여 중심축에 가로로 판넬을 들고 낫칭으로 시술한다.
② 반대쪽은 앞쪽에서 먼저 길이가이드를 설정한다.
③ 슬라이스와 평행하게 하고 가로로 일반시술각 90°로 시술한다.
④ 낫칭으로 시술한다.
⑤ 옆선의 시술이 종료된 상태이다.

앞머리 표정만들기

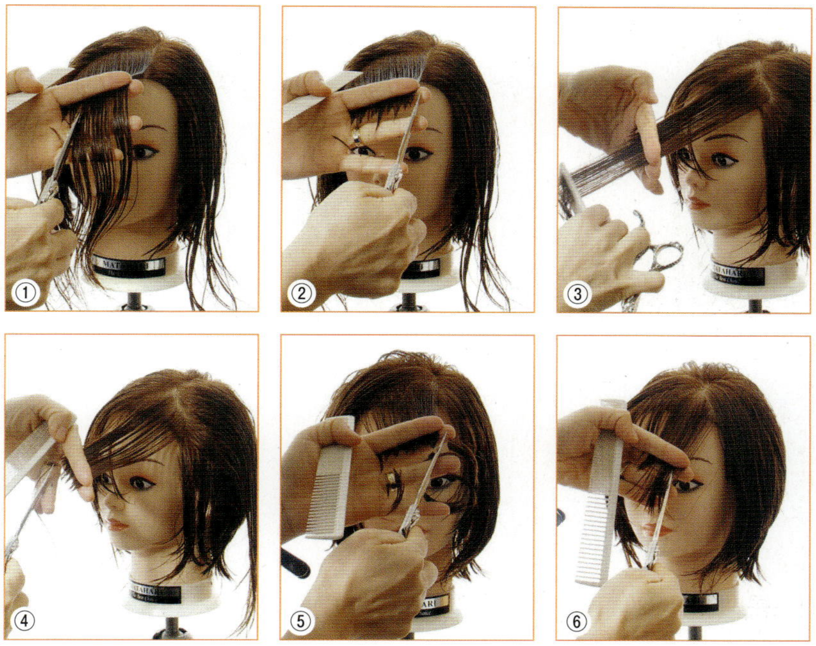

① F.S.P선은 길이가이드를 설정하고 슬라이스와 평행하게 하여 낫칭으로 시술한다.
② 밑모발부터 가르마 쪽을 향해 낫칭으로 시술한다.
③ 반대쪽도 F.S.P에서 길이가이드를 설정하여 반대쪽에 온 가이드와 연결한다.
④ 나머지 부분도 낫칭으로 시술한다.
⑤ 다시 판넬을 떠서 5cm보다 길이를 짧게 하여 시술한다.
⑥ 반대쪽도 반 정도의 판넬을 떠서 반대쪽 가이드와 연결한다.

후상부

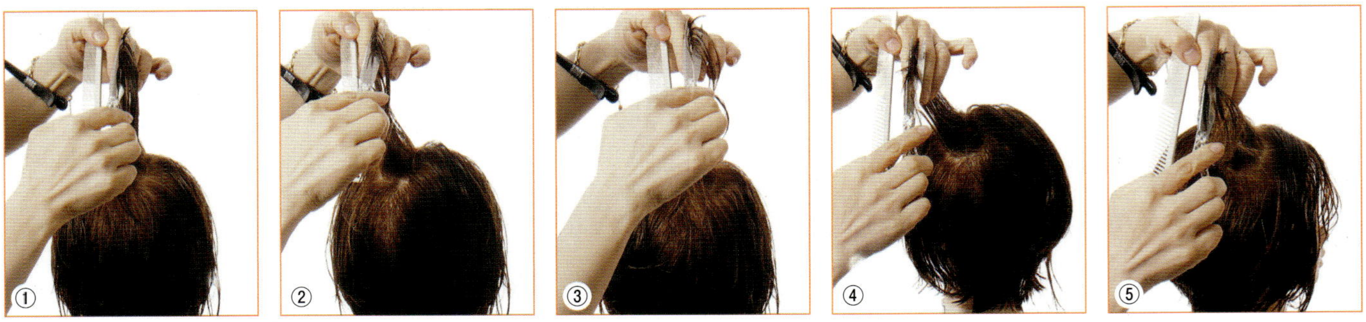

① 중심축에서 세로 판넬을 떠서 G.P에서 일반시술각 90°가 되게 시술한다.

②③④⑤ 세로로 판넬을 떠서 온더베이스 G.P에서 일반시술각 90°가 되면 전체적인 각도로는 일반시술각 70°로 시술한다.

쳐내기 ① 앞머리

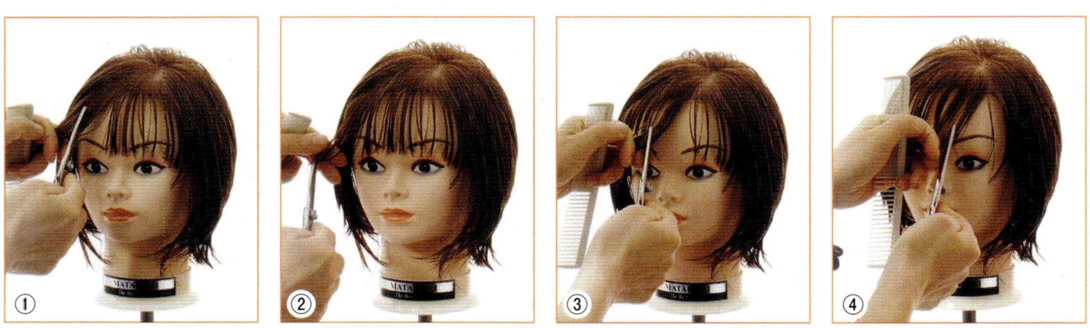

① 모발 끝에서 틴닝을 사선으로 넣어 라인틴닝을 넣는다.

② 모발을 C커브를 그리면서 빼내어 모발의 길이를 다시 잡는다.

③ 모발을 앞쪽으로 밀고 틴닝을 사선으로 넣어 모발을 빼면서 시술한다.

④ 다음 판넬도 동일한 방법으로 시술한다.

쳐내기 ② 옆선의 질감

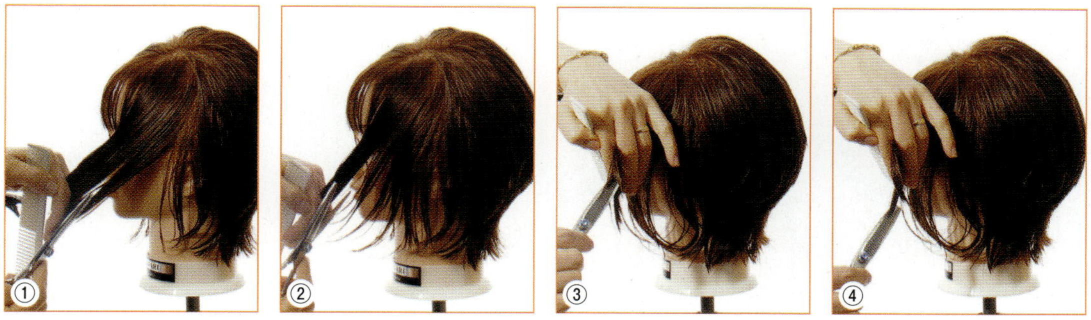

① 윗모발이 짧고 아랫모발이 길어지게 틴닝을 사선으로 넣어서 시술한다.

② 윗모발이 짧고 아랫모발이 길어지게 넣으면서 모량조절을 한다.

③④ 모발이 흐르는대로 사선으로 판넬을 잡고 시술한다.

중심축 질감

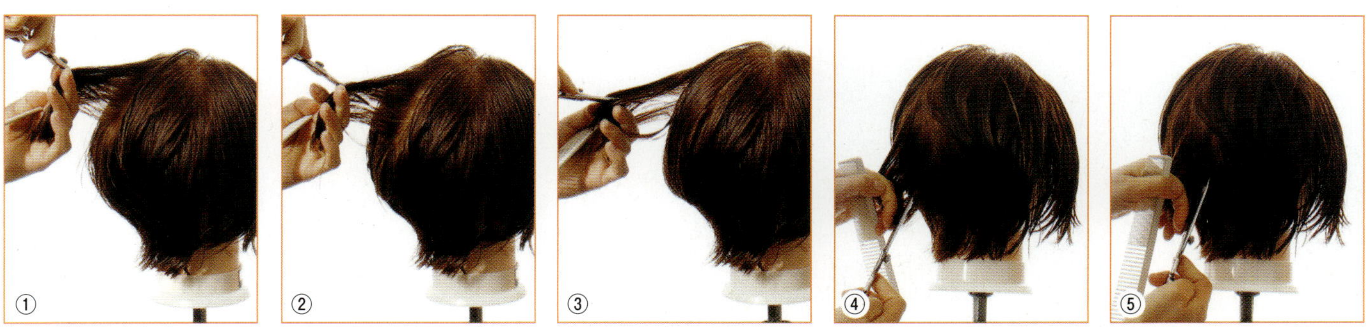

① 중심축 잡기를 위한 이너그라데이션틴닝을 넣는다. 틴닝이 들어가는 방향은 위가 길고 아래가 짧게 넣는다.

② C커브를 그리면서 모발을 빼내면서 시술한다.

③ 모량을 보고 한 번 더 시술한다.

④ 모량을 제거하기 위한 이너레이어틴닝을 넣는다.

⑤ 틴닝가위가 위가 짧고 아래가 길게 사선으로 넣어 사술한다.

방향성 제시

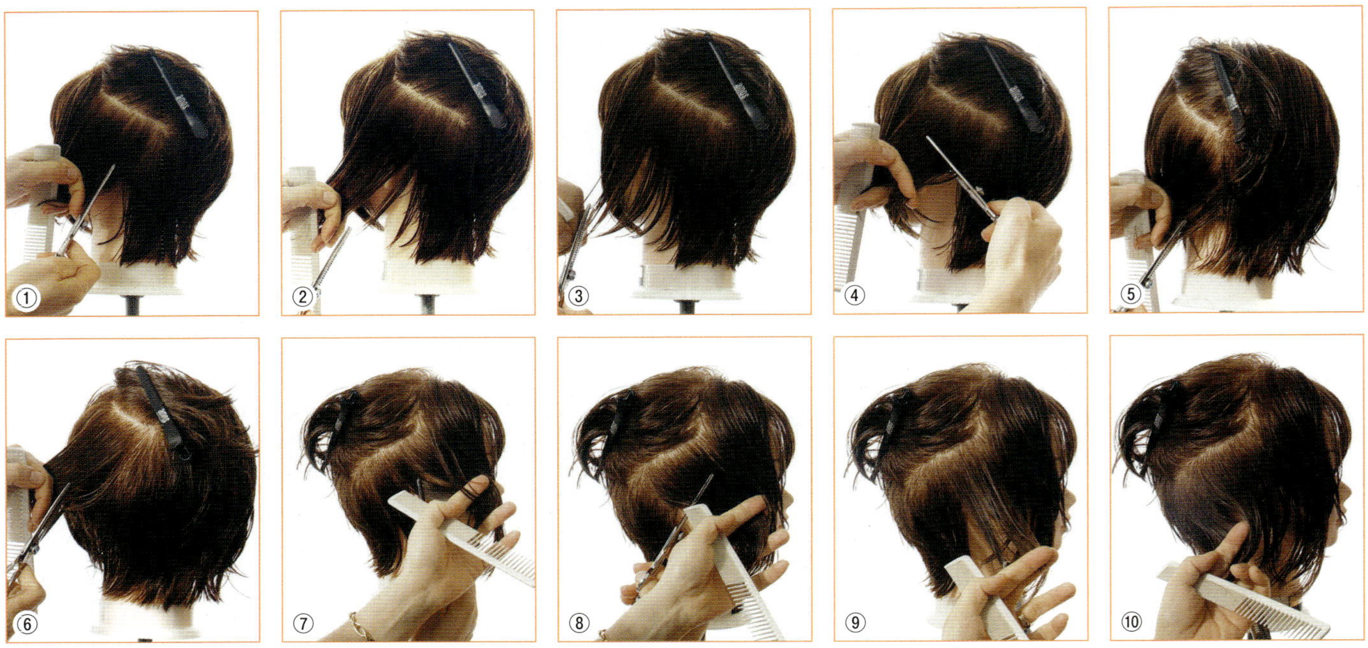

① E.B.P까지 슬라이스와 평행하게 하여 한 판넬을 앞쪽으로 밀착시켜 앞모발이 짧고 뒷모발이 길어지게 틴닝을 넣는다.

②③ 틴닝을 밀착하게 하여 넣고 C커브를 그리면서 뺀다.

④ 모량이 많으면 한 번 더 가로로 넣는다.

⑤ 아래 모발도 밀착하여 시술한다.

⑥ 윗부분도 모량이 많으면 다시 한 번 시술한다.

⑦⑧⑨⑩ 반대쪽도 동일한 방법으로 시술한다.

시술종료

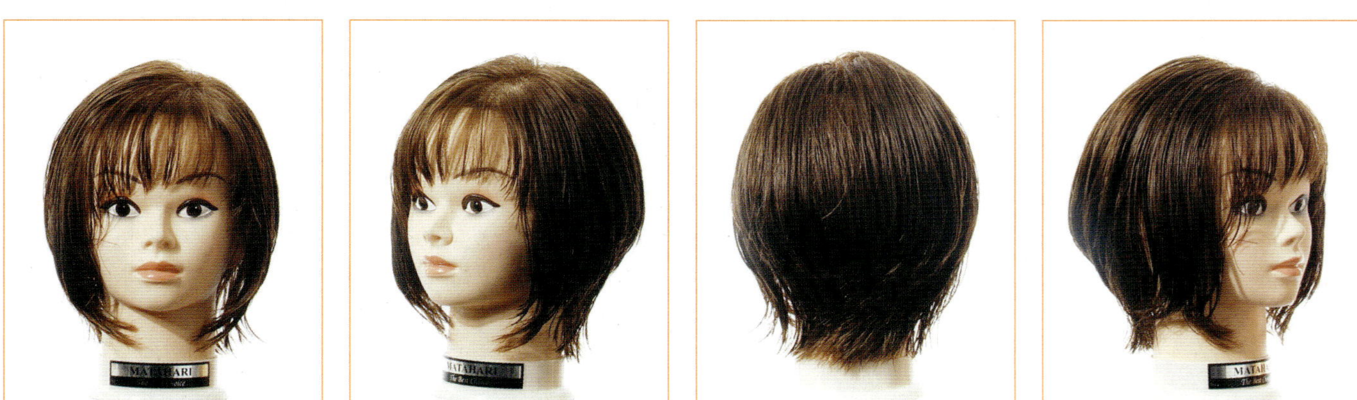

U라인 그래쥬에이션(70°) 2

얼굴선을 C컬의 볼륨으로 연결한 멋진 헤어스타일 2

U라인의 형태선을 시술한 후 윗부분의 모발은 자연시술각 70°로, G.P 윗부분은 일반시술각 70°로 시술하여 길이와 앞머리표정이 달라진 그래쥬에이션형

모류보정

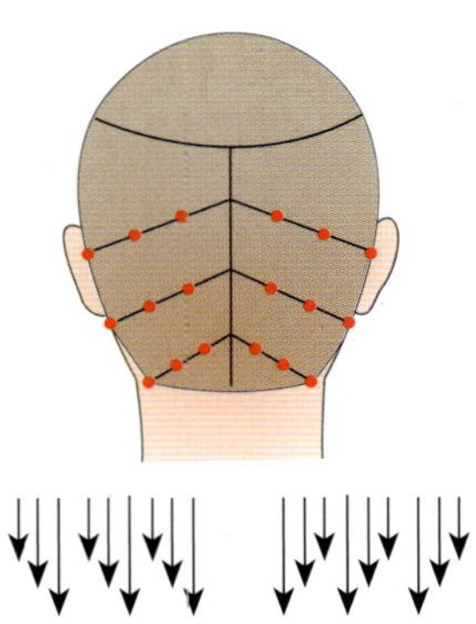

①②③④⑤ 모발을 앞쪽으로 사선으로 빗질하여 앞쪽의 모발이 짧고 뒤쪽의 모발이 길게 하여 모량조절을 한다.

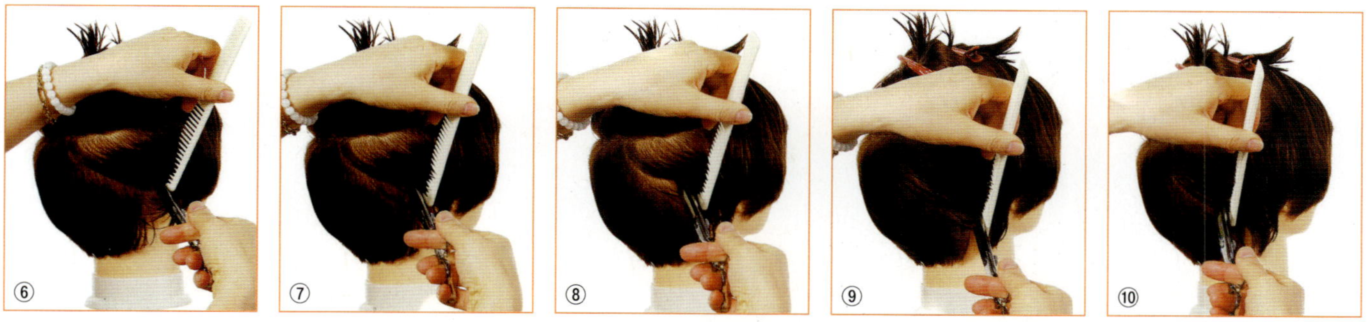

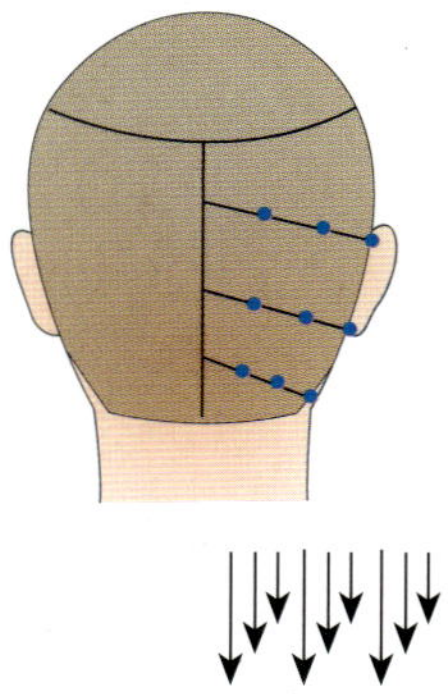

⑥⑦⑧⑨⑩ 두상이 함몰된 대로 앞쪽으로 사선으로 빗질하여 틴닝을 넣어 앞쪽의 모발이 짧고 뒤쪽의 모발이 길게 시술한다.

형태선 만들기

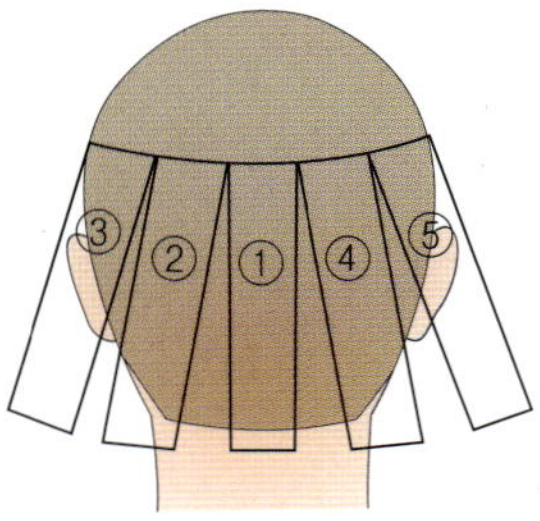

① 1cm 이하이기 때문에 빗으로 중심축에서 4cm 일직선을 시술한다.

②③ 두상의 곡면대로 빗질하여 곡면의 사선을 시술하여 U라인의 형태선을 만든다.

④⑤ 반대쪽도 두상의 곡면대로 빗질하여 U라인의 형태선을 만든다.

형태선 시술각

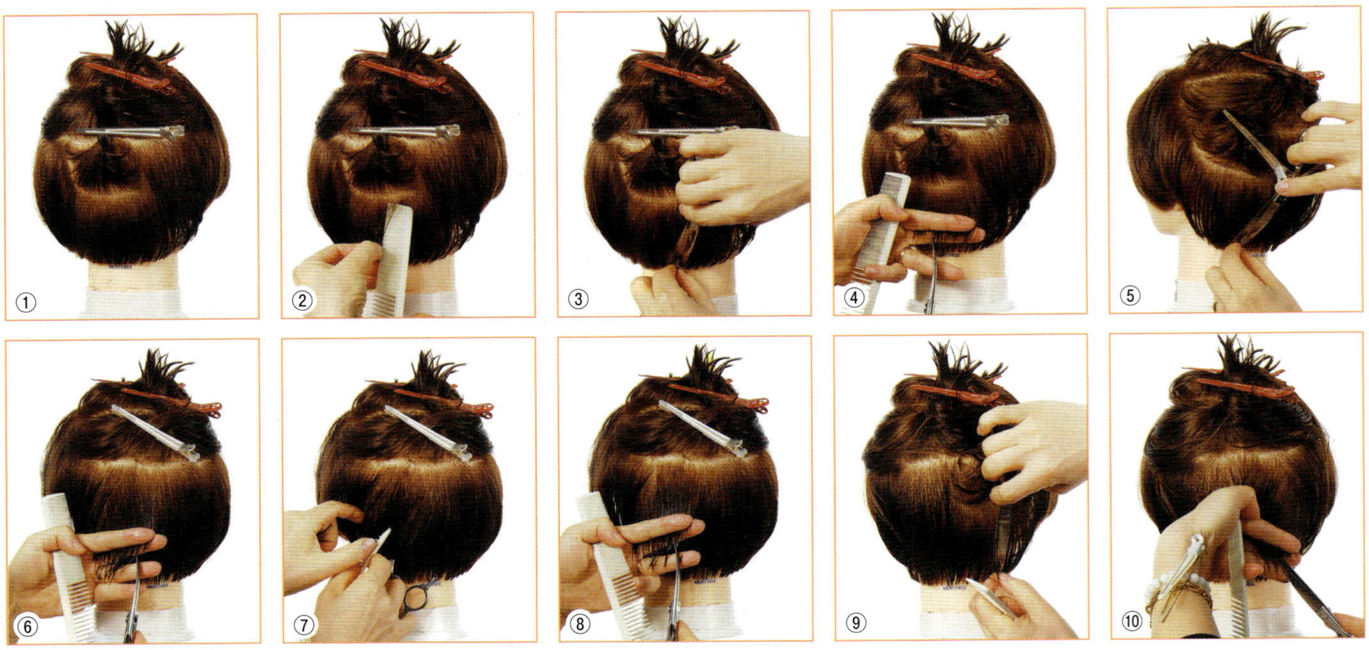

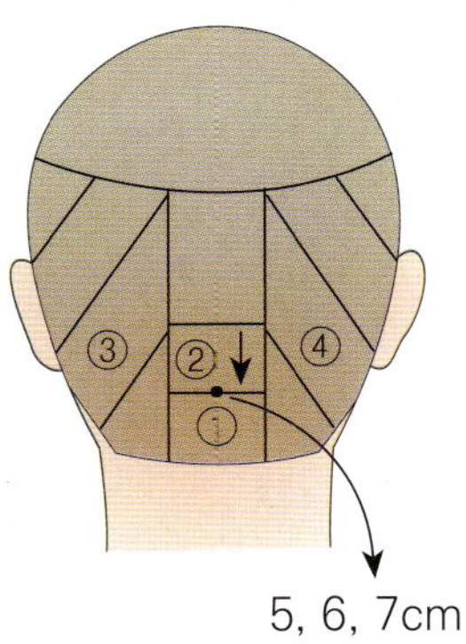

① 중심축 시술각이 필요한 곳에 파팅을 나누어 놓은 상태이다.

② 윗모발에 6,7,8cm 길이가이드를 설정한다.

③ 세 번에 나눠서 모발의 가이드에 맞추어 커브가위로 위에서 아래로 시술한다.

④ 윗모발을 아래로 내려서 가운데 손바닥이 보이게 하고 낫칭커트한다.

⑤ 중심축에 가이드와 형태선의 모발을 사선슬라이스로 연결한다.

⑥ 이곳에는 모류와 모질이 강하므로 낫칭커트한다.

⑦⑧ 중심축의 가이드와 형태선의 모발을 사선으로 연결한다.

⑨⑩ 반대쪽도 중심부의 길이 가이드와 형태선을 사선으로 연결한다.

후중부

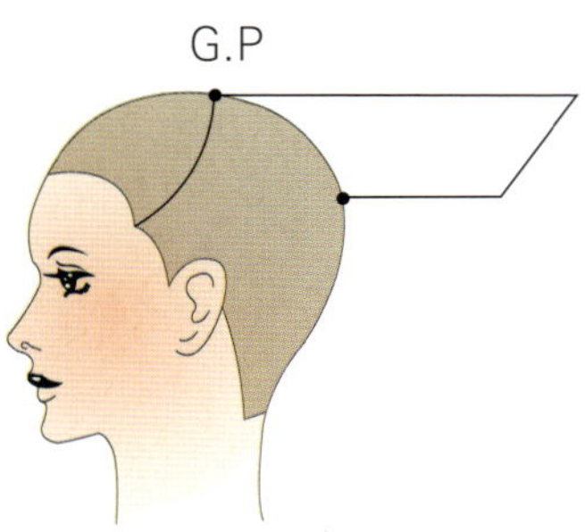

① 세로로 모발의 판넬을 떠서 온더베이스, 자연시술각 70°가 되게 시술한다.

② 중심축에 있는 모발이 겹치는 부분은 온더베이스 지연시술각 70°가 되게 시술한다.

③ 두상이 함몰된 부분은 사선으로 슬라이스를 떠서 시술각에서 온 가이드와 형태선을 연결한다.

④ 반대쪽도 중심축은 세로로 판넬을 뜨고 온더베이스 자연시술각 70°가 되게 시술한다.

⑤ 두상이 함몰된 부분은 사선 슬라이스를 떠서 중심축에 시술각에서 온 가이드와 형태선에 온 길이가이드를 연결한다.

후상부

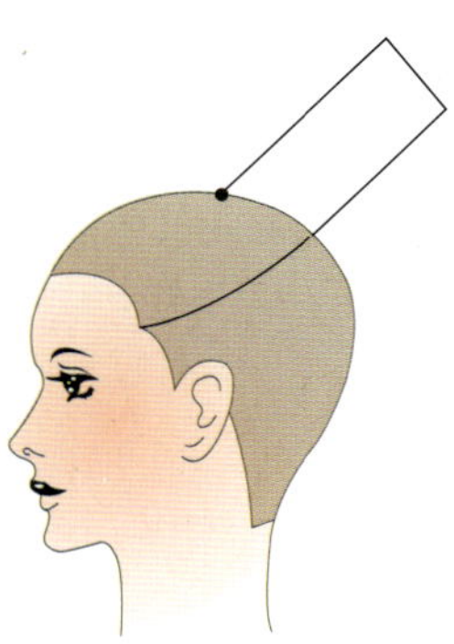

① 중심축 세로로 판넬을 떠서 온더베이스 G.P에서 일반시술각 70°로 시술한다.

②③④ 중심축에 겹치는 ①②③의 판넬은 세로로 온더베이스로, 일반시술각 70°로 시술한다.

⑤ 중심축에 가이드와 G.P아래의 가이드를 연결하여 튀어나온 부분을 시술한다.

옆선 만들기

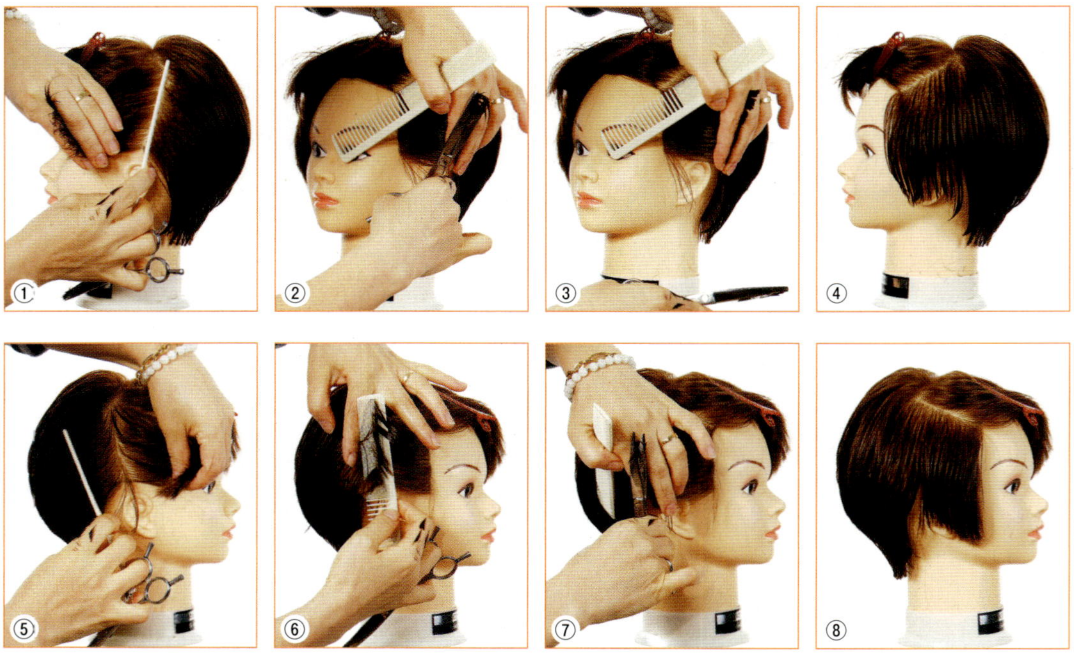

① 앞과 뒤를 나누어서 모발이 떨어지는 곳에 세로로 빗을 댄다.

②③ 이곳까지 베이스를 오버다이렉션하여 손가락 각도가 자연시술각 70°가 되게 시술한다.

④ 시술이 된 상태이다.

⑤ 반대쪽도 앞과 뒤가 나누어지는 곳에 사선으로 빗을 댄다.

⑥⑦ 모발을 E.P까지 오버다이렉션하여 낫칭으로 시술한다.

⑧ 시술이 종료된 상태이다.

앞머리 표정 만들기

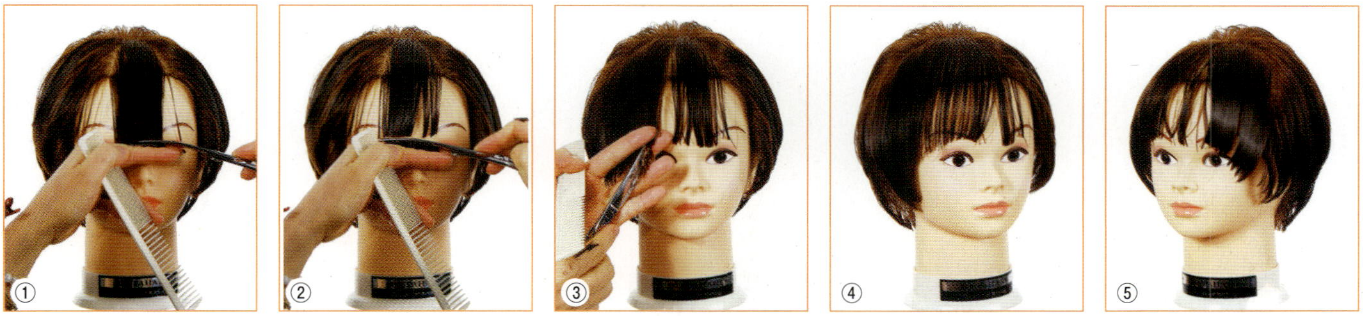

① 삼각형으로 앞 모발을 빗질하여 가운데 손가락을 콧등에다 대고 시술준비를 한다.
② 일직선으로 시술한다.
③ 앞머리에서 떨어진 0,5cm길이가이드와 옆선에 만들어진 1cm를 가이드로 하여 낫칭으로 연결한다.
④ 앞머리와 옆머리가 연결된 상태이다.
⑤ 반대쪽도 동일한 방법으로 시술하여 연결이 되어있는 상태이다.

연결

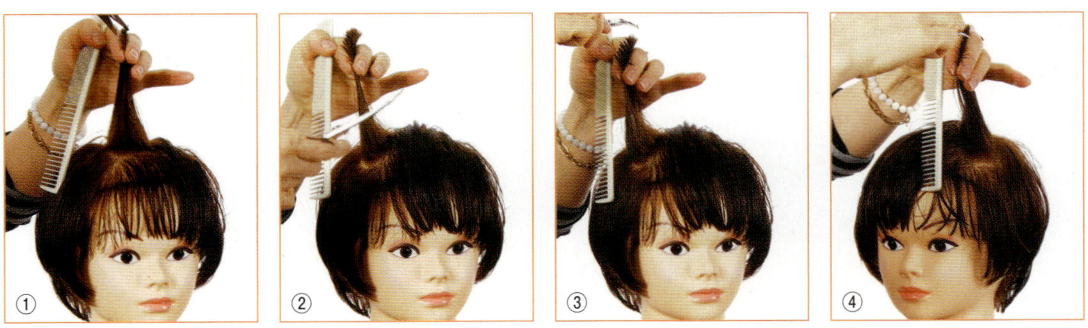

① 앞 모발과 뒷 모발을 삼각형으로 떠서 튀어나온 모발을 연결한다.
②③ G.P아래의 모발과 뒤에서 떨어진 모발을 삼각형으로 판넬을 떠서 연결한다.
④ 반대쪽도 동일한 방법으로 연결한다.

쳐내기(앞머리와 옆머리 쳐내기 방법)

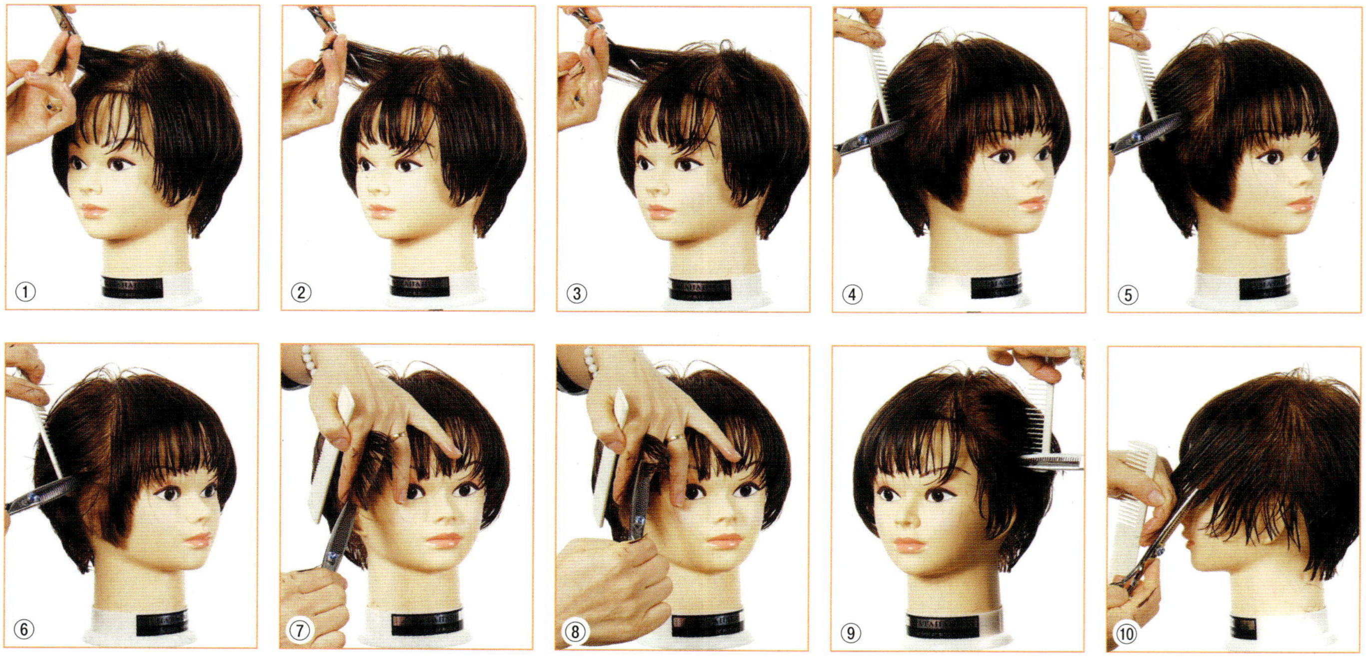

① 이너그라데이션틴닝을 넣어 앞머리가 드라이한 것처럼 표현할 수 있게 틴닝이 윗모발이 길고 아랫모발이 짧게 들어간다.

② 틴닝가위를 C커브를 그리면서 빠지면서 모량조절을 한다.

③ 속 모발의 양이 많으면 한번 더 시술한다.

④⑤⑥ 앞모발을 E.P쪽으로 사선으로 빗질하여 길이를 혼합하기 위해 틴닝으로 시술한다.

⑦ 앞쪽으로 모발을 빗질하여 윗모발이 짧고 아랫모발이 길게 틴닝을 사선으로 넣어 시술한다.

⑧ 라인틴닝을 하여 모량을 조절하고 모발의 무게를 없애준다.

⑨ 반대쪽도 모발을 E.P쪽으로 당겨서 길이를 혼합하기 위해 틴닝으로 시술한다.

⑩ 윗모발의 길이가 짧아지고 아랫모발의 길이가 길어지게 틴닝을 사선으로 넣고 시술한다.

중심축잡기와 볼륨

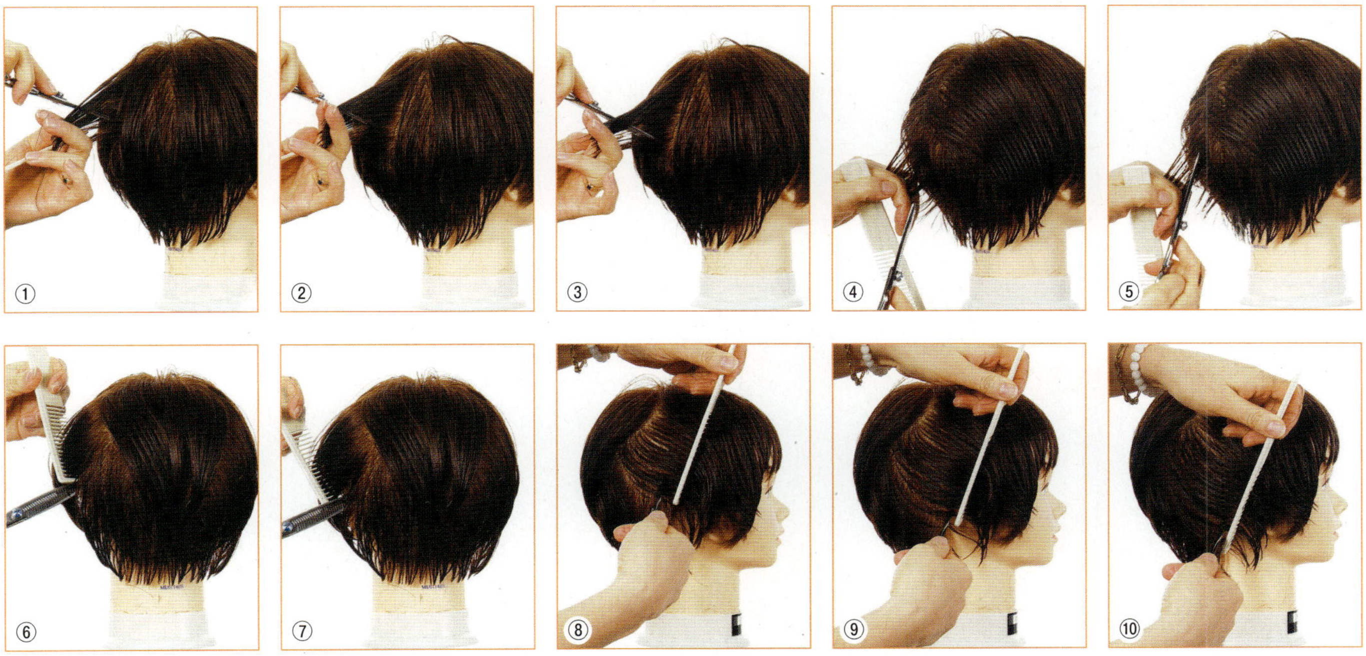

①②③ 중심축잡기와 볼륨을 만들기 위한 이너그라데이션 틴닝을 시술한다.

④⑤ 모량제거를 하기 위한 이너레이어 틴닝을 시술한다.

⑥⑦ 방향성을 제시하기 위해 모발을 앞쪽으로 빗질하여 앞모발이 짧고 뒷모발이 길어지게 틴닝을 넣는다.

⑧⑨⑩ 반대쪽도 앞쪽으로 빗질하여 앞모발이 짧고 뒷모발이 길어지게 틴닝을 넣는다.

U라인 그래쥬에이션(가로층) 3

얼굴선을 C컬의 볼륨과 직선으로 연결한 멋진 헤어스타일 3

형태선 만들기

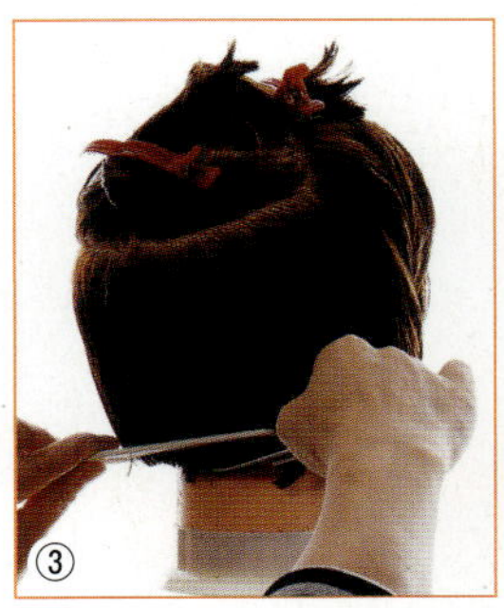

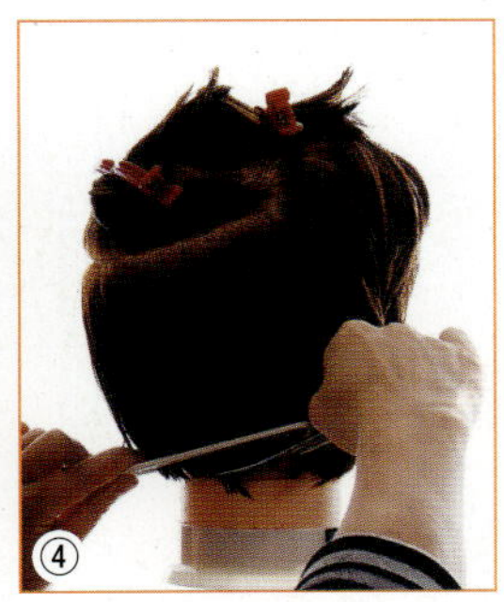

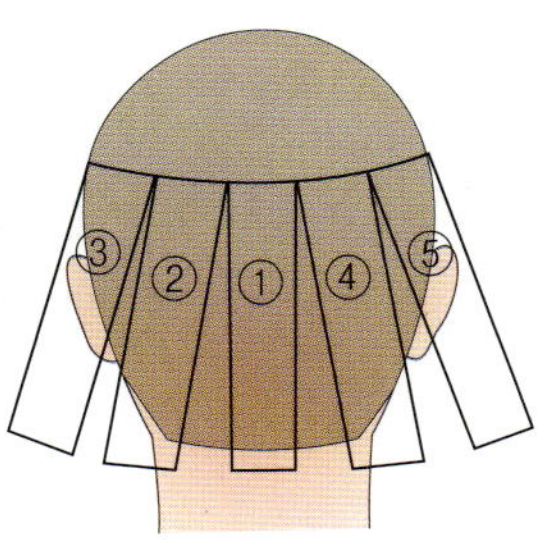

① 1cm 이하이기 때문에 빗으로 중심축에서 일직선을 시술한다.
② 두상이 함몰되는 대로 빗질하여 U라인의 형태선을 시술한다.
③ 반대쪽도 슬라이스와 평행하게 하여 U라인의 형태선을 시술한다.
④ 왼쪽과 오른쪽이 동일한 기울기로 U라인의 형태선을 시술한다.

가로층

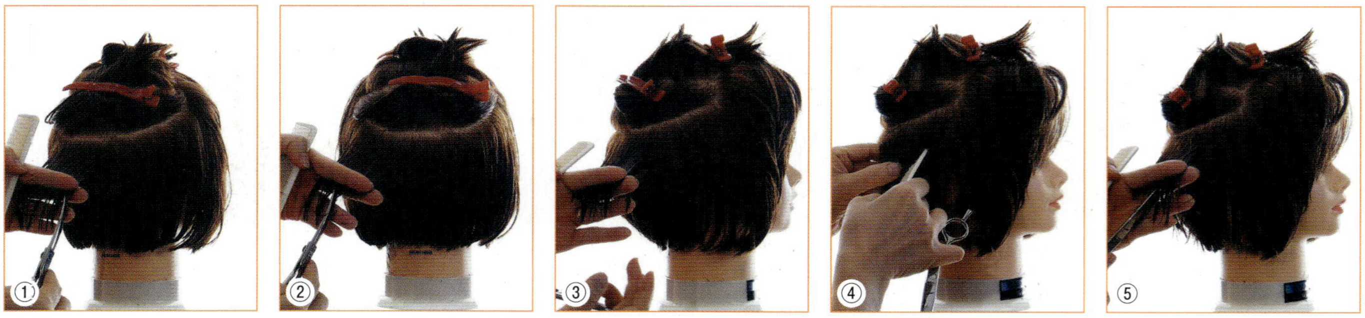

① 두상의 수직이 부분을 슬라이스와 평행하게 한 판넬을 떠서 일반시술각 90°로 시술한다.

②③ 다음 판넬도 슬라이스와 평행하게 온더베이스, 일반시술각 90°로 시술한다.

④⑤ 반대쪽도 동일하게 슬라이스와 평행하게 온더베이스, 일반시술각 90°로 시술한다.

후중부

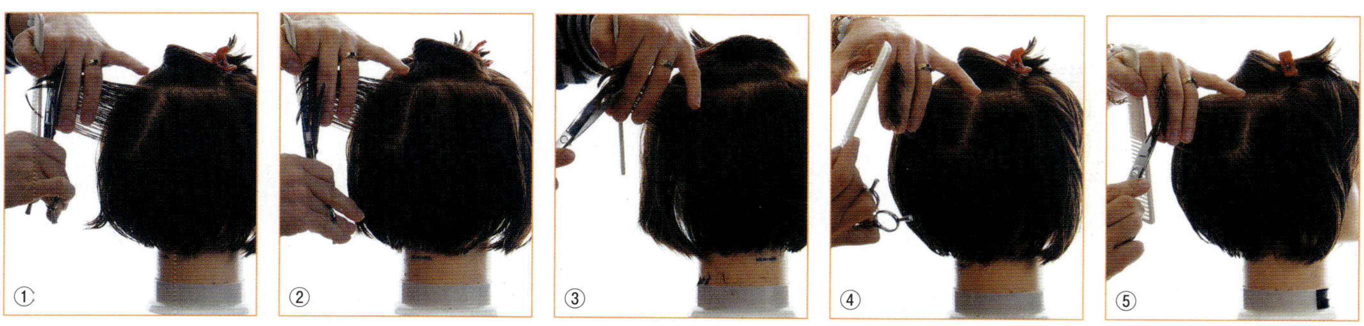

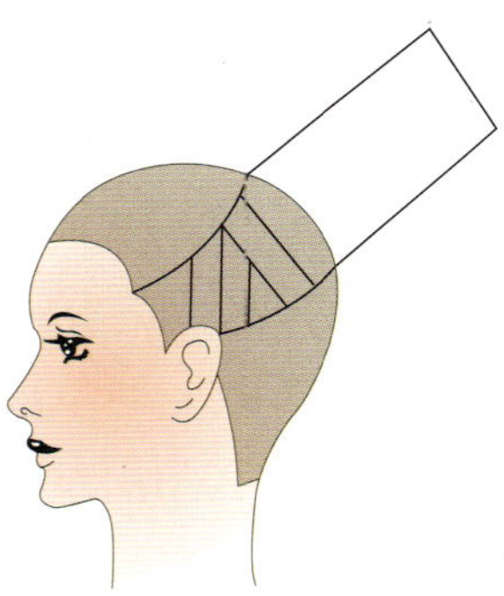

① 중심축에서 세로로 판넬을 떠서 온더베이스, 일반시술각 90°로 시술한다.

② 다음 판넬로 세로로 슬라이스를 뜨고 온더베이스, 일반시술각 90°로 시술한다.

③ 두상이 들어간 부분은 사선으로 슬라이스를 떠서 중심축에 가이드와 형태선의 가이드를 연결한다.

④⑤ 반대쪽도 세로로 슬라이스를 뜨고 온더베이스 일반시술각 90°로 시술한다.

후상부

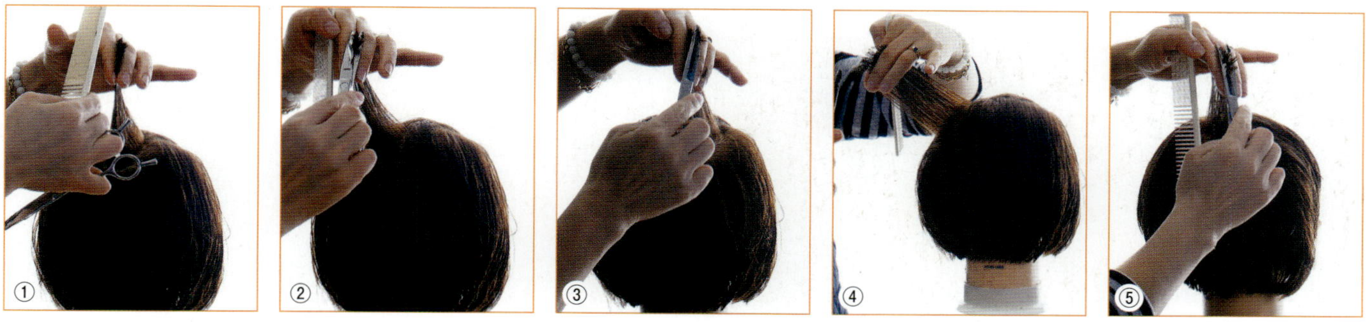

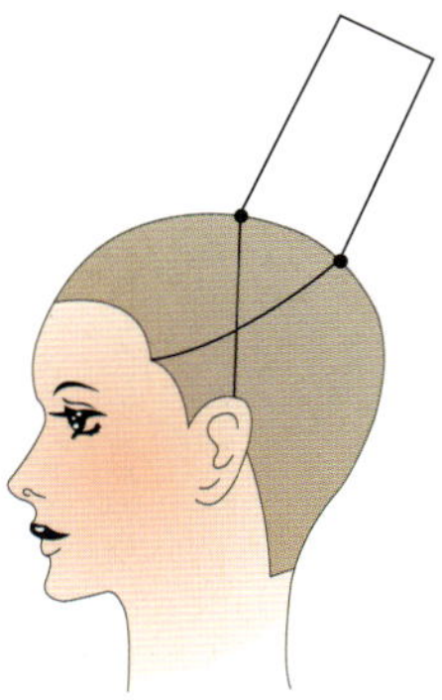

① G.P에서 중심축에 세로로 판넬을 떠서 온더베이스, 일반시술각 90°로 시술한다.

②③④ 중심축에 시술각이 필요한 3개의 판넬은 세로슬라이스로 뜨고 온더베이스, 일반시술각 90°로 시술한다.

⑤ 중심축에서 온 가이드와 G.P아래에서 온 가이드를 연결한다.

옆선만들기

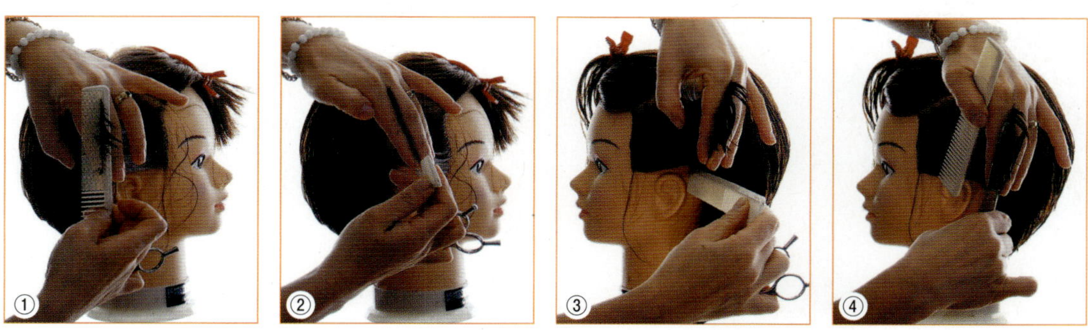

①② 앞과 뒤가 나누어지는 E.P까지 판넬을 오버다이렉션하여 일반시술각 90°로 시술한다.

③④ 반대쪽도 동일한 방법으로 시술한다.

앞머리 표정만들기

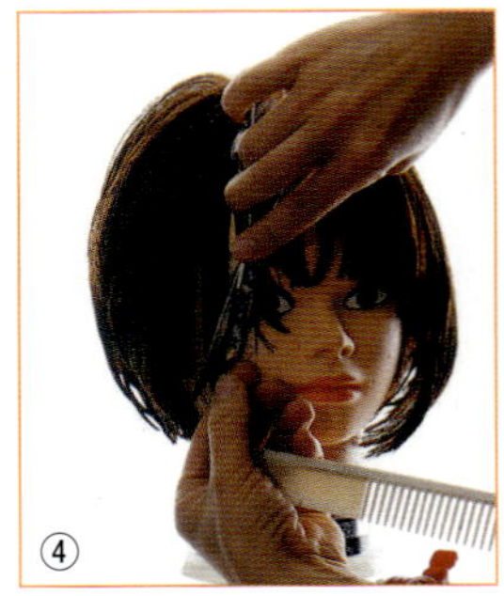

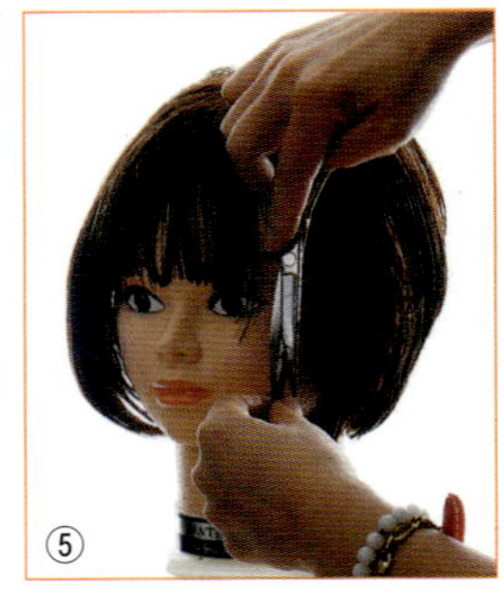

① 앞머리의 영역을 먼저 결정한 후 F.S.P에서 길이가이드를 설정한다.
② 길이가이드에 맞추어 일직선으로 시술한다.
③ 중심부에서 삼각형으로 떠서 짧은 길이가이드를 설정한다.
④ 긴 길이와 짧은 길이가이드를 연결한다.
⑤ 반대쪽도 짧은 길이와 긴 길이가이드를 연결한다.

연결

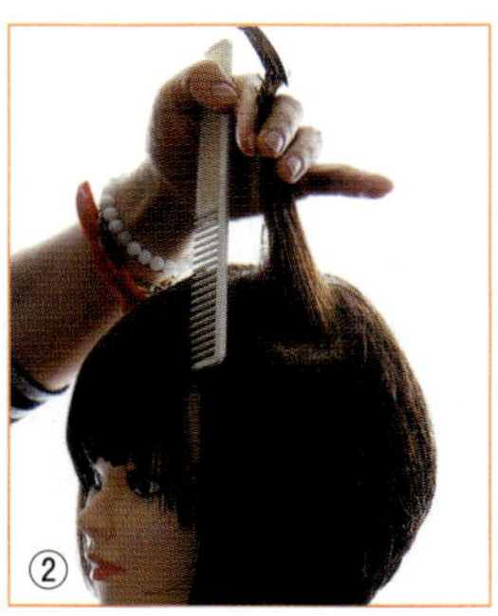

①② 앞머리와 뒷머리를 삼각형으로 떠서 튀어나온 모발을 낫칭으로 제거한다.

쳐내기

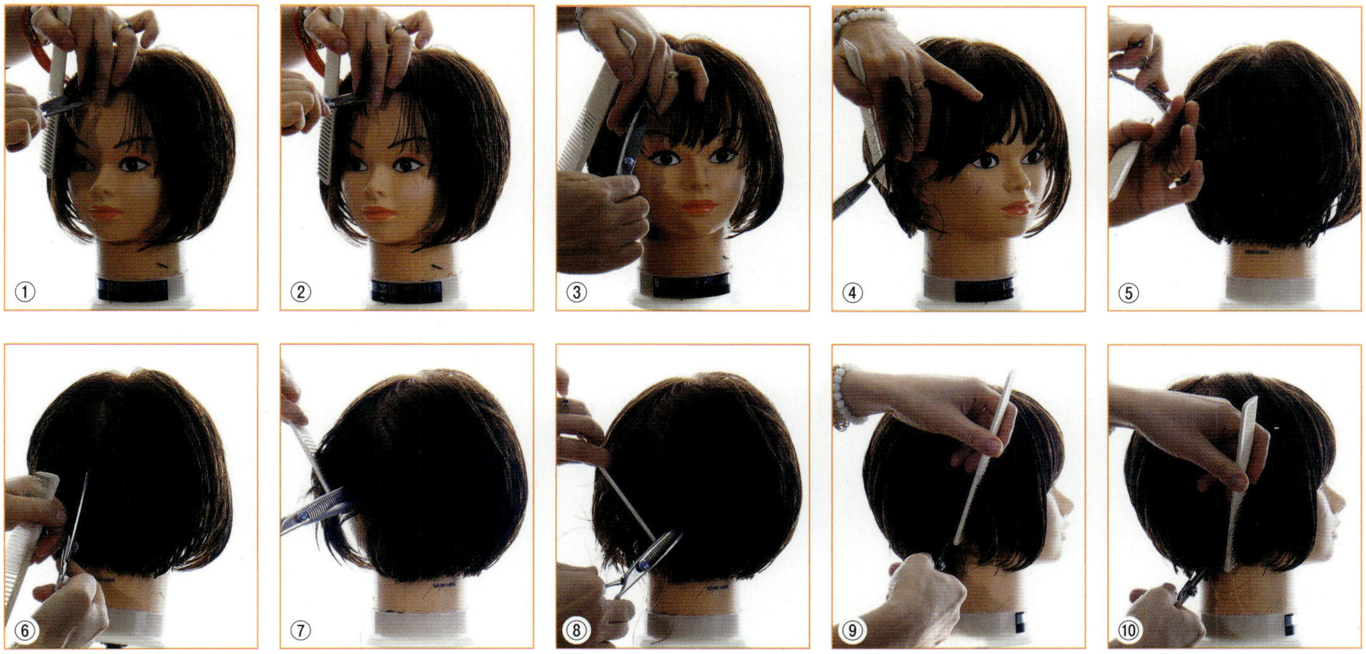

①② 모발 끝에서 라인틴닝을 넣는다. 틴닝가위를 그래쥬에이션으로 넣고 속 모발의 모발을 C커브를 그리면서 뺀다.

③④ 윗모발이 짧고 아래모발이 길게 틴닝가위를 넣고 모량조절을 하여 모발의 무게를 없애다.

⑤ 볼륨을 만들 수 있는 이너그라데이션 틴닝을 넣는다.

⑥ 모량제거를 할 수 있는 이너레이어 틴닝을 넣는다.

⑦⑧ 모류방향을 보정하는 방법으로 모발을 앞쪽으로 빗질하여 앞모발이 짧고 뒷모발이 길어지게 시술한다.

⑨⑩ 반대쪽도 앞쪽으로 모발을 빗질하여 틴닝을 하면 앞모발이 짧고 뒷모발이 길어지게 시술된다.

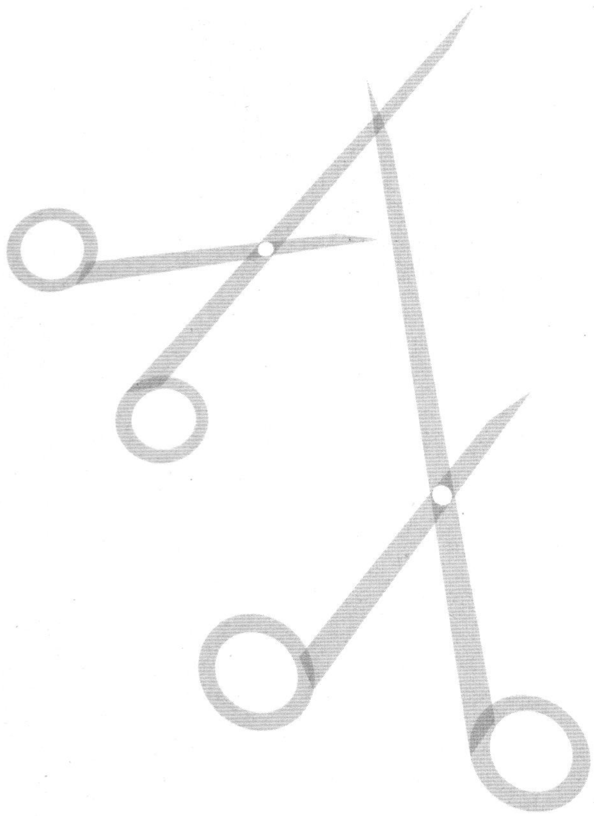

CHAPTER

06

골격 보정과 샤기 표현방법 (유니폼 레이어 변형)

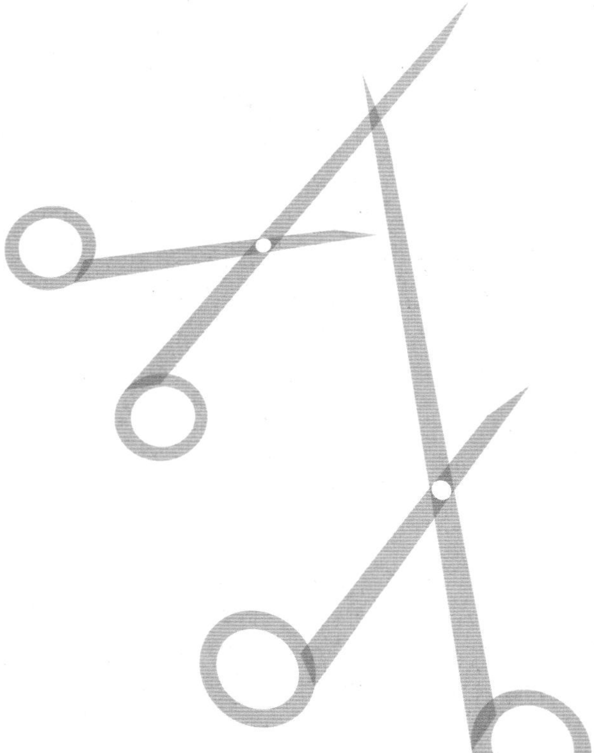

06 골격 보정과 샤기 표현방법(유니폼레이어 변형)

1. 골격보정

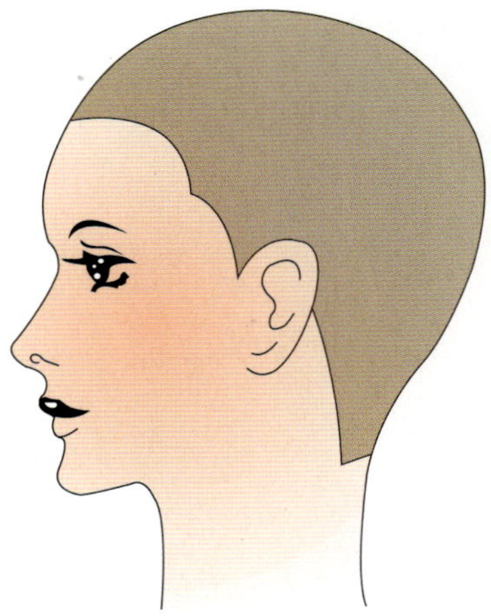

표준형
긴 머리, 짧은 머리 모두 다 잘 어울린다.

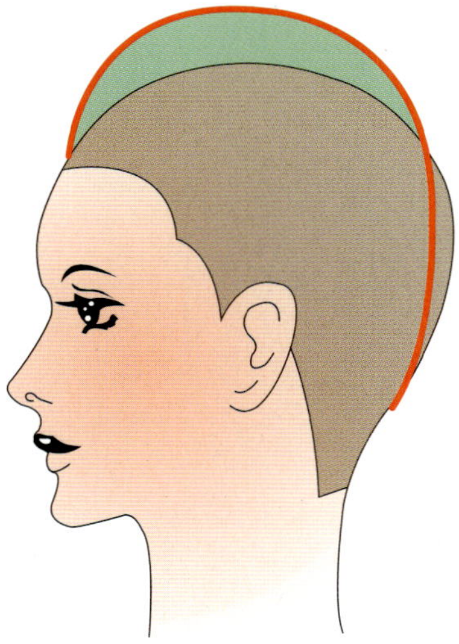

긴형
함몰된 부분에 웨이브로 채워지는 경우가 많다.
긴 머리를 선호한다.

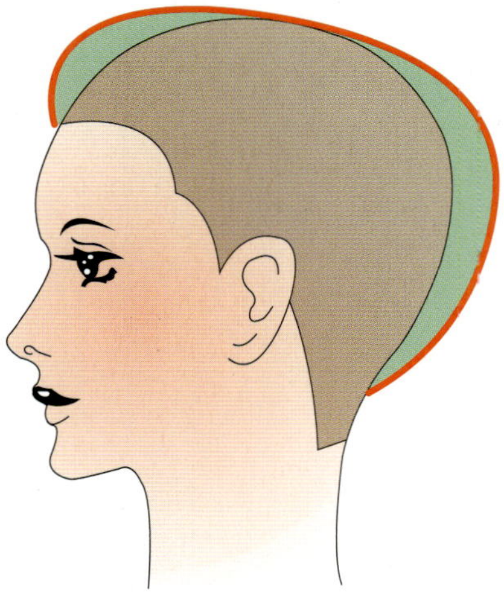

둥근형
뒷통수가 튀어나와 볼륨이 예쁘게 표현된다.
윗부분에 볼륨을 표현할 수 있는 방법을 찾는다.
짧은 헤어스타일을 선호한다.

2. 골격에서 모발이 떨어지면서 표현되는 특징

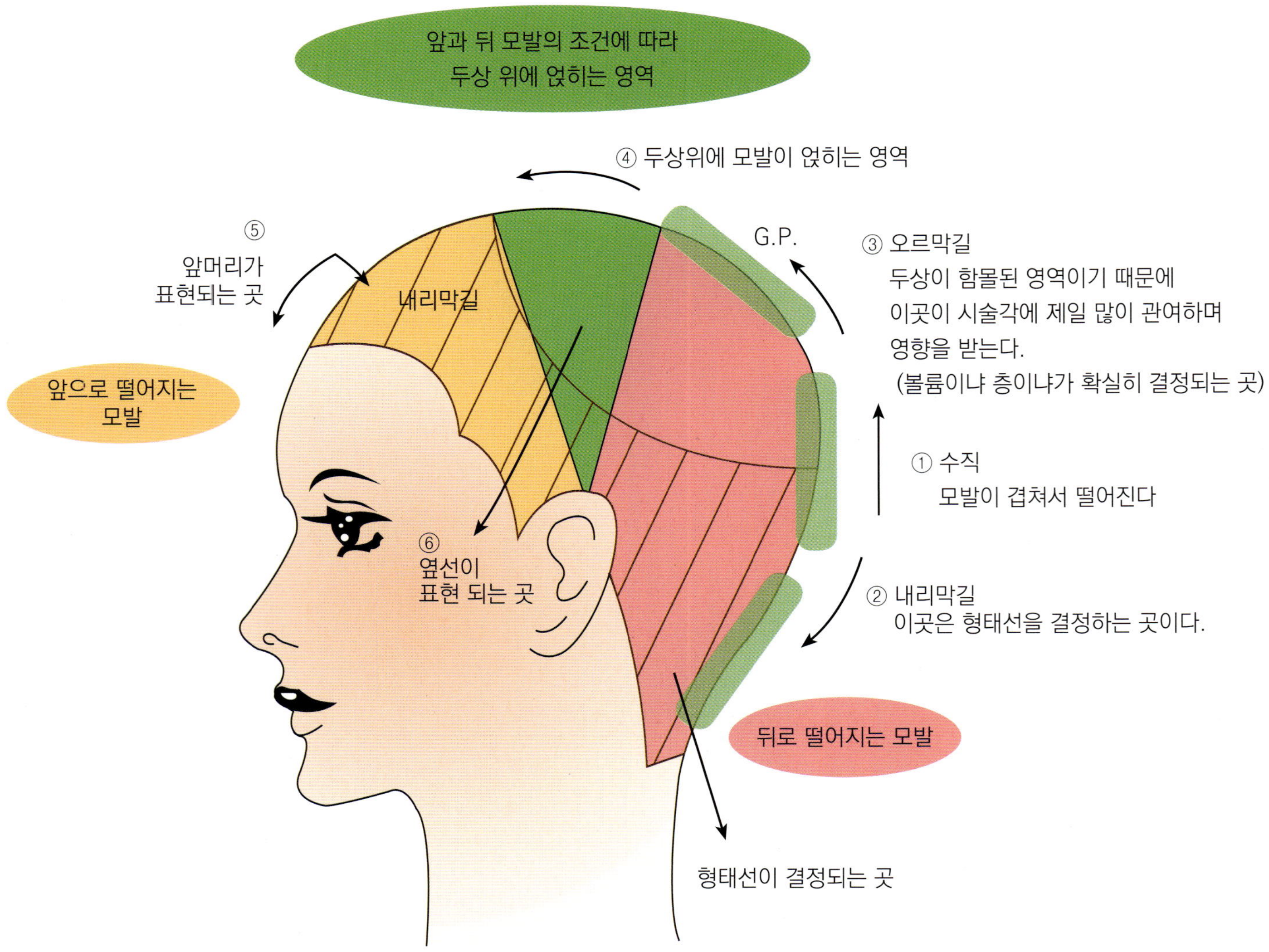

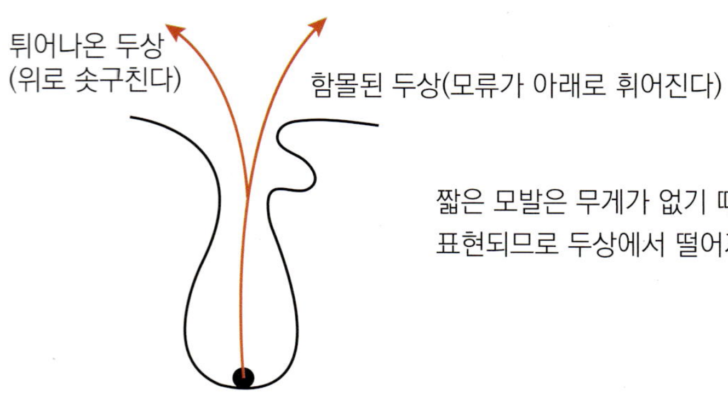

짧은 모발은 무게가 없기 때문에 두상의 영향을 받아 헤어스타일이 표현되므로 두상에서 떨어지는 모발을 성절을 알고 시술하여야 한다.

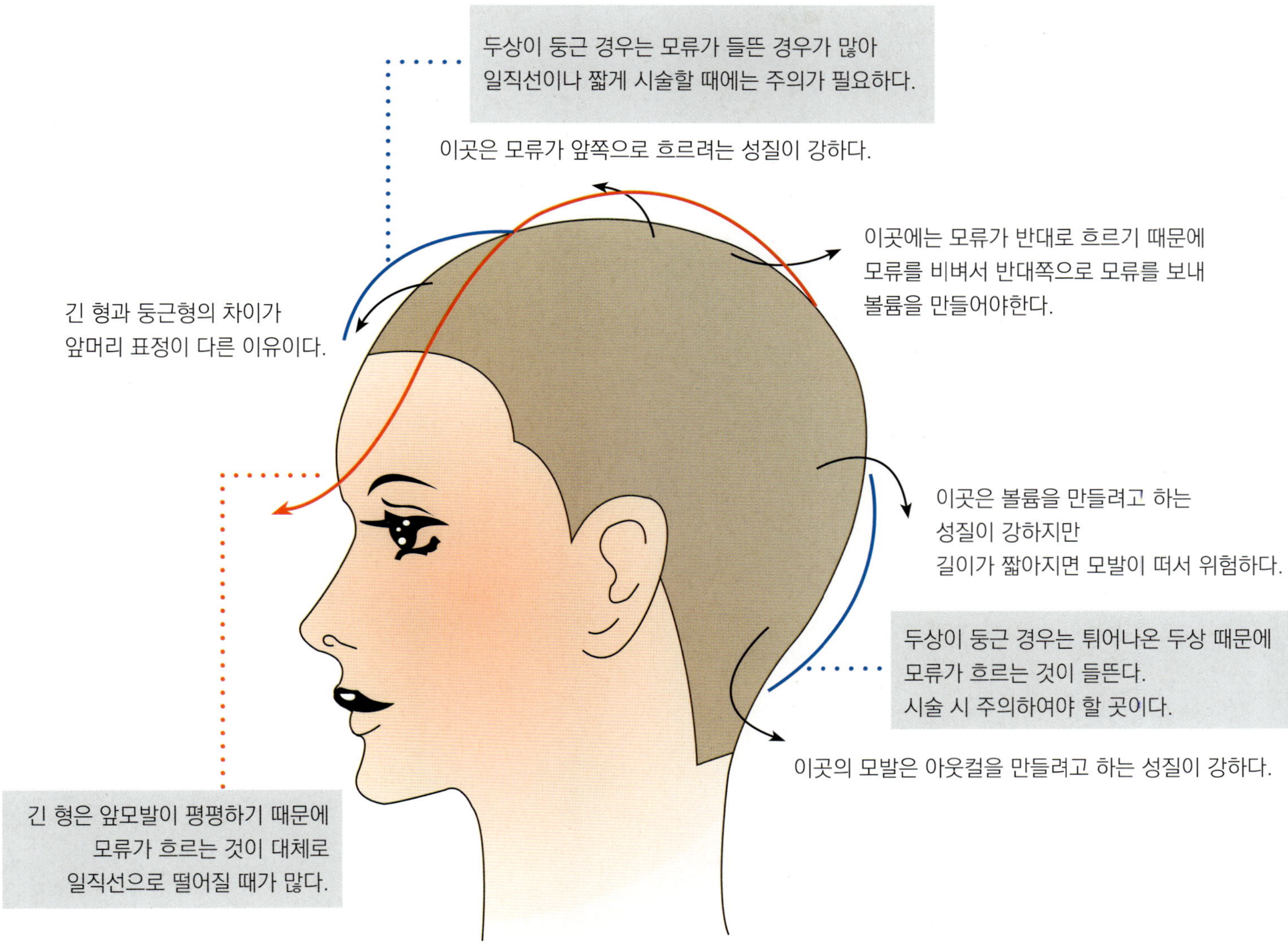
두상이 둥근 경우는 모류가 들뜬 경우가 많아
일직선이나 짧게 시술할 때에는 주의가 필요하다.
이곳은 모류가 앞쪽으로 흐르려는 성질이 강하다.
이곳에는 모류가 반대로 흐르기 때문에
모류를 비벼서 반대쪽으로 모류를 보내
볼륨을 만들어야한다.
긴 형과 둥근형의 차이가
앞머리 표정이 다른 이유이다.
이곳은 볼륨을 만들려고 하는
성질이 강하지만
길이가 짧아지면 모발이 떠서 위험하다.
두상이 둥근 경우는 튀어나온 두상 때문에
모류가 흐르는 것이 들뜬다.
시술 시 주의하여야 할 곳이다.
이곳의 모발은 아웃컬을 만들려고 하는 성질이 강하다.
긴 형은 앞모발이 평평하기 때문에
모류가 흐르는 것이 대체로
일직선으로 떨어질 때가 많다.

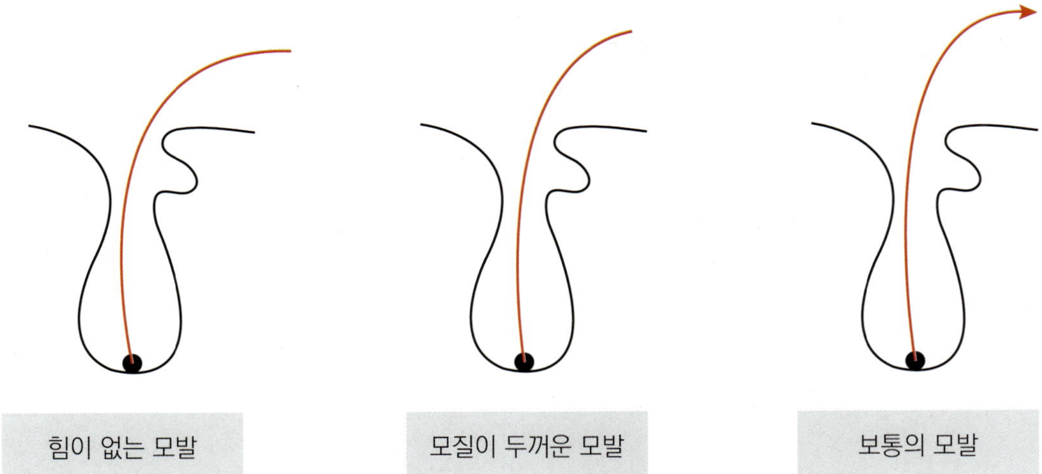
힘이 없는 모발
모질이 두꺼운 모발
보통의 모발

3. 샤기 표현 방법

▶ 샤기의 뜻

불규칙적으로 커트된 상태
깃털처럼 가볍고 솜처럼 부드럽다.

샤기 표현에 사용되는 도구

스트록 가위, 레자, 틴닝
샤기 표현방법은 이븐샤기 + 언이븐샤기가 시술되어야 샤기표현이 가능하다.

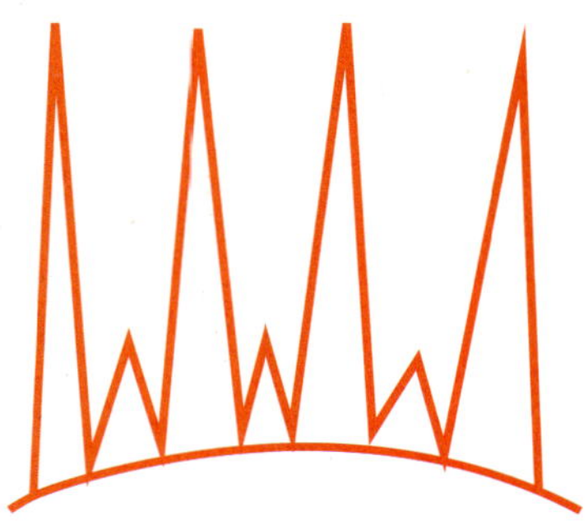

이븐샤기
끝 모발의 길이가 같다.
이븐샤기만 표현하면 공기감이 적다.
모발의 길이가 섞여지지 않기 때문에 무겁게 표현된다.
(모발 끝부분에서 많이 사용된다)

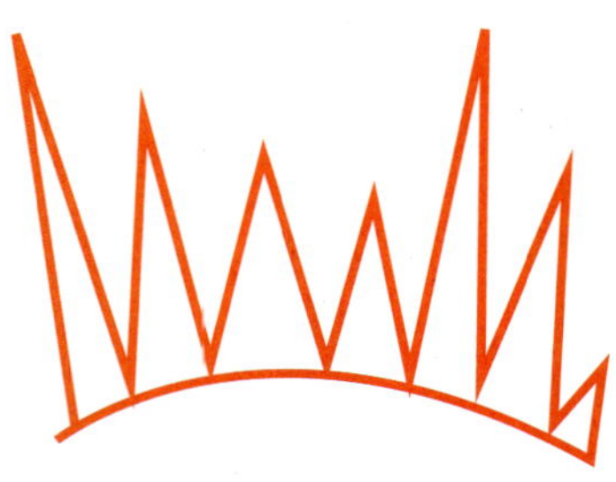

언이븐샤기
길이가 고르지 않은 상태 불균형한 샤기로 더 한층 공기감을 표현.
짧은 길이에 공기감이 많아진다.
(이너틴닝 영역 : 안쪽에서 많이 사용된다)

유니폼레이어 변형 1

얼굴선을 예쁘게 표현하여 둥근 실루엣으로 여성스러움을 강조한 멋진 스타일 1

앞머리 길이를 짧게 하고 전체적인 유니폼레이어를 시술하여 옆선, 앞선, 뒷선을 얼굴선이 예쁘게 표현되게 시술한 스타일.

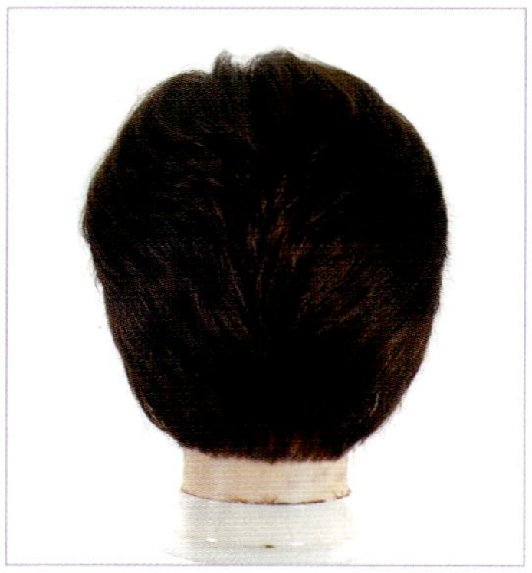

시술방법

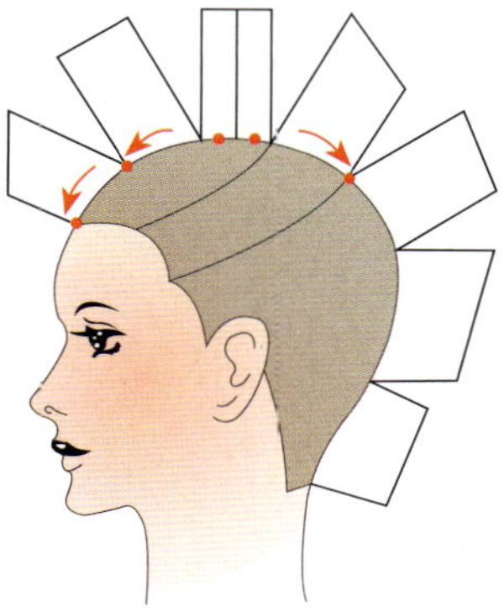

1. 모류보정

형태선이 예쁘게 표현되기 위한 기초 작업을 시술한다.

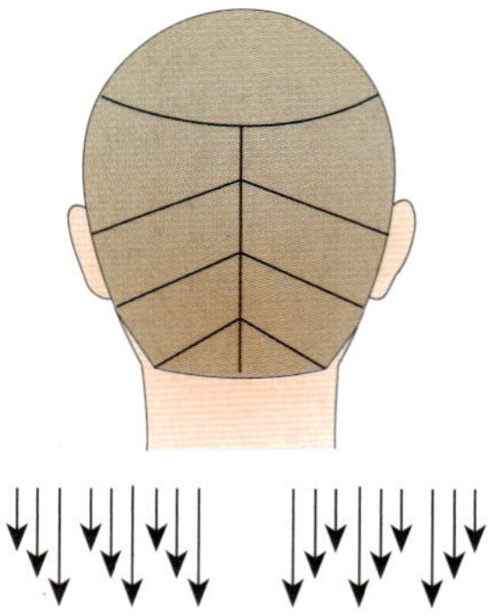

2. 오버섹션 영역시술

① 전두부

- 길이가이드 : T.G.M.P에서 11cm
- 슬라이스 : 가로, 사선
- 베이스 : 온더베이스와 사이드베이스
- 시술각 : 일반시술각 90°(베이스가 밀어진 자리에서)

② 후두부

- 길이가이드 : T.G.M.P
- 슬라이스 : ①②세로, ③④⑤사선, ⑥⑦사선
- 베이스 : 온더베이스
- 시술각 : G.P가 일반시술각 90°가 되게 하고 T.G.M.P와 연결하여 시술

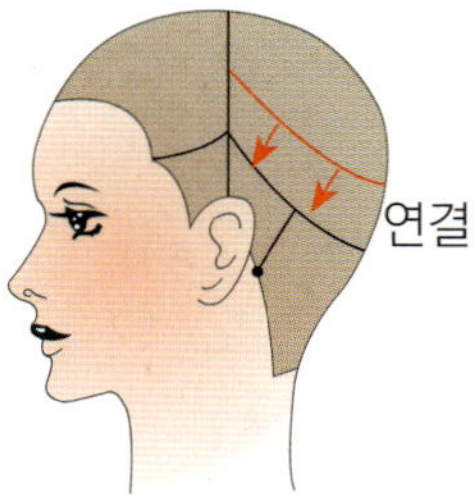

3. 미들섹션

· 길이가이드 : G.P

· 슬라이스 : ①②세로, ③④⑤사선, ⑥⑦사선

· 베이스 : 온더베이스

· 시술각 : 일반시술각 90°

4. 형태선 만들기

① 앞뒤나누기

② 영역나누기

③ E.B.P가이드를 손가락을 수직으로 시술하여 E.P길이가이드 결정

④ S.C.P에서 길이가이드 설정하여 뒷선에서 온 E.P랑 연결하여 먼저 길이가이드를 결정

⑤ 중심에 손을 들어서 시술각을 무난하게 하여 모량제거

⑥ 연결

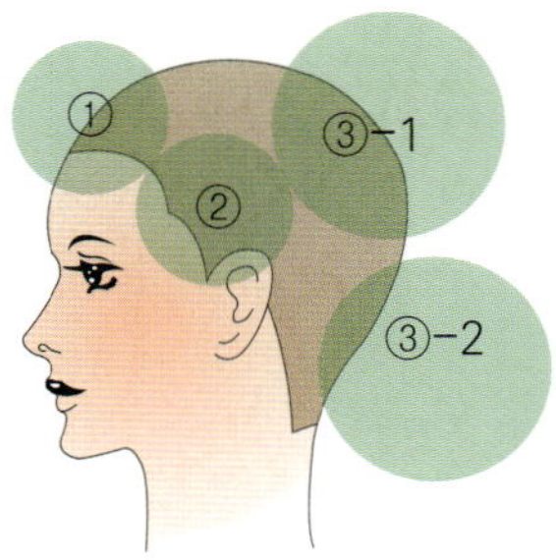

5. 질감처리

① 앞머리 표정 만들기 → 모발 끝부분에 라인틴닝

② 옆선만들기 → 모발 끝부분에 라인틴닝

③-1 중심축잡기와 볼륨과 입체감만들기. 이너그라데이션 틴닝

③-2 모량제거와 형태선 확인. 이너레이어 틴닝

모류보정

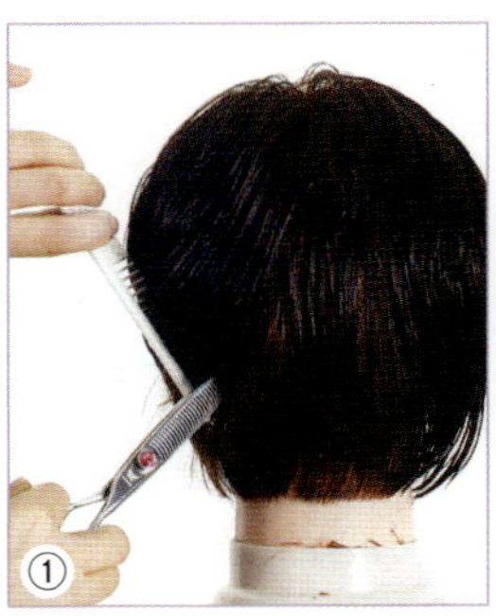

① 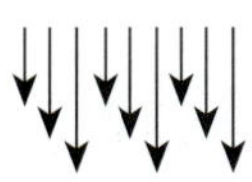 모발의 길이를 형태선이 표현될 수 있도록 모량을 조절한다.

② 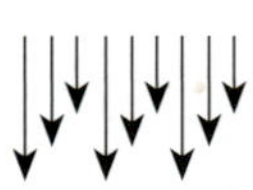 반대쪽으로 빗질하여 모량조절을 하고 모류보정을 하기 위하여 틴닝가위로 시술한다.

오버섹션

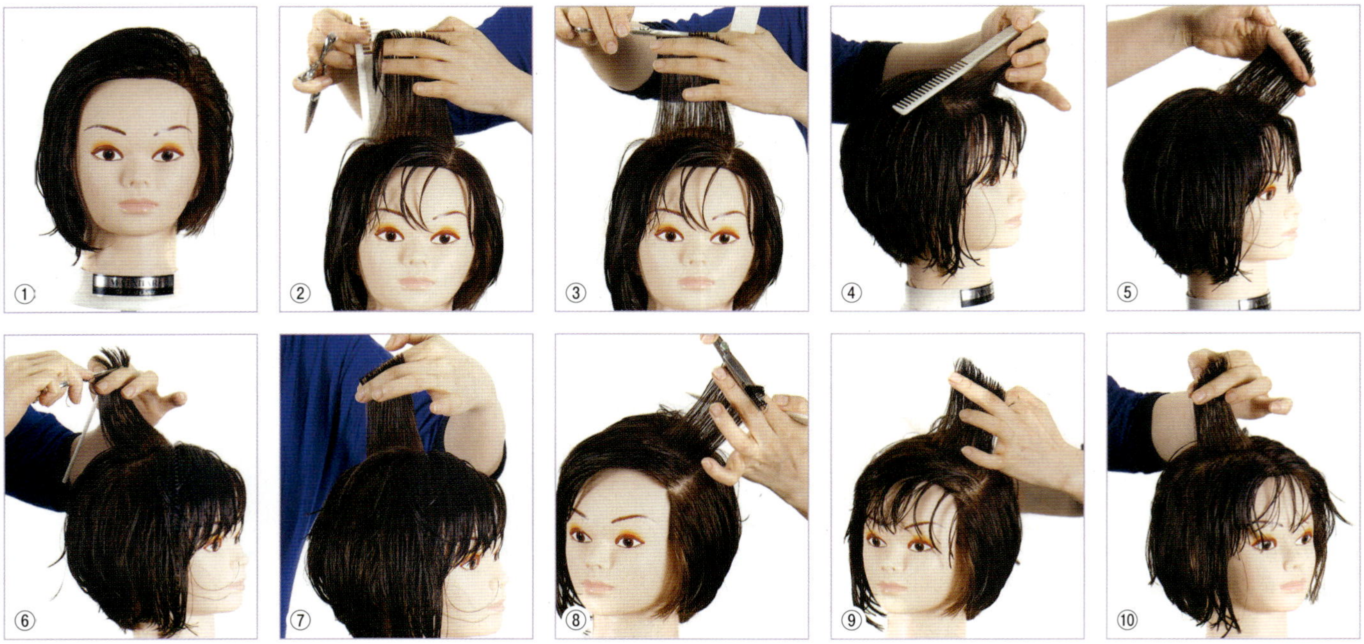

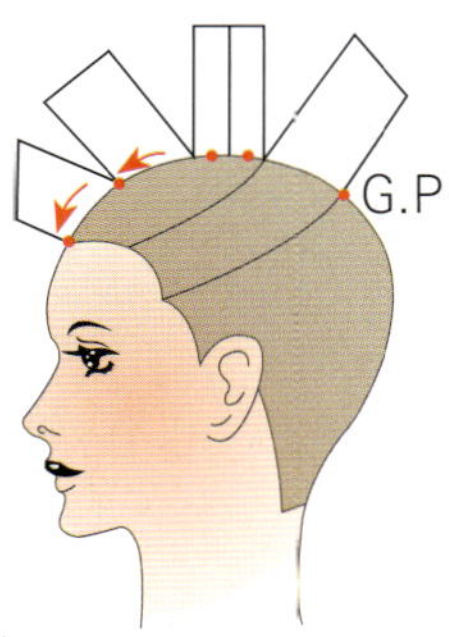

① 시술 전 상태
② T.G.N.P에서 길이가이드를 11cm 설정한다.
③ 가로슬라이스, 온더베이스, 일반시술각 90°로 시술한다.
④ 두상이 함몰된 부분의 내리막길의 두상에서는 베이스를 앞쪽으로 밀어서 시술한다.
⑤ 시술해 놓은 상태의 모발의 길이이다.
⑥ 앞에서 설정된 길이가이드를 G.P의 일반시술각 90°가 되게 시술한다.
⑦ 시술하고 난 후의 모발길이의 형태이다.
⑧ 밑 모발이 짧고 윗 모발이 길어지게 시술이 된 상태이다.
⑨⑩ 반대쪽도 동일한 방법으로 시술한다.

미들섹션

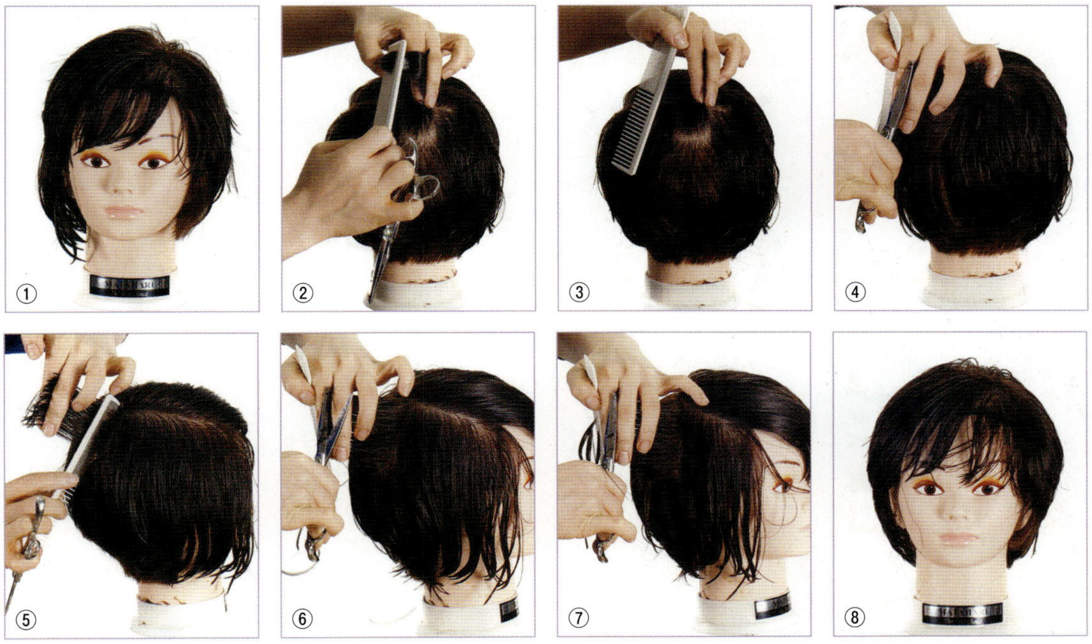

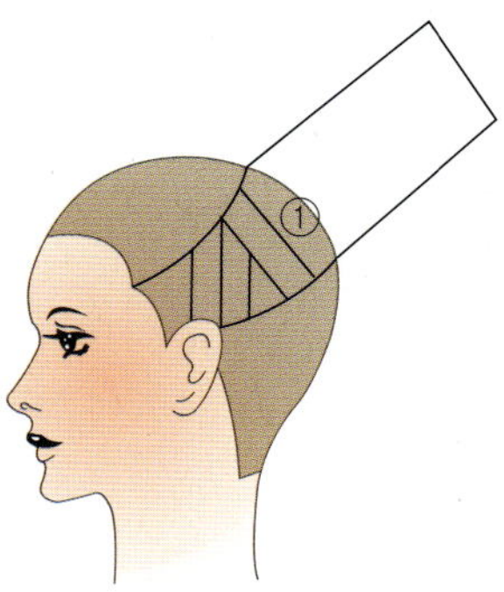

① 오버섹션을 시술해 놓은 상태이다.

② 중심에서 세로슬라이스, 온더베이스, 일반시술각 90°로 시술한다.

③ 일반시술각 90°로 시술이 된 상태이다.

④ 3번째의 슬라이스는 사선슬라이스를 온더베이스로 시술한다.

⑤ 반대쪽에 중심축도 세로슬라이스, 온더베이스, 일반시술각 90°로 시술한다.

⑥ 일반시술각 90°, 온더베이스로 시술하여 두상의 곡면을 그대로 연장한다.

⑦ 사선슬라이드, 온더베이스, 일반시술각 90°로 시술한다.

⑧ 미들섹션까지 시술이 끝난 상태이다.

형태선 만들기(후하부, 옆선)

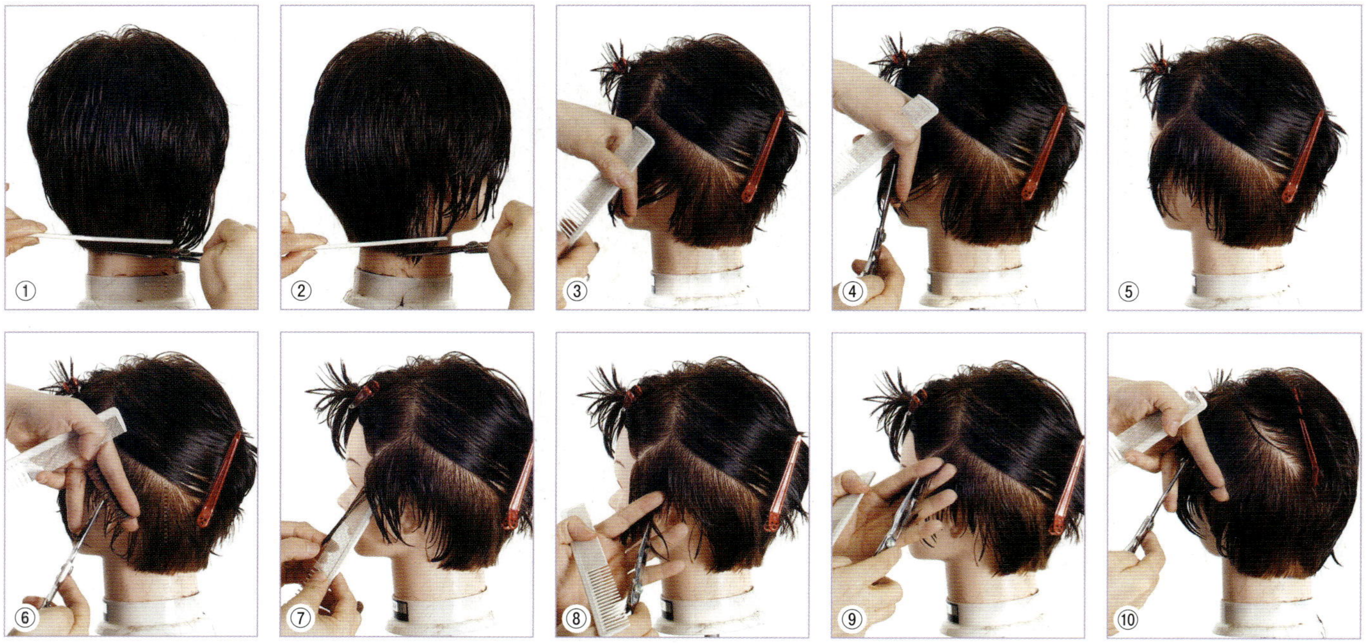

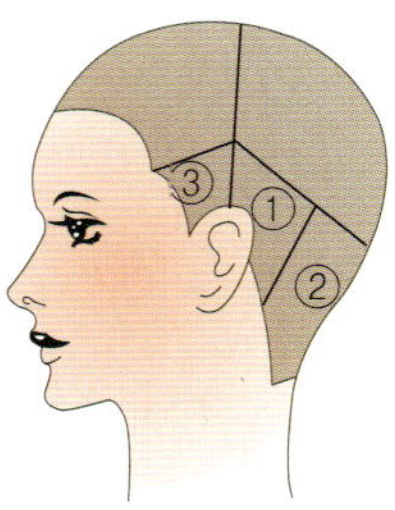

① 후하부에 U라인의 형태선을 만들기 위해 길이가이드를 설정한다(3cm 이하이기 때문에 빗으로 설정한다).
② U라인 형태선 만들기를 시술한다.
③ E.B.P에서 온 가이드를 손가락을 수직으로 하여 옆선만들기를 한다.
④ 밑모발이 길고 윗모발이 짧아지게 하여 점점 길면서 짧게 모발이 떨어진다.
⑤ 뒷선의 형태선이 결정된 상태이다.
⑥ 모발의 무게를 제거하기 위한 형태선 만들기의 중앙에 손가락을 들어서 낫칭으로 시술한다.
⑦ S.C.P에서 옆선의 길이가이드를 설정한다.
⑧ S.C.P와 E.P의 길이가이드를 연결한다.
⑨ 다시 판넬의 중심부로 손가락을 들어서 모량을 조절한다.
⑩ 윗 모발과 아랫모발의 길이를 연결한다.

반대 옆선 만들기

① 반대쪽에 S.C.P에서 길이가이드를 설정한다.
② E.P가이드와 S.C.P가이드를 연결한다.
③ 판넬의 중심부로 손가락을 들어서 모량을 제거한다.
④ 뒷선의 형태선과 다시 한 번 연결한다.
⑤ 앞머리와 옆선의 모발을 연결한다.

중심축 연결하기

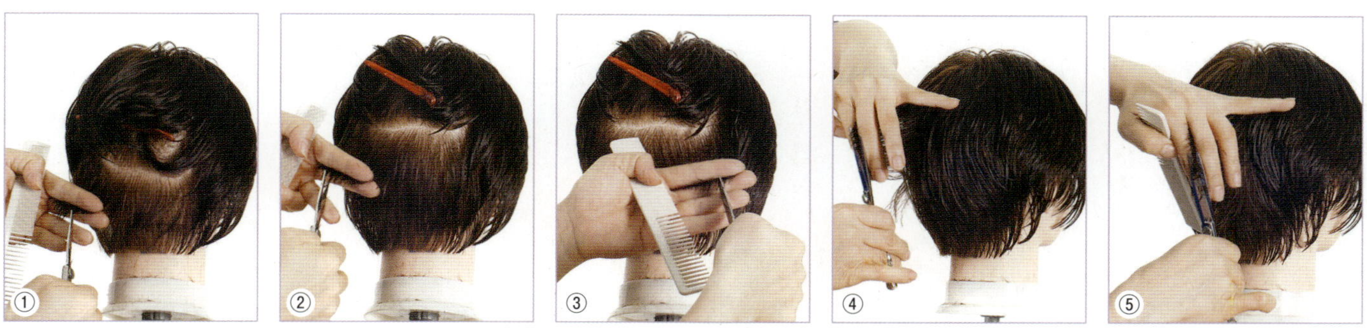

① 중심축의 길이가이드를 손가락을 들어서 낫칭으로 시술한다.
② 옆선에서 나온 가이드와 중심축의 가이드를 연결한다.
③ 반대쪽도 동일한 방법으로 연결한다.
④ 후하부와 후중부의 모발을 세로로 슬라이스를 떠서 연결한다.
⑤ 두상이 함몰된 부분은 사선슬라이스를 떠서 연결한다.

앞머리 표정 만들기

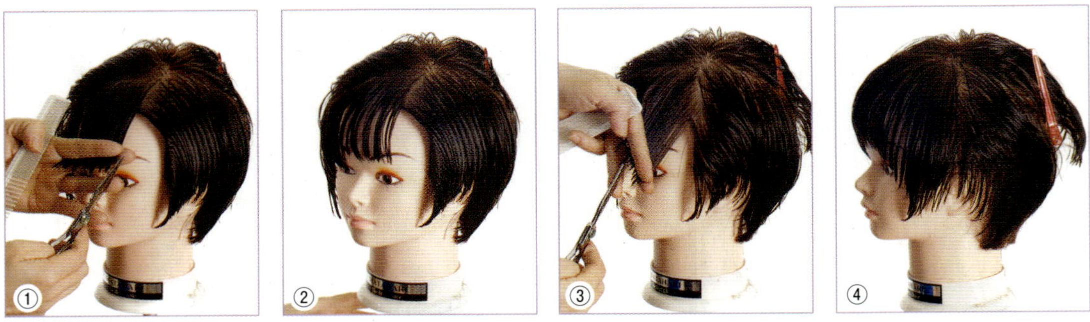

① 사선 슬라이스를 한 후 F.S.P의 가이드를 반대쪽으로 빗질하여 낫칭으로 시술한다.

② 시술을 하고 난 후의 상태이다.

③ 반대쪽도 F.S.P의 가이드를 길이가이드와 연결한다.

④ 앞머리가 시술이 종료된 상태이다.

쳐내기방법

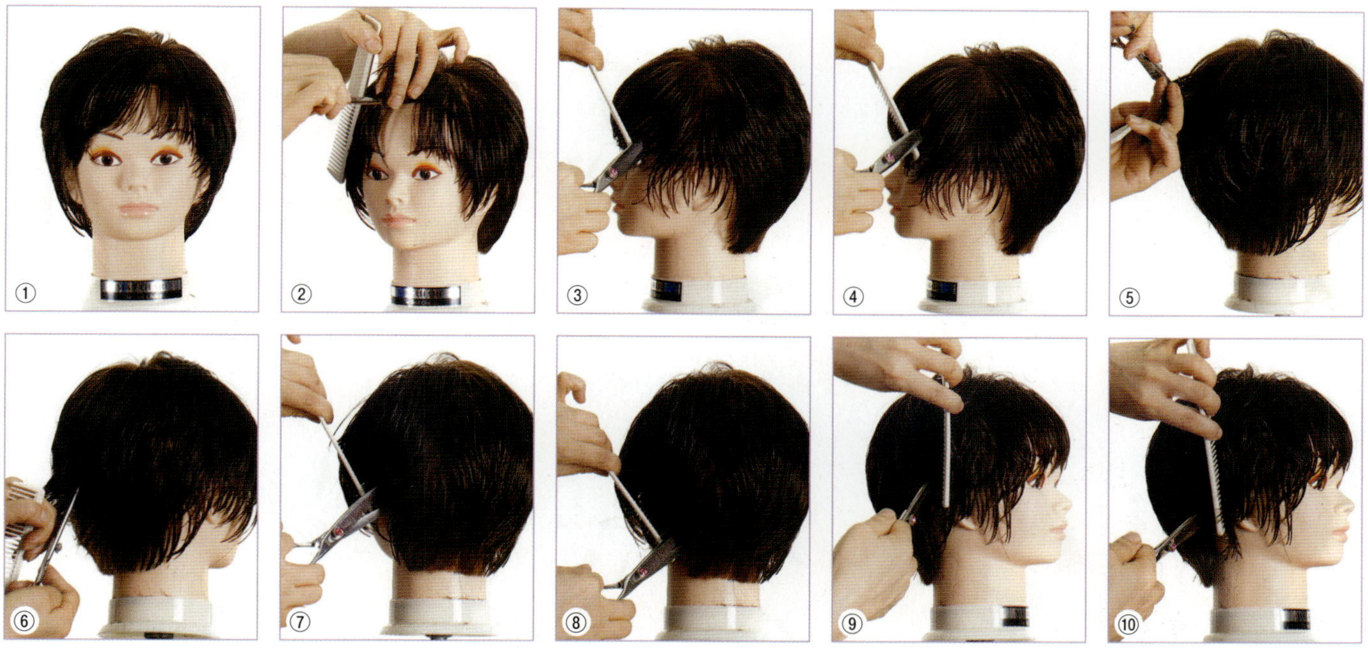

① 쳐내기 전의 시술상태

② 앞머리에 자연스러운 볼륨을 주기 위한 방법으로 틴닝을 윗모발이 길고 속모발이 짧게 넣어 C커브를 그리면서 모발을 빼고 모량조절을 한다.

③④ 옆선에 모량조절을 하기 위해 사선으로 빗질하여 틴닝으로 길이를 혼합한다.

⑤ 중심축에 볼륨을 주기 위해 이너그라데이션틴닝을 넣는다.

⑥ 모량을 제거하기 위해 이너레이어틴닝을 넣는다.

⑦⑧ 방향성을 제시하기 위해 모발을 앞쪽으로 빗질하여 앞모발의 길이가 짧고 뒷모발의 길이가 길게 틴닝한다.

⑨⑩ 반대쪽도 동일한 방법으로 시술한다.

유니폼레이어 변형 2

얼굴선을 예쁘게 표현하여 둥근 실루엣으로 여성스러움을 강조한 멋진 스타일 2

전체적인 두상을 일반시술각 90°로 시술하고 앞머리와 옆선, 뒷선의 형태선을 얼굴선이 예쁘게 표현되는 길이로 표현한다.

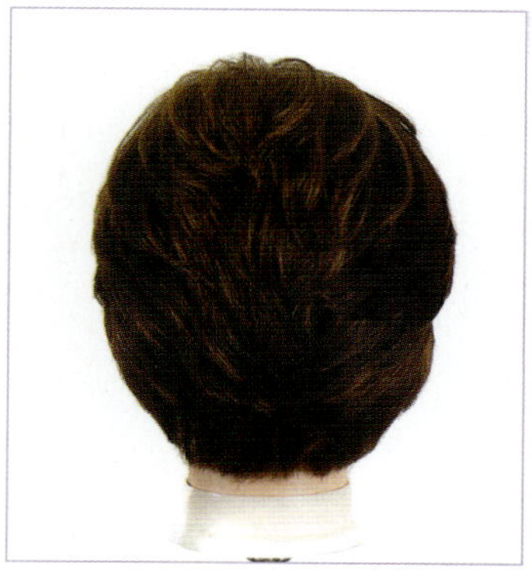

시술방법

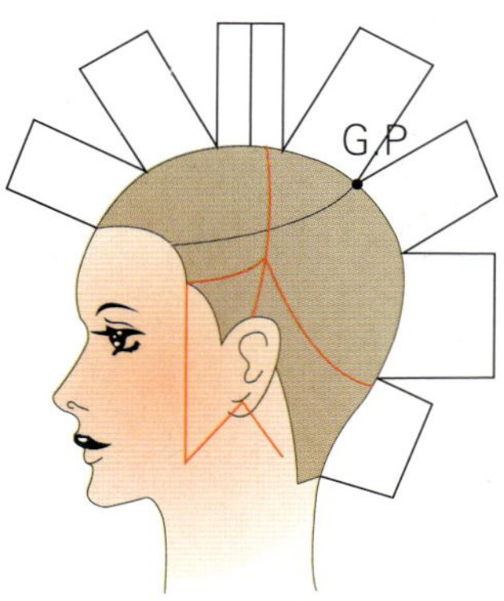

1. 모류보정

형태선이 예쁘게 표현되기 위한 기초 작업을 시술한다.

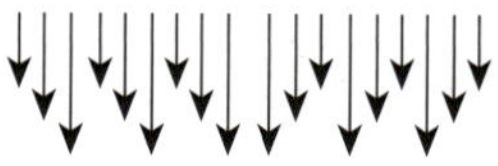

2. 오버섹션 영역시술

① 전두부

길이가이드 : T.G.M.P에서 11cm

슬라이스 : 가로, 사선

베이스 : 온더베이스와 사이드베이스

시술각 : 일반시술각 90°

② 후두부

길이가이드 : T.G.M.P와 G.P연결

슬라이스 : ①②세로, ③④⑤사선, ⑥⑦사선

베이스 : 온더베이스

시술각 : 일반시술각 90°

3. 미들섹션

길이가이드 : G.P

슬라이스 : ①②세로, ③④⑤사선, ⑥⑦사선

베이스 : 온더베이스

시술각 : 일반시술각 90°

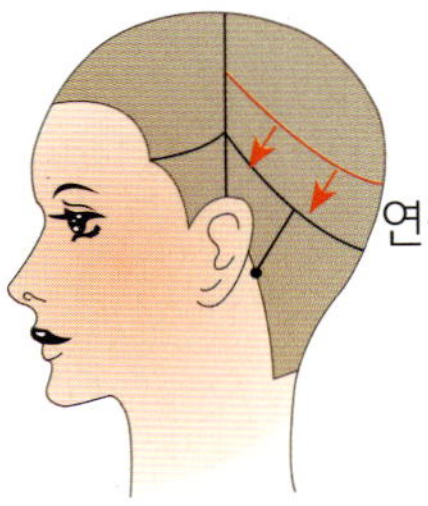

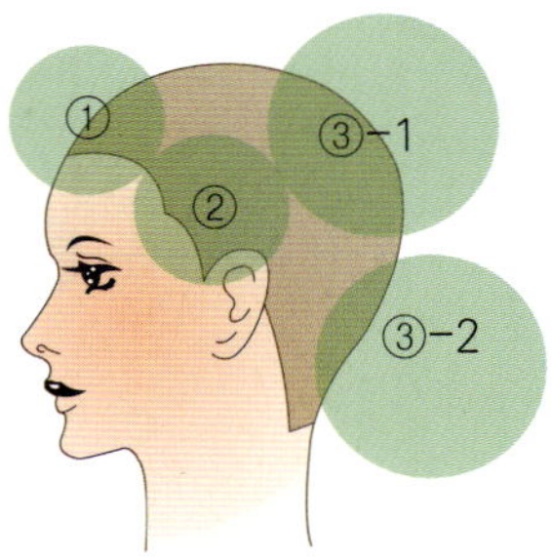

4. 형태선 만들기

① 앞뒤나누기

② 영역나누기

③ E.B.P가이드를 손가락을 수직으로 시술하여 E.P길이가이드 결정

④ S.C.P에서 길이가이드 설정하여 뒷선에서 온 E.P랑 연결하여 먼저 길이가이드를 결정

⑤ 중심에 손을 들어서 시술각을 무난하게 하여 모량제거

⑥ 연결

5. 질감처리

① 앞머리 표정 만들기 → 모발 끝부분에 라인틴닝

② 옆선만들기 → 모발 끝부분에 라인틴닝

③-1 중심축잡기와 볼륨과 입체감만들기. 이너그라데이션 틴닝

③-2 모량제거와 형태선 확인. 이너레이어 틴닝

모류보정

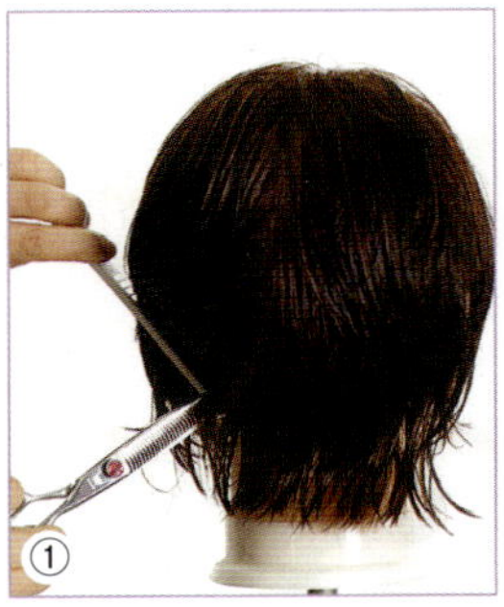

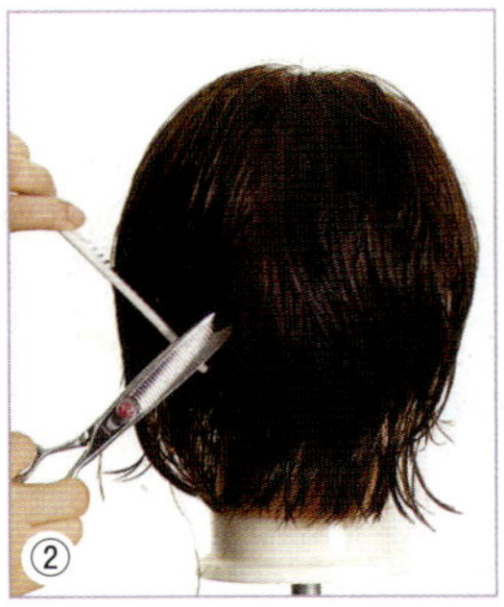

①② 모발을 앞쪽으로 빗질하여 앞모발이 짧고 뒷모발이 길어지게 하여 모류보정을 한다.

③ 반대쪽도 동일한 방법으로 시술한다.

오버섹션영역

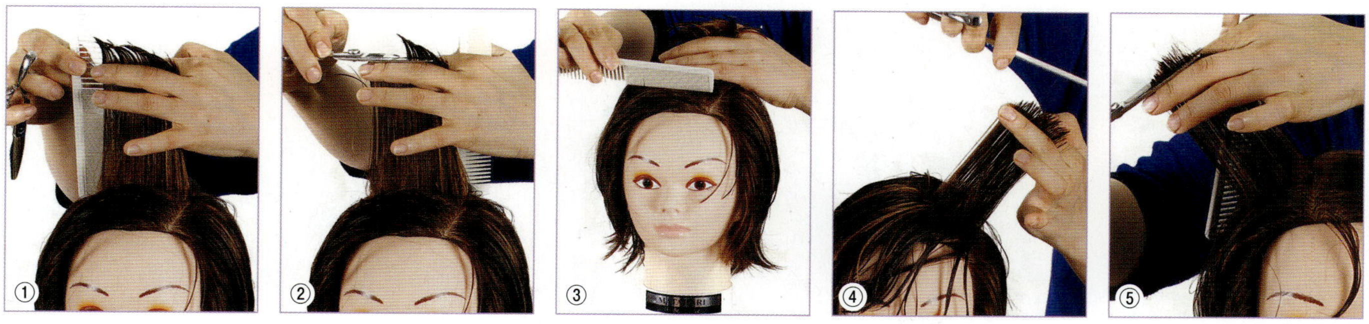

① T.G.M.P에서 길이가이드 11cm를 설정한다.

② 가로 슬라이스, 온더베이스, 일반시술각 90°로 시술한다.

③ 온더베이스, 일반시술각 90°로 시술한다.

④ 온더베이스, 일반시술각 90°로 시술한다.

⑤ 오버섹션영역은 두상 곡면대로 그대로 연장한 유니폼 레이어를 시술한다.

미들섹션영역 시술

① 세로 슬라이스, 온더베이스, 일반시술각 90°로 시술한다.

② ②번째로 ①번과 동일한 방법으로 시술한다.

③ 사선슬라이스를 뜨고 온더베이스, 일반시술각 90°로 시술한다.

④⑤ 사선슬라이스, 온더베이스, 일반시술각 90°로 시술한다.

형태선 만들기

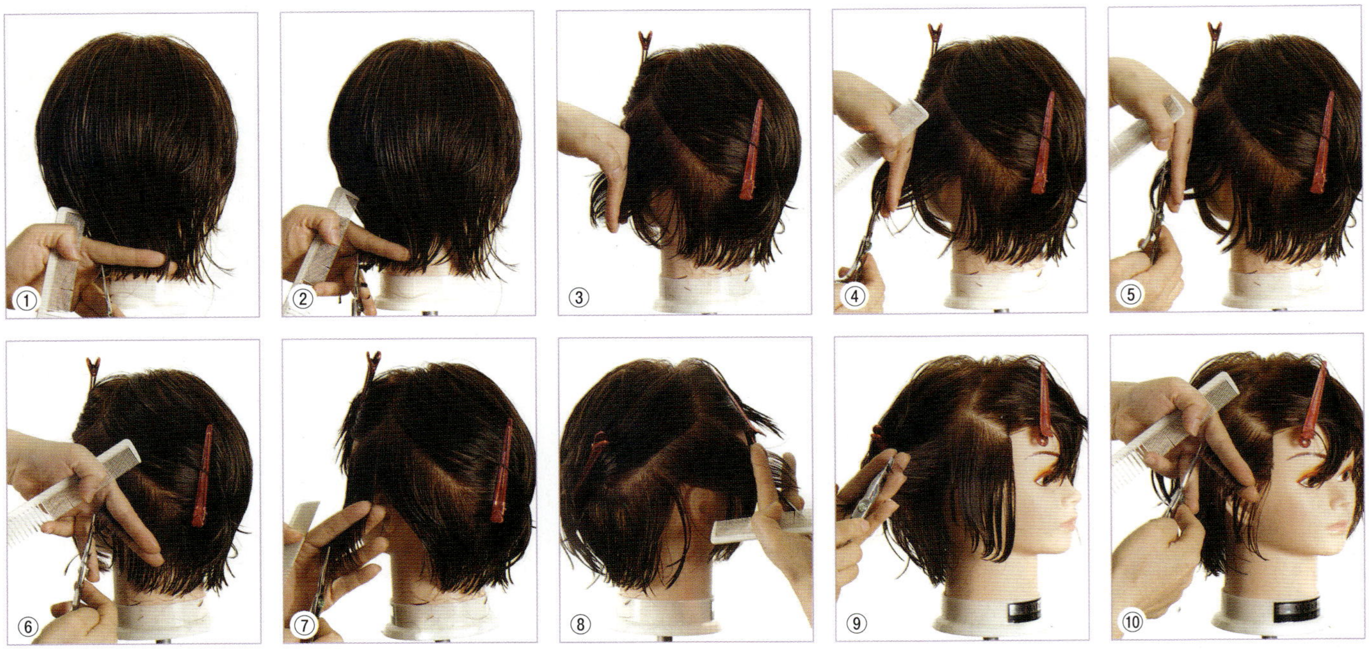

① 후하부에 형태선을 만들기 위한 길이가이드를 설정한다.

② 후하부에 U라인의 형태선을 만든다.

③④⑤ E.B.P의 길이가이드를 설정하여 손이 수직이 되게 하여 밑모발이 길고 윗모발이 짧게 시술한다.

⑥ 시술각을 들어서 모발을 가볍게 모량조절을 한다.

⑦ 옆선의 길이가이드와 E.P의 길이가이드를 S.C.P를 길이를 연결한다.

⑧ 반대쪽도 E.B.P에서 가이드를 설정하여 손이 수직이 되게 하여 커트한다.

⑨ 시술각을 들어서 모발의 길이를 제거하여 무게를 없앤다.

⑩ 윗모발과 아래의 형태선의 길이를 연결한다.

중심축과 옆선 연결

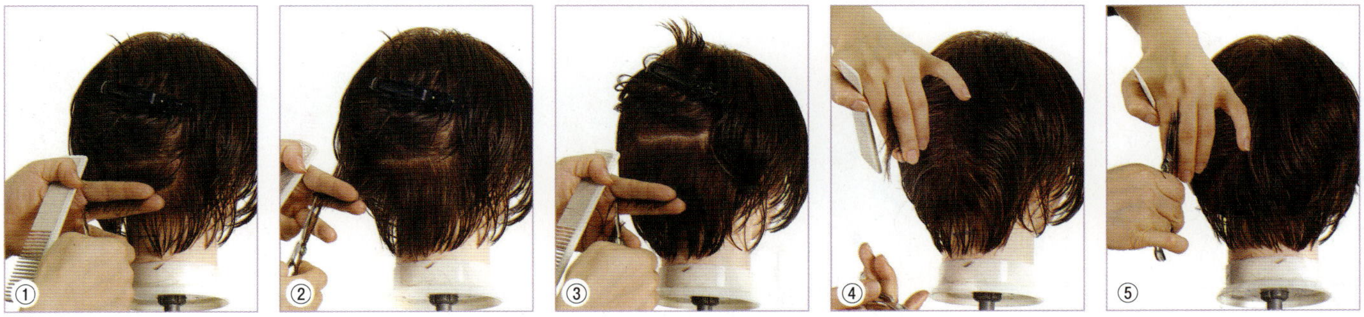

① 중심축의 길이가이드를 한 판넬의 중심까지 시술각을 들어서 시술한다.

② 형태선을 시술한 부분과 중심축의 가이드를 사선으로 연결한다.

③ ①번에 시술했던 가이드로 손가락의 판넬을 내려서 시술한다.

④ 후하부와 후중부의 모발을 세로로 연결한다.

⑤ 중심부는 세로로 연결하고 옆선은 사이드로 연결한다.

앞머리 표정 만들기

① 가르마를 한 후, 사선 슬라이스와 평행하게 하여 시술한다.

② 형태선을 만드는 영역을 다시 한 번 모발을 빗질하여 시술한다.

③ ①번에 시술 한 번 ½의 판넬을 떠서 길이를 짧게 하여 다시 한 번 시술한다.

④ F.S.P의 길이가이드를 설정하여 길이가이드와 연결한다.

쳐내기

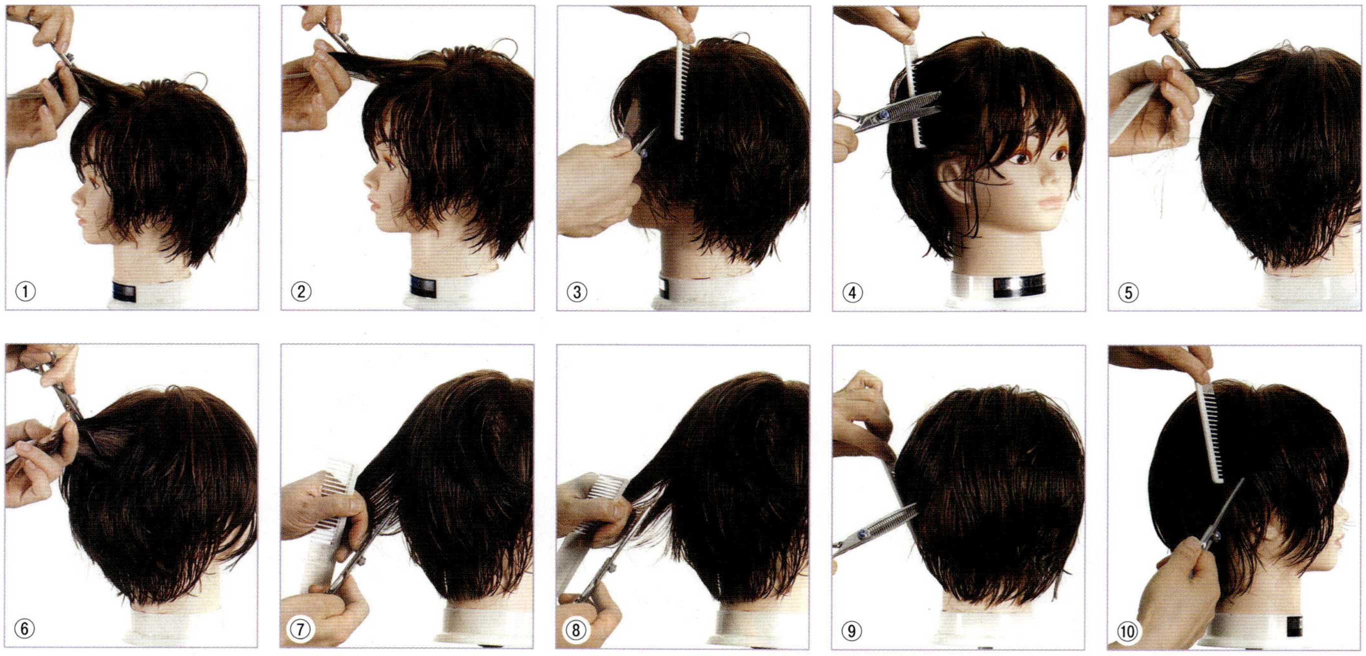

① 앞머리에 볼륨을 주기 위해 틴닝가위가 그래쥬에이션이 되게 들어가고 C커브를 빼면서 시술한다.
② 또 다시 안쪽에 넣어 한 번 더 시술한다.
③④ 옆선의 흐름에 모량조절을 틴닝으로 시술한다.
⑤⑥ 또 다시 안쪽에 넣어 한 번 더 시술한다.
⑦⑧ 볼륨을 주기 위한 이너그라데이션 틴닝을 넣는다.
⑨⑩ 모발의 방향을 주기 위하여 모발을 앞쪽으로 빗질하고 틴닝가위로 시술한다.

시술종료

유니폼레이어 변형(투블럭)

골격보정을 하여 머리 끝의 흐름을 샤프하고 멋지게 표현한 짧은 헤어스타일

골격을 보정하기 위한 투블럭의 헤어스타일

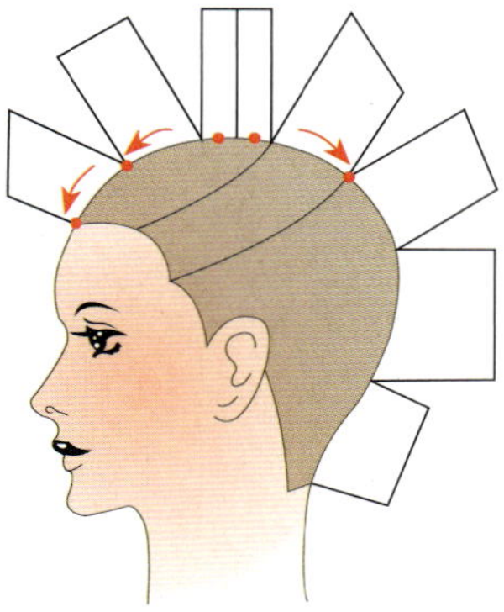

1. 모류보정

형태선이 예쁘게 표현되기 위한 기초 작업을 시술한다.

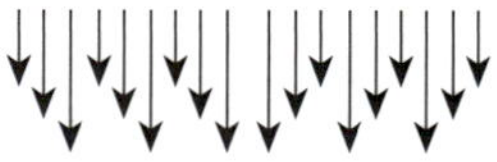

2. 오버섹션 영역시술

① 전두부

길이가이드 : T.G.M.P에서 11cm

슬라이스 : 가로, 사선

베이스 : 온더베이스와 사이드베이스

시술각 : 일반시술각 90°(베이스가 밀어진 자리에서)

② 후두부

길이가이드 : T.G.M.P와 G.P연결

슬라이스 : ①②세로, ③④⑤사선, ⑥⑦사선

베이스 : 온더베이스

시술각 : 일반시술각 90°

3. 미들섹션

길이가이드 : G.P

슬라이스 : ①②세로, ③④⑤사선, ⑥⑦사선

베이스 : 온더베이스

시술각 : 일반시술각 90°

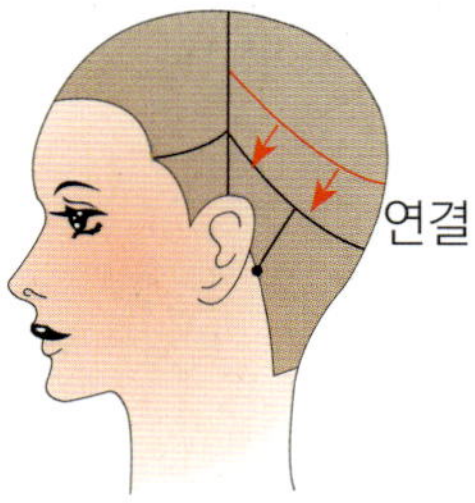

4. 형태선 만들기

① 앞뒤나누기

② 영역나누기

③ E.B.P가이드를 손가락을 수직으로 시술하여 E.P길이가이드 결정

④ S.C.P에서 길이가이드 설정하여 뒷선에서 온 E.P랑 연결하여 먼저 길이가이드를 결정

⑤ 중심에 손을 들어서 시술각을 무난하게 하여 모량제거

⑥ 연결

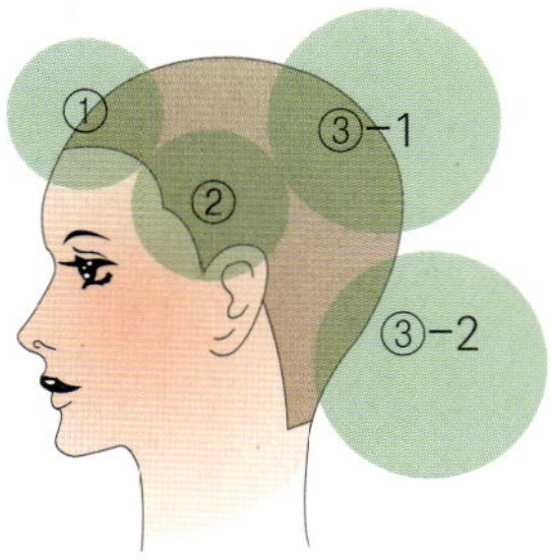

5. 질감처리

1. 앞머리 표정 만들기 → 모발 끝부분에 라인틴닝
2. 옆선만들기 → 모발 끝부분에 라인틴닝

3-1 중심축잡기와 볼륨과 입체감만들기. 이너그라데이션 틴닝

3-2 모량제거와 형태선 확인. 이너레이어 틴닝

오버섹션 영역 시술방법

① 시술 전의 상태

② T.G.M.P에서 10cm길이가이드를 설정하여 가로 슬라이스, 온더베이스, 일반시술각 90°로 시술한다.

③ 베이스를 앞쪽으로 밀어서 앞 모발이 점점 짧아지게 시술한다.

④ 다음 판넬로 모발을 앞쪽으로 베이스를 밀어서 앞 모발이 점점 짧아지게 시술한다.

⑤ 베이스를 G.P쪽으로 밀어서 뒷모발이 짧아지게 시술한다.

⑥⑦ G.P까지 베이스를 밀어서 뒷모발이 짧아지게 시술한다.

⑧ 밑 모발이 짧고 윗 모발이 길게 손가락을 그래쥬에이션으로 하여 시술한다.

⑨ 오버섹션의 영역을 밑 모발이 짧고 윗 모발이 길게 그래쥬에이션으로 하여 시술한다.

미들섹션

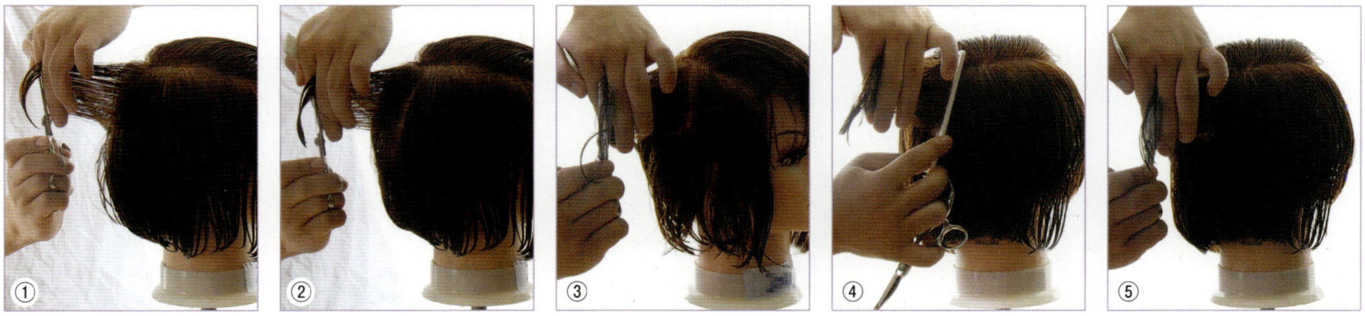

① 중심축에서 세로로 판넬을 떠서 온더베이스, 자연시술각 90°로 시술한다.

② 다음 판넬로 세로로 판넬을 떠서 온더베이스, 자연시술각 90°로 시술한다.

③ 사선으로 슬라이스를 떠서 온더베이스로 자연시술각 90°로 시술한다.

④⑤ 반대쪽도 중심축을 제외한 부분은 사선 슬라이스를 떠서 온더베이스로 자연시술각 90°로 시술한다.

쳐내기

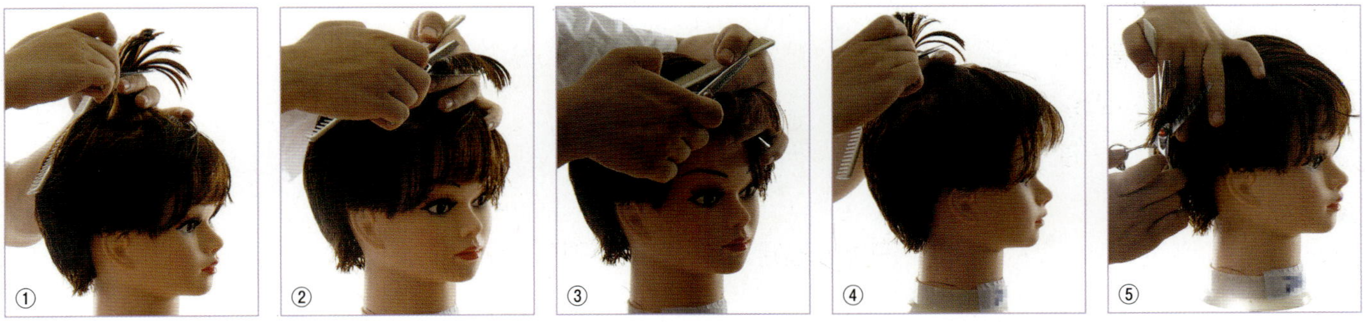

①② 시술했던 모발의 길이 반에서 틴닝가위로 모발 끝부분에 모량조절을 한다.

③④⑤ 모발 끝부분에 틴닝으로 모량제거를 한다.

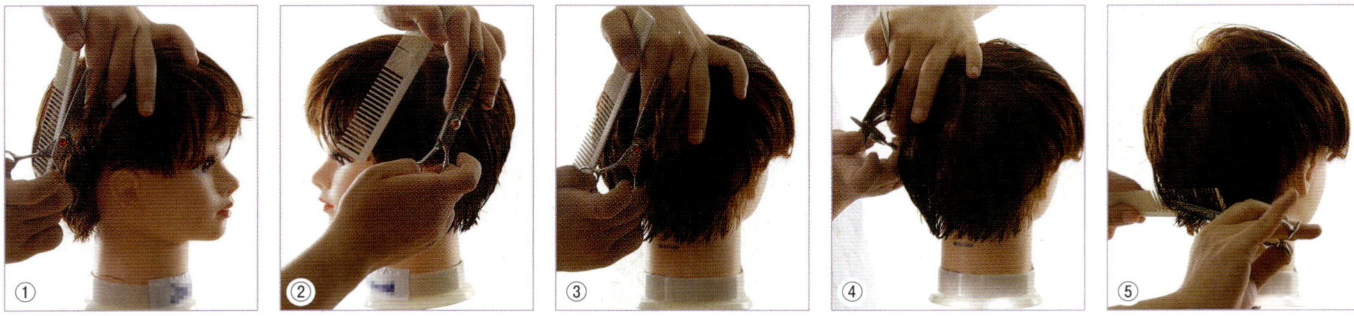

① 시술했던 도해도대로 모발을 펼쳐서 끝부분의 모량을 조절한다.
②③ 면에 대한 90°로 그대로 펼쳐서 끝부분의 모량을 조절한다.
④ 시술했던 각도로 손가락에 모발을 잡고 끝부분에 틴닝을 넣는다.
⑤ 모발이 떨어진 대로 영역을 나누어서 틴닝으로 모량조절을 한다.

옆선 만들기

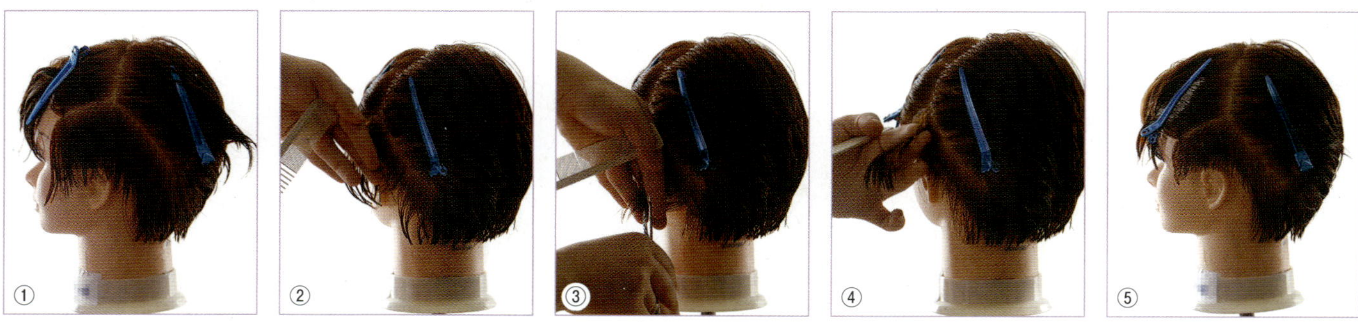

① 시술하기 좋게 영역나누기를 해놓은 상태이다.
② 시술각을 들어서 길이를 짧게 시술한다.
③ 밑 모발로 시술각을 들어서 길이를 짧게 시술한다.
④ 앞 선에 해당하는 옆선의 모발을 시술각을 들어서 짧게 시술한다.
⑤ 시술이 종료된 상태이다.

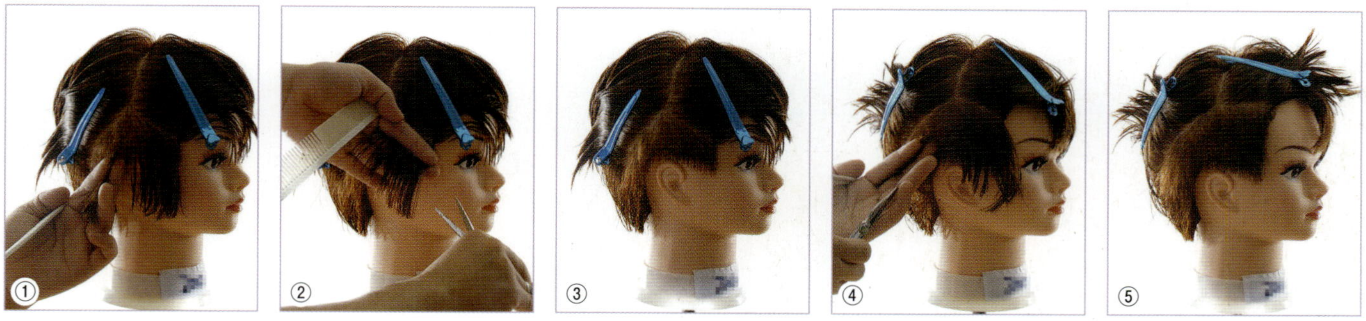

①-⑤ 옆선의 길이를 짧게 하여 옆선 만들기를 반대쪽과 동일한 방법으로 시술한다.

뒷선, 시술종료

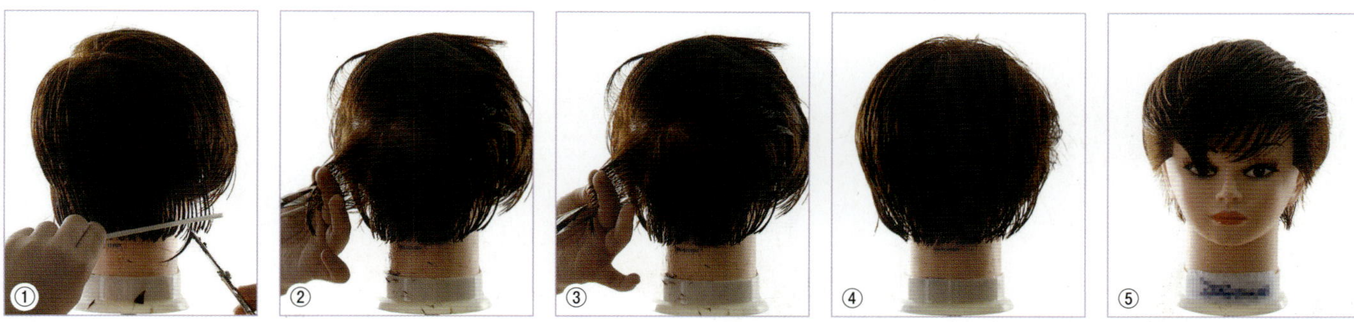

① 형태선을 다시 한 번 확인한다.

② 후중부와 후하부의 모발을 연결한다.

③④ 시술이 종료된 뒷모습

⑤ 시술이 종료된 앞모습

용어해설

A

아킹(Arching) 아킹 동작으로 머리카락 또는 모발을 커트하는 레저 커팅 기법으로 사용되는 아크의 크기는 원하는 머리형과 커트길이와 관련이 있다.

액티베이티드(Activated) 커트한 머리끝이 보이는 거친 머리표면

앵글(Angle) 각도에는 두가지 측정방법이 있다.

* 셀레스철 엑시스(Celestial Axis) 천체축에 의한 각도
* 헤드앵글(Head Angle) 두상에 의한 각도

어 큐트 앵글(A Cute Angle) 날카로운 각도

어 핑거스 위드(A Finger's Width) 손가락 한 개의 넓이

어나토미(Anatomy) 신체 구조에 관한 과학

어댑터벌(Adaptable) 개인의 해부학적 구조, 성장 패턴, 머리숱과 생활 양식에 맞추는 것

어젠트 커트(Argent Cut) 은발의 커트라고 불리어지는 남성용의 롱스타일. 톱의 전방과 후방의 모발을 브러쉬 다운하여 관자놀이의 백발을 특수한 형으로 브러쉬 엎하는 로맨스 그레이의 이미지를 나타낸 헤어스타일. 흑발에도 어울린다.

어케이드 커트(Arcade Cut) 남성의 롱 헤어스타일의 일종. 라인을 거의 면도로 밀어낸 정도로 짧게 깎는 것이 특징

어팩스(Apex) 가장 높은 지점, 혹은 봉우리. 두상의 탑 부분

얼터네이트(Alternate) 교체, 바꿈의 뜻

에어리어(Area) 특별한 공간

에이시머트리(Asymmetry) 대칭이 맞지 않음. 비대칭(좌우의 밸런스가 동일하지 않는 것)

올시저스(All Scissors) 전부 가위로 자르는 커트

B

바이어스 스라이스(Bias Slice) 본래는 복식 용어로 비스듬히란 뜻. 커트에서는 패널을 잡아낼 때 방사선상으로 패널을 잡아내는 것을 '바이어스 스라이스하여 패널을 잡아낸다'고 한다.

바이어스 커트(Bias cut) 사선 슬라이스로 커트하는 방법

백 사이드(Back Side) 두상의 뒤쪽을 가리킨다. 즉 두상 또는 두상형의 뒤쪽부분을 말한다. 일반적으로는 후두부, 목덜미라고도 불리 우고 있는 부분

뱅(Bang) 수직으로 내린 앞머리를 가리킴

베벌(Bevel) 커팅 효과의 하나로 머리끝부분을 바깥쪽이나 안쪽에서 테이퍼링하여 형태선을 컵 안쪽이나 컵 바깥쪽 모양처럼 만드는 것

베이스 라인(Base line) 헤어 커트의 기초가 되는 부분으로 가이드를 말함

베이스(Base) 기본, 토대, 뿌리

베이직 레이어링(Basic layering) 두피에 대해서 전부 90˚로 잡아당겨 모두 같은 길이로 자르는 스타일

베이직 롱 레이어(Basic long layer) 머리 전체의 모발을 평면에 대해서 수평으로 잡아올려 커트하는 방법

보브(Bob) 머리카락을 빗어서 동일선 상에서 커트한 스타일

보스 사이드 테이퍼(Both side taper) 가벼운 끝맺음을 하고 싶을 때나 모발의 안쪽과 바깥쪽 양쪽에서 면도날을 넣어서 테이퍼 한다.

보올 커트(Bowl Cut) 1964년경부터 유행, '보올(화분)'을 뒤집어씌운 것 같이 눈썹도 덮어주는 풀 뱅(full bang)의 베리쇼트 보브

보이스 보브(Boys bob) 남자 머리의 깎아올린 스타일

복스 보브(Box bob) 매끄러운 머리흐름에 의한 패널의 아름다움을 표현한 보브스타일. 모든 면을 4각 라인으로 트리밍(triming : 정발)하여 예리한 젊음을 잡은 디자인

브로스 커트(Brosse Cut) 짧게 깎는 것. 모발단면의 연속으로 만들어진 스타일로 '브로'란 '브러쉬'란 뜻

브로스(Brosse) 브로스커트의 한 수법. 브러쉬와 같은 느낌의 헤어스타일을 각지게 깎는 머리형과 동일한 것. 정면에서 본 톱의 평면 부위가 6cm 전후이다.

블런트 커트(Blunt Cut) 직선적으로 커트하는 방법. 구리브 커팅이라고도 한다. 머리칼의 선단을 가장 무겁게 하기위해 모든 패널을 바른 각도로 커트하는 것이 중요하다. 원랭스 커트(one-length cut). 그래쥬에이션 커트(graduation cut). 레이어 커트(layer cut), 스퀘어 커트(square cut), 이븐 랭스 커트(even length cut) 등이 대표적이다.

블로킹(Blocking) 한 구획을 만드는 것. 구분하는 것 및 그 기법. 블로킹(blocking)은 사이드(side), 프론트(front), 톱(top), 크라운(crown), 백(back), 네이프(nape)의 6구분이다.

비베링(Beveling) 비스듬히 자르는 것. 원랭스 커트의 경우 또는 레이어의 경우 등은 선단에서부터 윗쪽으로 감에 따라 서서히 길게 커트하여 가는데 그때에 사용하는 기법

비즈니스 커트(Business cut) 회사·상사·은행원 등 비즈니스에 맞는 스타일

C

C-커브 츄어(C-Curve true) C자형으로 커트하는 테크닉

센터 백 파트(Center back part) 모발을 가르는 방법의 하나. 센터파트의 가름선을 더욱 뒤쪽으로 진행시켜 후두부의 목덜미 중심까지 세로로 갈라 나눈 것.

센터 파트(Center part) 모발을 이마의 가운데에서 가르는 것.

센터 포인트(Center point) 중심선과 크라운의 앞부분을 연결하는 포인트

셀레스철 스피어(Celestial sphere) 머리둘레 부위의 높이를 나타내는 입체적 측정 시스템

셀레스철 액시스(Celestial Axis) 선, 방향, 시술각을 나타내기 위해 사용되는 2차원적인 기호

* 방향 위, 아래, 앞, 뒤, 왼쪽, 오른쪽
* 선 수평, 수직, 우대각, 좌대각
* 시술각 0˚, 45˚, 90˚

채널 커트(Channel cut) 서로의 길이가 교대로 대조를 이루며 행해지는 커트 테크닉

체크 커트(Check cut) 커트가 끝난 다음 간추리지 않는 머리칼이나 수정 등에 행하는 커트

카우릭 파트(Cowlick part) 카우릭 파트는 이마 위에 흐트러진 머리카락이 일어선 모발. 가리마를 중심으로 하여 머리 흐름에 따라 사방으로 가르는 분할방법

커넥션(Connection) 연결, 접속, 연락, 결합의 뜻. 가이드를 연결하여 외형적인 커트의 스타일을 만드는 것

커스텀 커트(Custom cut) 습관, 주문, 준비작업을 한다는 뜻. 하나의 스타일을 만들기 위해 그 스타일에 맞추어서 커트하는 것.

커팅 앵글(Cutting angle) 커트할 때 패널을 잡는 방법

컨백스(Convex) 구의 바깥처럼 바깥쪽으로 휘어진 표면

컨버전 레이어링(Conversion layering) 인크리스 레이어링에 사용되는 기본적 커팅시술. 머리를 길게 남기고자하는 부분의 반대쪽에 위치한 고정 디자인 라인쪽으로 머리를 빗어준다.

컨셉(Concept) 특이한 사례나 사건으로부터 파생한 일반적인 견해나 이해, 착상 고안.
컨케이브(Concave) 구의 안쪽같이 휘어진
컨투어 테이퍼링(Contour tapering) 밀착된 머리를 만들기 위해서 양을 제거하는 머리질감 만들기 기법
컴비네이션(Combination) 두 가지 형의 혼합형
컴포지션(Composition) 전체를 형성하기 위해 구성요소를 조합하는 것
커트 앤드(Cut end) 절단면
커트 앵글(Cut angle) 잡아낸 머릿단에 대해서 가위의 들어가는 각도를 말한다.
커트(Cut) 자르다. 절단하다의 뜻. 주된 방법은 브런트 커트, 테이퍼 커트, 틴닝커트, 스트록커트 등이 있다.
코너(Coner) 각 또는 구석이란 뜻. 커트하기 위해서 잡아낸 패널이나 섹션의 각을 말한다. 패널의 코너 머리카락이 두상의 어느 위치에 고정시키느냐에 따라서 볼륨감이나 흐름 헤어라인이 결정된다.
코밍(Combing) 빗을 조작하는 일
콘케이브 커트(Concave cut) 움푹 패이게 한다는 뜻. 머리흐름의 원천(머리흐름이 시작되는 곳)이 제일 짧고, 즉 '짧은 머리칼은 긴 머리칼을 밀어낸다'의 머리칼의 특징을 살려서 계산된 커트기법
콘티넨탈 브로스(Continental brosse) 서구풍의 약간 긴 편인 브로스
콤 쓰루(Comb through) 빗이 머릿결을 지나가는 것. 즉 빗질 도중을 일컬음
콤 아웃(Comb out) 빗을 머리로부터 떼는 것
콤 워크(Comb work) 빗을 써서 커트하는 것
콤 컨트롤(Comb control) 커팅 기법의 하나로 손가락이 아닌 빗살로 머리를 제 자리에 잡아주는 기법. 머리에 최소한의 텐션을 준다.
크래스트 에어리어(Crest area) 두상의 가장 넓은 부분. 크레스트 윗부분(interior 인티어리어)과 아랫부분(exterior 엑스티어리어)를 구분해 준다.
크로스 체크 커트(Cross cheek cut) 커트를 끝낸 다음 체크 커트를 할 때 지금까지의 슬라이스선과 교차되도록 패널을 잡아내어 길이를 체크한다.
크리에이션 커트(Creation cut) 창조적인 디자인 커트
클리퍼 오버 콤(Clipper-over-comb) 두상에 붙는 효과를 만들기 위한 커팅기법. 머리길이를 잡아주는 가이드로 사용되는 빗 사이로 튀어나온 머리를 클리퍼로 커트한다.
클리퍼 워크(Clipper work) 클리퍼에의한 작업 또는 조작. 클립퍼로 모발을 자르는 것.
클리퍼(Clipper) 모발을 잘라내는 이발기, 정식으로는 '헤어 클립퍼'라고 부른다. 일본에서는 '바리깡'이라 부르고있는데 이는 프랑스의 '바리칸'이라는 사람에 의해서 클립퍼가 만들어진 데서 그 이름을 따서 유래된 것이다.
클리핑(Clipping) 가위를 사용해서 튀어나온 모발을 잘라내는 것

D

다운 베이스(Down base) 위쪽이 점점 길게된다.
다운 스템 커트(Down stem cutting) 머리줄기의 밑뿌리가 두피에 대해서 내려가 있는 상태
다운 스트록(Down stroke) 스트록 커트로 면도날의 날 끝이 아래쪽으로 향하게 하는 커트법
다이어고널 라이트(Diagonal right) 오른쪽으로 향하는 대각선
다이어고널 레프트(Diagonal left) 왼쪽으로 향하는 대각선
다이어고널 포워드(Diagonal forward) 얼굴을 향하는 대각선
드라이 커팅(Dry cutting) 헤어 커팅을 할때 모발을 적시지 않고 가위나 틴닝으로 커트한다.
디렉션(Direction) 하나의 선이나 면이 가는 길

디스커넥션(Disconnection) 단점, 분리, 차단의 뜻으로 가이드를 연결하지 않고 두상의 형태에서 영역을 나누어(1개 이상, 2, 3, 4) 영역을 연결하지 않고 스타일을 만드는 것

디스트리뷰션(Distribution) 베이스 파팅과 관련되어 머리를 빗는 방향. 분배에는 자연분배 직각분배, 그리고 변이분배의 3가지가 있다.

디자인 디시젼(Design decision) 최종 헤어 디자인과 관련하여 고객과의 충분한 상담을 통해 내려진 디자인 결정

디자인 엘러먼트(Design element) 예술 형태의 주요 구성 성분. 헤어디자인에서 디자인 요소에는 머리형, 질감, 칼라가 있다.

디자인(Design) 하나의 예술적 단위를 만들어내는 모양. 선, 장식효과의 배열

디크리싱 그래쥬에이션(Decreasing graduation) 두 개의 비평행선 사이의 그래쥬에이션. 얼굴 뒤쪽으로 가면서 그래쥬에이션 양이 감소한다.

딥 테이퍼(Deep taper) 머리량이 너무 많을 때와 바깥쪽의 머리를 테이퍼 할 때 행한다. 2/3 밑뿌리에서부터 레져를 넣어서 테이퍼 한다.

E

에칭(Etching) 레이져로 짧게 긁듯이 하여 윗모발이 짧고 아래가 길게 머리를 커트하는 레이져 커팅 기법

엔드 테이퍼(End taper) 머리끝의 1/3부분을 가늘게 솔쳐내는 테이퍼 기법

엘리베이션(Elevation) 높이, 올림, 위치

엣지(Edge) 끝단, 칼날, 단선, 날선

이어 투 이어 라인(Ear to ear line) 양쪽 귓바퀴의 위쪽 끝을 연결하는 선

이어 투 이어 파팅(Ear to ear parting) 귀 뒤쪽에서 두부 정상을 가로 질러 다른 한쪽의 귀까지 상하로 갈라 나누는 것.

F

폴(Fall) 비달사순 커트의 패턴, 후두부에 떨어지게 손질한 머리칼의 부분

폼(Form) 어떤 물체의 윤곽 또는 겉모습

폼라인 테이퍼링(Form line tapering) 머리 끝에 뭉침과 무게를 덜어주어 생동감을 살려주는 머리질감 만들기 기법

프론탈(Frontal) 앞의, 이마의, 전부골

프론트 헤어라인(Front hair line) 앞 얼굴 주변머리

프론트(Front) 전두부, 앞머리, 정면, 전부

프리핸드 커팅(Free hands cutting) 감각커팅, 내츄럴 상태에서 행해지며 느낌만으로 시술하는 테크닉

프린지(Fringe) 앞머리부분

핑거/쉬어 포지션(Finger/Shear position) 파팅 패턴에 따른 손가락과 커트 라인의 위치

핑거스 앵글(Finger's angle) 손가락의 각도

훼더(Feather) 깃털과 같은 감각으로 끝마무리한 헤어 스타일

훼이스 라인(Face line) 사이드 코너 포인트에서 반대 사이드 코너 포인트까지 연결하는 머리가 나기 시작하는 선

G

가이드 섹션(Guide section) 헤어 커트시에 제일 처음에 커트하는 섹션으로 다음 섹션부터는 이 섹션이 기준이 된다.

가이드(Guide) 커트시 기준이 되는 머릿단

골덴 포인트(Golden point) 센터파트와 이어라인의 교차점

골덴 포인트(Golden point) 턱을 시발점으로 귀옆 사이드에서 사선으로 그에 맞닿는 지점

그래쥬에이션 보브(Graduation bob) 가벼움과 상쾌함을 구해서 어시미트리(asymmetry 비대칭)한 구성으로 어른스러운 이미지를 디자인 한 것

지오메트릭 쉐이프(Geometric shape) 직선 또는 곡선의 닫힌 윤곽

지오메트릭 커트(Geometric cut) 기하학적인 직선으로 구성된 스타일로 비달 사순커트의 기본개념이 되어있다.

지오메트릭(Geometric) 각도의 관련성에 따른 완성도를 이해하고, 잡아당긴 머리카락에 기하학적인 판단을 넣어서 커트하는 일

H

하드 라인(Hard line) 딱딱한 선

헤드(Head) 머리, 목의 윗부분, 정상, 면도날의 뒤쪽의 선단

헤드라인(Head line) 두부의 표면의 외곽선

헤어 모드(Hair mode) 헤어 스타일의 유행

헤어 쉐이핑(Hair shaping) 정발 기술

* 내츄럴 쉐이프(natural shape) 그 사람의 자연스런 머리흐름에 맞추어서 빗기는 것
* 다운 쉐이프(down shape) 보브 스타일과 같이 머리흐름을 곧바로 아래로 향해 빗기는 것
* 라운드 쉐이프(round shape) 패널에 방향성을 주기 위해서 빗을 둥글게 움직이면서 빗기는 것
* 아웃사이드 쉐이프(outside shape) 머릿단의 바깥쪽에서부터 빗기는 것
* 인사이드 쉐이프(inside shape) 머릿단의 안쪽에서부터 빗기는 것

헤어 웨프트(Hair weft) 머리 조각, 헤어피스와 같다

헤어 코밍(Hair combing) 모발을 빗기는 기술

헤어 트림(Hair trim) 모발을 깎아 가지런히 정돈하는 것

헤어라인(Hair line) 머리카락이 나기 시작한 선

헴 라인(Hem line) 프론트, 사이드 네이프에서의 머리카락이 나기 시작한 라인

호리존탈 슬라이스(Horizontal slice) 수평 슬라이스

I

이미지(Image) 사물의 모양을 묘사 한 스타일 등에 사용

인레이어드 커트(Inlayered cut) 커트의 단면이 아래로 내려감에 따라 안에 들어있는 것으로 하여 그래쥬에이션 커트를 인레이어드 커트라한다.

인사이드 라인(Inside line) 모발을 7 : 3 또는 4 : 6으로 갈라 나누었을 때 그 가르마는 별도로 모발이 많은 쪽에 만드는 가르마를 말한다.

인사이드 코너(Inside coner) 2개의 선이 교차되는 가장 짧은 부분

인사이드 테이퍼(Inside taper) 머리끝을 안쪽으로 향하게하고 싶을 때에는 레이져를 머릿단의 안쪽에서부터 넣어 테이퍼한다.

인사이드(Inside) 내측, 안쪽

인크리싱 그래쥬에이션(Increasing graduation) 두 개의 비평행선 사이의 그래쥬에이션, 얼굴 뒤쪽으로 가면서 그래쥬에이션 양이 증가한다.

인티어리어(Interior) 두상의 크레스트선 위 또는 두상의 가장 넓은 부분

L

라인(Line) 선, 외형

레이어 커트(Layer cut) 상층부의 모발이 그 아래층이 되는 모발을 뒤덮어 숨겨지지 않는 상태로 단층을 붙여주는 커트방법이다.

레이어(Layer) 위가 짧고 밑이 긴 상태로, 각도는 두피에 대해서 90° 이상으로 떠서 커트하는 스타일로 단차가 큼

M

머쉬룸 커팅(Mushroom cutting) 1962년경부터 유행하여 버섯을 엎어놓은 것 같은 실루엣의 아주 짧은 보브. 머리끝의 안쪽 말이가 특징이다.

멀티플 디자인 라인(Multiple design line) 복수 디자인 라인, 전환 레이어링 테크닉과 함께 사용되는 둘 또는 그 이상의 고정 디자인 라인

모빌 디자인 라인(Mobile design line) 커트시 사용되는 길이 가이드로서 특정 부분 전체에 걸쳐 이동하여 머리형을 만들 때 따라야 할 디자인 라인 역할을 한다.

모빌 스테이셔너리 디자인 라인(Mobile stationary design line) 이동과 고정의 혼합형 디자인 라인

무브먼트(Movement) 움직임, 운동, 행동, 이동

미디엄(Medium) 30° 보다 크고 60°보다 작은 각(45° 가 표준 시술각이다)

N

나칭(Notching) 머리 길이를 불규칙하게 만들어 내어 두껍게 떨어지는 질감을 만드는데 사용되는 기법

내츄럴 루트 리프트(Natural root lift) 모발의 뿌리가 자연스럽게 들려지게 하는 것

내츄럴 인버젼(Natural inversion) 레이어 커트의 기법으로 센터 섹션에 대해서 평행의 슬라이스 섹션을 떠서 그 섹션을 전부 중앙에 끌어 모아 커트한다.

내츄럴 커트(Natural cut) 자연 상태로 커트한다.

내츄럴 폴 포지션(Natural fall position) 스타일을 예상하여 자연스럽게 머리를 빗질하여 둔 상태

내츄럴(Natural) 모발의 자연성장 패턴과 관련한 머리의 방향

네이프 라인(Nape line) 머리가 나기 시작하는 곳의 선. 목선

네이프 백 라인(Nape back line) 이어 포인트에서 네이프 사이드 포인트까지 연결하는 선

넥 라인(Neck line) 목, 옷깃

노멀 프로젝션(Normal projection) 두상 위치에 따라 균일하게 90° 로 드는 머리. 일반 시술각은 커트의 구조를 분석하기 위해서 사용된다. 이 시술각은 유니폼 레이어형 시술 시에도 사용된다.

노멀테이퍼(Normal taper) 머리 끝의 소부분을 가늘게 솎쳐내는 테이퍼 기법

논 섹스 커트(Non sex cut) "머리칼이란 소재에 남녀의 차이는 없다." 라고 하는 원점으로 되돌아가 논 섹스 패션을 기점으로 하는 커트로 일종의 유니섹스 모드의 반영이다.

논패러렐 스컬프팅(Nonparallel sculpting) 커팅시 기본 파팅에 평행하지 않게 잡는 모든 손가락 각도

뉴 비숍 커트(New bishop cut) 전후로 연장되는 실루엣 안에서 원점을 구하고 목덜미의 깃 닿는 부분을 깎아 올리고 사이드의 직선을 강조한 스타일. 중세기의 비숍(승려) 커트를 기능적이고 예쁜 현대의 이미지로 표현한 것

O

아우트 라인 코너(Out line corner) 2개의 선이 교차되는 가장 긴 부분
아우트사이드 라인(Outside line) 머리칼의 바깥쪽의 둘레를 이루는 라인. 실루엣의 형을 만들어주는 라인
오리지널 가이드 라인(Original guide line) 최초의 가이드 라인
오발 커트(Oval cut) 타원형으로 깎아 올리는 머리형. 각진 둥근 단발머리
오버 다이렉트 섹션(Over direct section) 어느 한쪽을 길게하기 위해 당기는 섹션
옥시피탈 본(Occipital bone) 후부의 센터에서 툭 튀어나온 뼈
온더 베이스 커팅(On the base cutting) 파팅된 모발을 좌우 같은 각도로 잡아 대는 방법. 잡아낸 모발의 양쪽의 길이가 같게 되도록 하기 위해서는 베이스의 중심이 직각이 되도록 잡아내지 않으면 안된다.
원 핑거 프로젝션(One-Finger projection) 손가락 굵기 만큼 들어주는 시술각
원랭스 커트(One length cut) '하나의 길이'란 뜻으로 모발을 가로로 동일선상에 같은 길이로 가지런히 해놓은 커트 방법

P

파트(Part) 머리칼을 나누는 것. 사이드 파트(side part, 7 : 3의 비율), 센터 파트(center part, 중앙에서 가름)등이 있다. 가름선이 없는 스타일은 노 파트(no part)라고 한다.
파팅(Parting) 나누는 것. 가르는 것. 그 기법. 분할
패널(Panel) 장방형의 것. 커트에서는 슬라이스하여 손에 잡은 모발이 판 상태로 되어 있으므로 "패널"이라고 한다.
패러럴 그래쥬에이션(Parallel Graduation) 두 개의 평행선 사이의 그래쥬에이션
패러럴(Parallel) 다른 선이나 점으로부터 균일한 유지를 유지해 주는 것. 평행 그래쥬에이션. 두 개의 평행의 그래쥬에이션
퍼펜디큘러(Perpendicular) 머리를 베이스 파팅에서 90˚로 빗었을 때의 머리 방향
포인트 커트(Point cutting) 자르는 테크닉은 45˚의 각도로 시술한다. 모량을 감소하는 방법은 잡은 모발과 평행한 상태로 시술한다. 깊은 테크닉과 얇은 테크닉을 사용해 소프트함을 표현한다.
포인팅(Pointing) 곧은 가위의 끝이 손가락에서 머리끝을 향해서 움직이는 머리질감만들기 기법
프레 커트(pre cut) 미리 원하는 스타일로 커트하는 것
프레셔 스컬프팅(Pressure sculpting) 머리가 말랐을 때 머리가 좀더 짧아지도록 젖은 머리에 텐션을 주어 시술하는 커팅 기법
프로그레션(Progression) 진행
프로젝트(Projection) 커트시 머리의 곡선과 베이스 파팅에 따라 머리를 뜨는 각도
프리씨즌 커트(Precision cut) 정확한 커트
플래너 스컬프팅(Planar sculpting) 평면을 따라서 머리를 커트하는 기법

R

라운드 사이드 파트(Round side part) 사이드에서 가르는 선이 곡선인 경우
레이저 커팅(Razor cutting) 레이져를 사용하여 헤어커트를 하는 테크닉. 이방법으로 머리끝을 가늘게 할 수 있고, 웨이트와 가벼움을 조정할 수 있음
렉탠큐러 파트(Rectangular part) 두상을 가르는 방법의 일종. 일반적으로 스퀘어 파트라고 불리어진다.
릿지 라인(Ridge line) 그래쥬에이션형에서 두 가지 머리질감을 나누어주는 선

S

사이드(Side) 측두부, 두부의 옆

섹셔닝(Sectioning) 조절을 위하여 두상을 시술하기 편한 구역으로 나누는 것

섹션(Section) 구분, 구획, 가름의 구분 등의 의미로 교차점을 가리킨다. 커트 용어에서는 블록킹한 부분을 다시 적은 부분으로 갈라 나누어 잡는 것을 말한다.

쉐이프(Shape) 어떤 물체의 윤곽

스컬프티드 텍스춰(Sculpted texture) 커트를 통해서 얻어진 머리질감

스퀘어 파트(Square part) 사각으로 나누는 것. 모발 나누기의 기본형의 하나. 이마의 양쪽각에서 사이드파트하고 두상의 정상 가까이에서 이마의 헴라인과 수평으로 나눈 것

스템 커트(Stem cut) 헤어커트의 경우 잡아낸 모발의 밑뿌리에서 빗기고 또는 손가락으로 지탱할 수 있는 곳까지를 스템이라고 부른다.

슬라이드 커팅(Slide cutting) 머리를 수직으로 커트하기 위해 가위를 머리가닥을 따라 미끄러뜨려 사용하는 커팅 기법. 종종 머리 길이 차를 급격히 할 필요가 있을 때 사용된다.

슬리더링(Slithering) 가위를 사용해서 모발의 숱을 쳐내는 방법

실루엣(Silhouette) 어떤 물체나 디자인의 외부 윤곽

T

테이퍼 커트(Taper cut) 레이져로 머리끝을 붓끝과 같이 점차적으로 가늘게하는 커팅기법. 모발에 가벼움과 움직임을 표현하기 위해서 모든 모발을 간추려지지 않은 상태로 커트한다.
엔드테이퍼(end taper), 노멀 테이퍼(normal taper), 딥 테이퍼(deep taper)등으로 나뉜다.

톱(Top) 두상의 제일 꼭대기. 선단. 정상

참고문헌

C_3 - 헤어미용, 청구문화사
C_3 - 디자인 커트, 청구문화사
미용기초기술, 보성사
스트록컷을 마스터한다, 유타니준 메이여성모드사
이바최신이미용기술용어사전, 도서출판이바
zome and section, 정상화영, 신미용출판사
PUBLICATION, OSAMU FURUSATO
√5(ルートファイブ), 植村隆博, 女性 モード 社
타야 커트

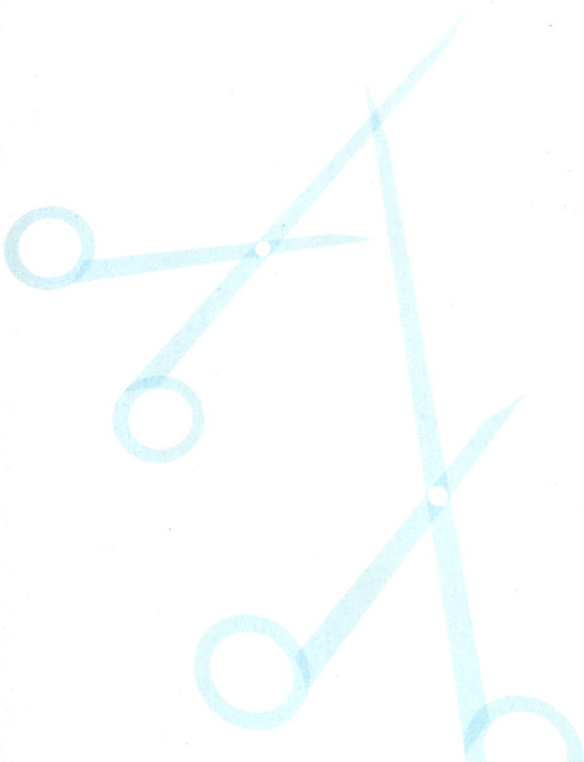

저자소개

김영미(씨쓰리미용학원)
국지연(전남과학대학교)
김미정(대구보건대학교)
문승현(전남과학대학교)
송희라(대원대학교)
이대천(부산과학기술대학교)
이수경(구미대학교)
이혜정(명지전문대학교)
전선정(강릉영동대학교)
정민자(경남도립거창대학)
장미여(서영대학교)

강미영(수성대학교)
권태신(전주기전대학교)
김순희(동남보건대학교)
박영준(수성대학교)
유현주(원광보건대학교)
이부형(창원문성대학교)
이수희(청암대학교)
이효숙(전주비전대학교)
전현진(호남대학교)
정숙희(경남정보대학교)
최소영(강원미래직업학교)

고경숙(원광대학교)
김만태(김만태미용장뷰티미용학원)
김진숙(영산대학교)
반세나(인천재능대학교)
윤수용(마산대학교)
이송희(초당대학교)
이순덕(동덕여자대학교)
장미라(목포과학대학교)
정년구(선린대학교)
조성태(광주보건대학교)

C.C.C. Premium SALON CUT

2015년 2월 17일 초판인쇄
2015년 2월 27일 초판발행

지은이 : 국제헤어디자인연구회
펴낸곳 : 청구문화사
(120-831) 서울특별시 서대문구 성산로 11길 15
전 화 : 02-332-0541(代) FAX : 02-337-9577
등 록 : 1990년 11월 2일 제9-247호

가격 40,000원
ISBN 978-89-5616-642-1 93590